普通高等教育“十一五”国家级规划教材

王矜奉　编著

固体物理教程

Gutiwuli Jiaocheng

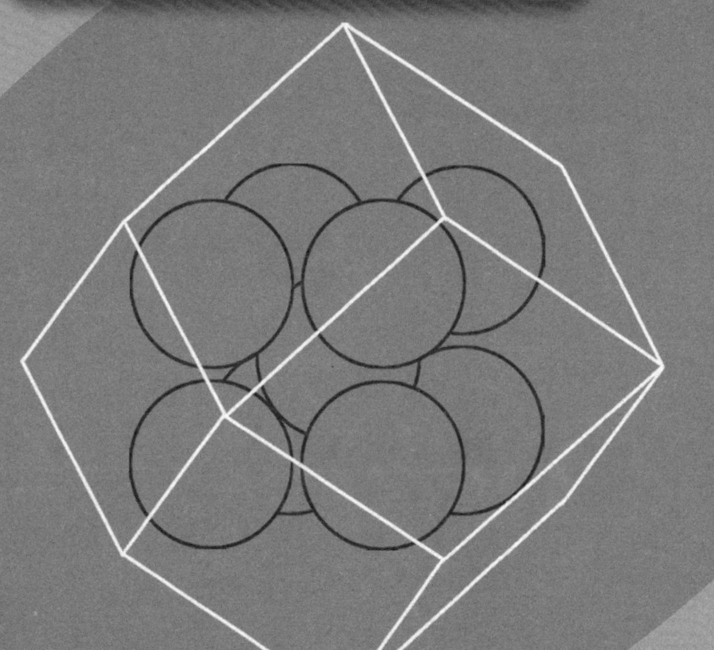

山东大学出版社

内容摘要

本书论述固体物理的基础理论,具体内容为:晶体结构及X光衍射,晶体的结合,晶格振动,能带理论及金属电子论.本书总结了作者长期的教学研究和实践,对众多问题都采取了新的处理方法.每章后都分别给出了相当数量的思考题和习题.

本书可作为理工科院校物理、应用物理、材料科学等专业本科生的基础课教材,也可作为研究生及其他工程技术人员的参考书.

第八版前言

《固体物理教程》出版发行后,很快成为畅销教材的情形,与作者的期望是相吻合的.这是由于,教程的编写筹备积累期有十年之多,动手撰写到完稿,也三年有余.特别是作者对长期教学获得的答疑心得进行了整理,制定了教程编写遵循的宗旨:概念力求简明扼要,解决问题的思路要清新,难点分析要深入浅出,不给读者留下有似是而非感觉的问题. 作者的努力得到使用者的肯定,感受到教程"非常有特色,有很多自己的观点"(http://www.wljx.sdu.edu.cn/jpkc/html/gutiwuli/jiaoliu/20080414/225.html). 事实上是,在晶格旋转对称性的单转轴证明、晶格简正振动的例证、长波近似、黄昆方程、能带在波矢空间的反演对称性、费米面与布里渊区边界正交、布洛赫定理、能带的紧束缚方法、磁化率迪.哈斯—范.阿耳芬效应的理论证明、金属接触电势差、玻尔兹曼方程、纯金属电阻率等固体物理难点上,或提出了新的证明方法,或做了较大的改进.有几个难题分别是历经了4-5年才找到解决方法的(参见中国知网 http://www.wljx.sdu.edu.cn/jpkc/html/gutiwuli/jiaoliu/20080703/413.html 推荐的作者在固体物理领域发表的部分研究文章). 更受读者钟爱的是,为了加深读者对固体物理概念的理解和锻炼其分析和解决实际问题的能力,作者在每章后都分别给出了相当数量的思考题和习题. 固体物理教程被获益者赞誉为"授人以渔"的教材(http://zhidao.baidu.com/question/174306648.html),被中国科大瀚海星云论坛 http://www.wljx.sdu.edu.cn/jpkc/html/gutiwuli/jiaoliu/20100303/433.html 推荐为固体物理首选教材,被"读书网"http://www.wljx.sdu.edu.cn/jpkc/html/gutiwuli/jiaoliu/20100303/434.html 推荐为本科生固体物理首选教材.《固体物理教程》资源网站被遴选为首选固体物理学习资源(http://media.open.com.cn/media_file/rm/dongshi2005/gutiwuli/xiangguanziyuan.htm).

《固体物理教程》成绩的取得和多次再版,离不开广大师生的支持和帮助.对在早期版本给予帮助的人们,作者在相应版次的前言中都一一给予了感谢.近期,河南科技大学臧国忠、西安理工大学宋杨结合授课心得,对第七版教程有关内容提出了一些改进意见,山东大学物理学院苏文斌对本版的声表面波方程给予了具体求解.在此,对在本书的多次再版过程中给予帮助的人们表示衷心的感谢.

基于长声学格波即弹性波,把“应力、应变、胡克定律、弹性动力学方程、弹性波”的内容放在晶格振动一章更为合理的考虑,第七版已把这些内容调到第三章,并增加了理论上和应用上都具有重要意义的“固体声表面波”一节.这次再版对弹性性质具有共性的四类各向同性体的声表面波,进行了具体分析.相信,掌握创立这些理论的方法和思路,对提高分析问题的能力,扩展知识领域,开拓新的研究方向,都是大有所益的.

对于本教程学习有困难或自学者,可参阅与本教程配套的固体物理概念题和习题指导一书;为方便多媒体教学,授课教师可从网页 http://www.wljx.sdu.edu.cn/jpkc/html/gutiwuli/index.html 下载固体物理教程和固体物理概念题和习题指导的所有插图和其它有关资料.

对于固体物理为54学时的院校,本教程目录中加“*”的内容,可略去不讲.

本书的多次再版先后得到教育部“国家理科基地创建名牌课程项目”、山东大学“名牌课程建设项目”和“‘十一五’国家级规划教材”项目的资助.

作者

2013年6月

前　言

现行固体物理教科书,既包括固体物理的基础部分,又包括半导体、磁学、电介质、超导等专门化内容.作为一个学期的基础课,一般只能讲授完基础部分.对于专门化内容,不仅来不及讲解,而且没有必要作基础课讲授.因为学生分专业后,还要分别系统地学习这些内容,而且这些内容已有专门的教材:半导体物理、磁性理论或铁磁学、电介质物理、超导物理等.作者编写本书的出发点正是基于这一考虑.也就是说,本书只论述固体物理的基础理论,不包括专门化内容.

本教程共分六章:第一章介绍有关晶体结构的基本知识,包括确定晶格结构的X光衍射理论和方法.第二章讲述晶体的结合类型及晶体中原子间的相互作用.将原子视为固定不动是前两章的前提条件.第三章讲解晶格的振动理论、声子概念及由晶格振动所决定的晶体热学性质.第四章介绍晶体中缺陷的基本知识及缺陷的运动规律.第五章讲述求解晶体中电子能带的基本方法及电子的运动规律.第六章阐述金属中导电电子的运动规律及其输运特性.第五和第六章的共同特点是,几乎所有的问题都是在波矢空间进行分析讨论的.每章后都分别给出了相当数量的思考题和习题,大部分思考题是作者长期积累的教学心得,有若干习题是作者自行设计的.

本教程是在总结作者长期以来的教学研究和实践的基础上编写而成的.书中对不少问题采取了新的处理方法,特别是关于晶格的简正振动、费密面与布里渊区边界正交、能带的反演对称性、紧束缚方法、金属接触电势差、纯金属电阻率等问题的论述,都作了新的尝试.

在本书的编写过程中,莫党教授审阅了部分重点章节,韩汝琦教授在纯金属电阻率问题上给予了指教,梅良模、秦自楷、钟维烈、王家俭、张德恒、安希书等老师对书稿的框架和内容提出了宝贵的意见和建议,谢去病、刘克哲、蒋民华、姚熹教授等对本书的出版给予了关心和帮助,俞淑华在插图绘制中做了大量工作.在此,对他们的支持和鼓励表示深切的感谢.

由于作者学识有限,书中难免有错误和不当之处,敬请专家和读者批评指正.

作　　者

1995年12月于山东大学物理系

本书主要符号

a	晶格常数
$\boldsymbol{A}$	矢势
$\boldsymbol{a}_1,\boldsymbol{a}_2,\boldsymbol{a}_3$	原胞基矢
$\boldsymbol{a},\boldsymbol{b},\boldsymbol{c}$	晶胞基矢
$\boldsymbol{a}^*,\boldsymbol{b}^*,\boldsymbol{c}^*$	倒格晶胞基矢
$\boldsymbol{B}$	磁感应强度
$\boldsymbol{b}_1,\boldsymbol{b}_2,\boldsymbol{b}_3$	倒格原胞基矢
c	光速
C_V	定容热容
c_{IJ}	弹性劲度常数
D	扩散系数
$\boldsymbol{D}$	电位移
$D(\omega)$	格波模式密度
d	晶面间距
$\boldsymbol{E}$	电场强度
E	能量
E_F	费密能量
E_g	能隙
e	电子电荷
f	费密分布函数,原了散射因子
$\boldsymbol{F}$	力
F	自由能,几何结构因子
h	普朗克常数
$\hbar$	$h/2\pi$
H	哈密顿量
$\boldsymbol{J}$	电流密度
$\boldsymbol{j}$	粒子流密度
$\boldsymbol{k},k$	波矢,热导系数
K	体积弹性模量

k_F	费密波矢
k_B	玻耳兹曼常数
$\boldsymbol{K}_h,\boldsymbol{K}_m,\boldsymbol{K}_n$	倒格矢
m,M	质量
m^*	有效质量
$\bar{l}$	平均自由程
N	原胞数目,原子数目
n	衍射级数,电子浓度
$\boldsymbol{n}$	单位法矢量
$\boldsymbol{P}$	电极化矢量
P	压强,热缺陷跃迁几率
Q	简正坐标
q	波矢,热能流密度
$\boldsymbol{R}_1,\boldsymbol{R}_m,\boldsymbol{R}_n$	正格矢
R	普适气体常数
$\boldsymbol{r}$	位置矢量
r	原子间距
S	熵,面积
S_{ij},S_I	应变
s_{IJ}	弹性顺度常数
T	温度
T_F	费密温度
T_{ij},T_I	应力
t	时间
$\boldsymbol{u}$	原子位移
U	原子结合能,内能
V,V_c	体积
$\boldsymbol{v}$	速度
$\boldsymbol{v}_d$	漂移速度
$\boldsymbol{v}_F$	费密速度
W	微观状态数
Z	配分函数
α	线膨胀系数
β	恢复力常数
γ	格林爱森常数
δ_{ij}	克朗内克尔符号
ε	介电常数

ε_0	真空介电常数
φ	波函数
ψ	波函数
Ψ	波函数
λ	波长
μ	迁移率
ν	频率
θ	角度
Θ_D	德拜温度
Θ_E	爱因斯坦温度
ρ	质量密度,电阻率
σ	电导率,屏蔽常数
τ	弛豫时间
ω	角频率
ω_D	德拜频率
ω_{LO}	长光学纵波频率
ω_{TO}	长光学横波频率
Ω	原胞体积
Ω^*	倒格原胞体积

目　录

晶体的结构

固体分为晶体和非晶体．本章中晶体的共性和密堆积是了解晶体的性质和结构的基础. 原胞、晶面、倒格子、对称性及晶格结构分类等节对晶体结构作了多方面的阐述. 最后,对研究晶体结构的重要手段— X 光衍射的基础理论作了介绍和分析.

§1.1　晶体的共性

不同原子构成的晶体,其性质有很大差别. Al 是良好的导电体,而 Al_2O_3 是优良的绝缘体. 即使是同种原子构成的晶体,若结构不同,其性质也会有很大差异,例如金刚石和石墨都是由碳原子构成的,但其性质相去甚远. 前者硬度很高,不能导电;后者质地疏松,有良好的导电性. 晶体除具有各自的特性外,不同的晶体还具有一些共同的性质.

一、长程有序

长程有序是晶体最突出的特点. 晶体中的原子都是按一定规则排列的,这种至少在微米数量级范围的有序排列,称为长程有序. 晶体分为单晶体和多晶体,多晶体是由许许多多小单晶(晶粒)构成. 对于单晶体,在整体范围内原子都是规则排列的. 对于多晶体,在各晶粒范围内,原子是有序排列的.

二、自限性

晶体具有自发地形成封闭几何多面体的特性,称之为晶体的自限性. 这一特性是晶体内部原子的规则排列在晶体宏观形态上的反映,其本质是晶体中原子之间的结合遵从了能量最小原理.

由于生长条件的不同,同一种晶体的外形会有差异. 在某条件下生长的晶体的晶面数目和相对大小,与另一条件下生长的同一种晶体的晶面情况会有很大的差别. 如图 1.1 是石英晶体的理想外形,图 1.2 是人造 Z(与 m 面平行的轴为

c 轴,通常取作直角坐标的 Z 轴)块石英晶体.

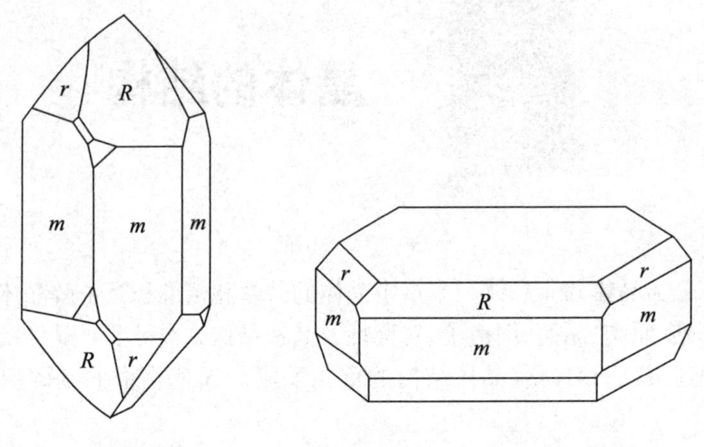

图 1.1　理想石英晶体　　　　图 1.2　一种人造石英

尽管同一种晶体其外形可能不同,但相应的两晶面之间的夹角总是不变的,称这一规律为晶面夹角守恒定律. 比如,石英晶体的 mm 两面夹角为 $60°0'$,mR 两面夹角为 $38°13'$,mr 两面夹角为 $38°13'$.

三、各向异性

晶体的物理性质是各向异性的. 例如,平行石英的 c 轴入射单色光,不产生双折射;而沿其他方向入射单色光,会产生双折射. 晶体常具有沿某些确定方位的晶面发生劈裂的现象,方解石和云母就是最好的例子,晶体的这一解理性也是各向异性的表现. 晶体的各向异性从外形上也能反映出来,某一方位的晶面的形状和大小会与另一方位的不同. 但有一些晶面的交线(又称晶棱)互相平行,这些晶面称为一个晶带,晶棱的方向称为带轴. 如石英晶体的 m 面构成一个晶带,这个晶带的带轴是石英的一个晶轴,即 c 轴.

正因为晶体的物理性质是各向异性的,因此有些物理常数一般不能用一个数值来表示. 例如,弹性常数,压电常数,介电常数,电导率等一般需要用张量来描述. 需要指出的是,晶体的各向异性是晶体区别于非晶体的重要特性.

§1.2　密堆积

在两个世纪以前,人们认为晶体是由实心的基石堆砌而成的. 这一设想虽然粗浅,但它形象地直观地描述了晶体内部的规则排列这一特点. 直到现在人们仍沿用这种堆积方式来形象地描述晶体的简单晶格结构.

把原子视为刚性小球,在一个平面内最简单的规则堆积便是正方排列,如图1.3所示,任一个球与同一平面内的四个最近邻相切. 如果把这样的排列层层重合堆积起来,就构成了简单立方结构. 用黑点子代表球心,图1.4便是简单立方的结构单元.

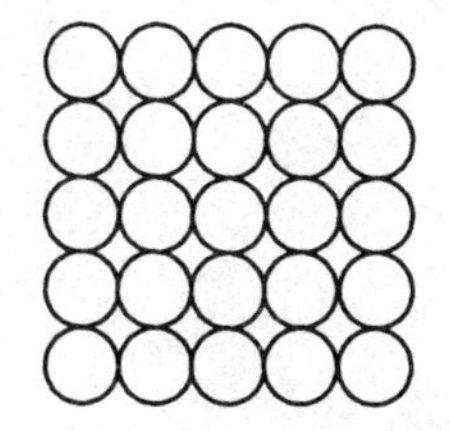
图1.3 原子球的正方堆积

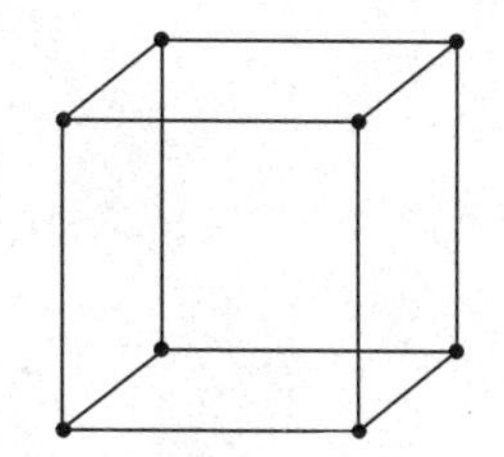
图1.4 简立方结构单元

设想上述简立方堆积的原子球均匀地散开一些,而恰好在原子球空隙内能放入一个全同的原子球,使空隙内的原子球与最近邻的八个原子球相切,这便构成了如图1.5所示的体心立方堆积方式. 图1.6便是由几何点来表示的体心立方结构单元.

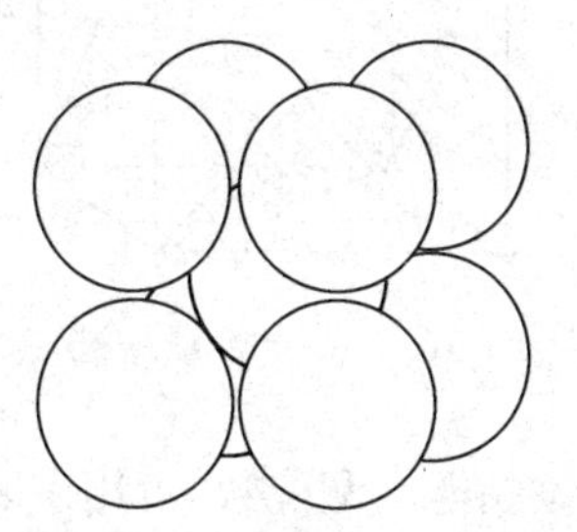
图1.5 体心立方堆积

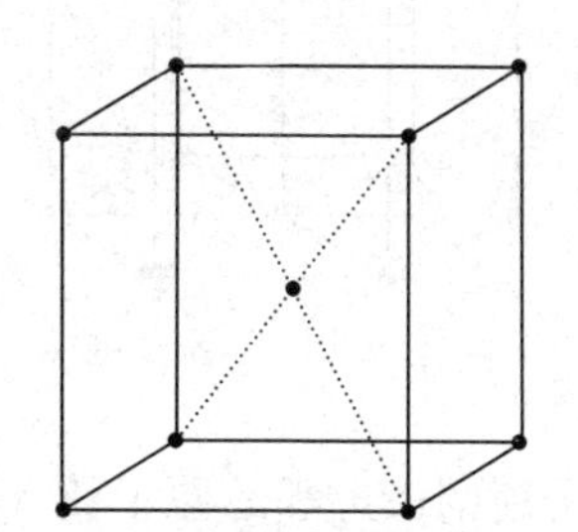
图1.6 体心立方结构单元

以上两种堆积并不是最紧密的堆积方式. 原子球若要构成最紧密的堆积方式,原子球必须与同一平面内相邻的6个原子球相切,如图1.7所示. 如此排列的一层原子面称为密排面. 要达到最紧密堆积,相邻原子层也必须是密排面,而且原子球心必须与相邻原子层的空隙相重合. 若第三层的原子球心落在第二层的空隙上,且与第一层平行对应,便构成了如图1.8所示的六角密排方式. 若第三层的球心落在第二层的空隙上,且该空隙也与第一层原子空隙重合,而第四层又恢复成第一层的排列,这便构成了立方密排方式. 图1.9示出了立方密积结构单元,阴影平面对应密排面.

图 1.7　密堆积

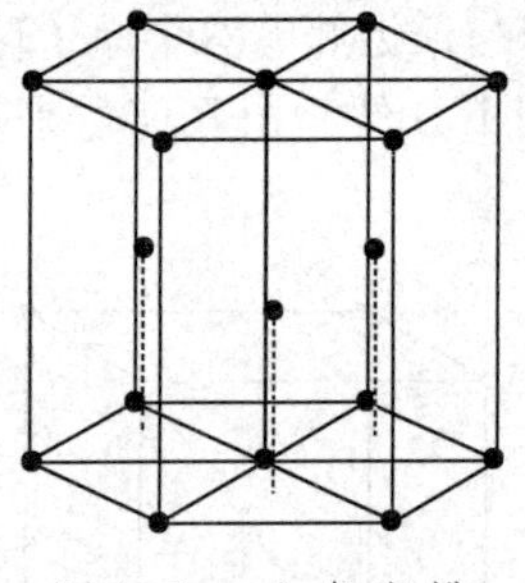

图 1.8　六角密排

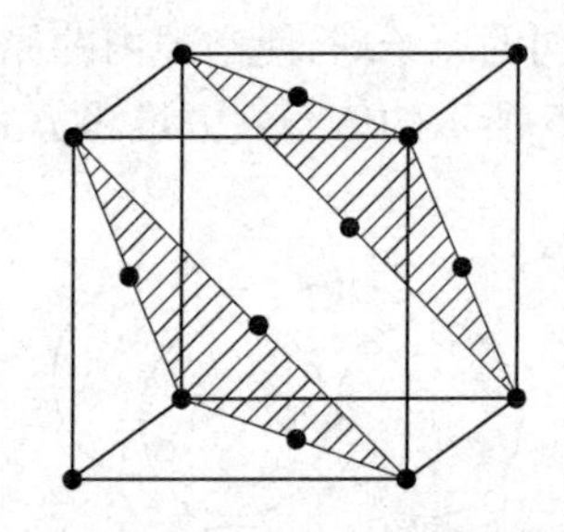

图 1.9　立方密排结构单元

一个原子周围最近邻的原子数,称为该晶体的配位数,可用来表征原子排列的紧密程度. 最紧密的堆积称密堆积,密堆积对应最大的配位数. 不论是六角密积还是立方密积,晶体的配位数都是 12,即任一个原子球与最近邻的 12 个原子球相切.

§1.3　布喇菲空间点阵　原胞　晶胞

上一节我们介绍了由同种原子构成的晶体的一些结构. 但实际晶体并不一定由一种原子来构成,而往往是由数种不同原子来构成. 晶体中原子种类越多,晶体的实际结构就越复杂. 不论晶体实际结构多么复杂,长程有序的共性是一定要遵守的. 如何描述晶体中原子排列的有序性呢? 布喇菲提出了空间点阵学说: 晶体内部结构可以看成是由一些相同的点子在空间作规则的周期性的无限分布. 这一学说是对实际晶体结构的一个数学抽象,它只反映出晶体结构的周期性. 人们把这些点子的总体称为布喇菲点阵.

空间点阵中的点子,称为结点. 当晶体是由数种原子所构成,晶体的基本结构单元(又称基元)也是由这数种原子所构成. 一个结点对应一个基元. 结点可以代表基元的重心,也可以取在基元的其他点上,只要保持结点在各基元中的位置都相同即可. 因此,每个结点周围的情况都相同. 结点的周期性,即代表了基元的周期性. 图 1. 10(a)、(b)和(c)分别示出了二维晶体结构,基元及其点阵.

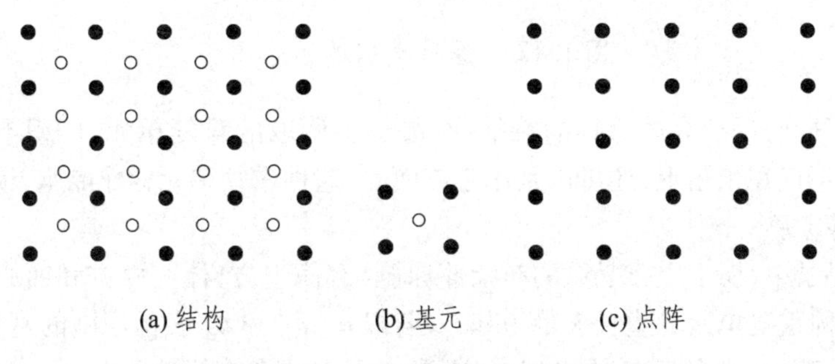

图 1. 10　晶体结构及其点阵

如图 1. 11 所示,沿三个不同方向通过点阵中的结点作平行的直线族,把结点包括无遗,点阵便构成一个三维网格. 这种三维格子称为晶格,又称为布喇菲格子,结点又称格点.

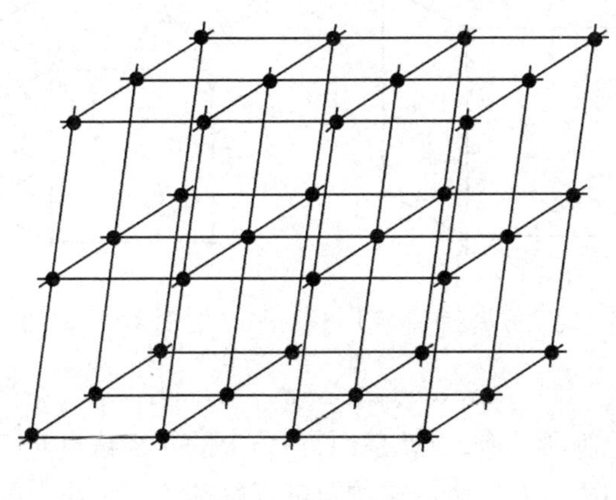

图 1. 11　晶格

某一方向上两相邻结点的距离称为该方向上的周期. 以一结点为顶点,以三个不同方向的周期为边长的平行六面体可作为晶格的一个重复单元. 体积最小的重复单元,称为原胞或固体物理学原胞,它能反映晶格的周期性. 原胞的选取不是惟一的,但它们的体积都相等. 图 1.12 示出了几个形状不同的原胞.

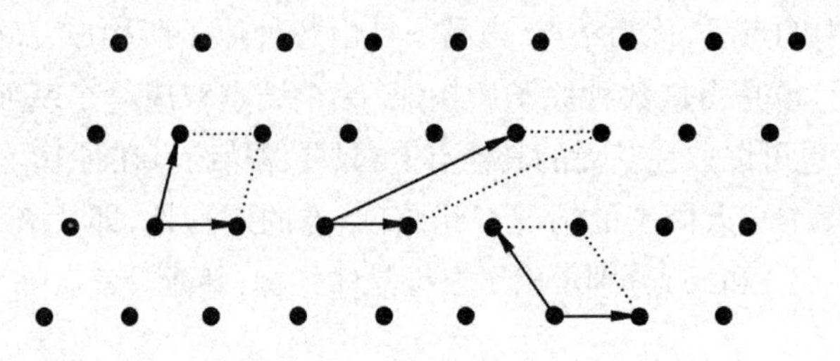

图 1.12　原胞选取的示意图

为了同时反映晶体对称的特征,结晶学上所取的重复单元,体积不一定最小,结点不仅在顶角上,还可以是体心或面心. 这种重复单元称作晶胞、惯用晶胞或布喇菲原胞.

结晶学中,属于立方晶系的布喇菲原胞,有简立方、体心立方和面心立方三种. 我们称重复单元的边长矢量为基矢. 若以 $\boldsymbol{a}_1$、$\boldsymbol{a}_2$ 和 $\boldsymbol{a}_3$ 表示原胞的基矢,而以 $\boldsymbol{a}$、$\boldsymbol{b}$ 和 $\boldsymbol{c}$ 表示晶胞的基矢,则对立方晶系,两种基矢存在简单关系.

一、简立方

如图 1.13 所示,对于简单立方,原胞和晶胞是统一的,即

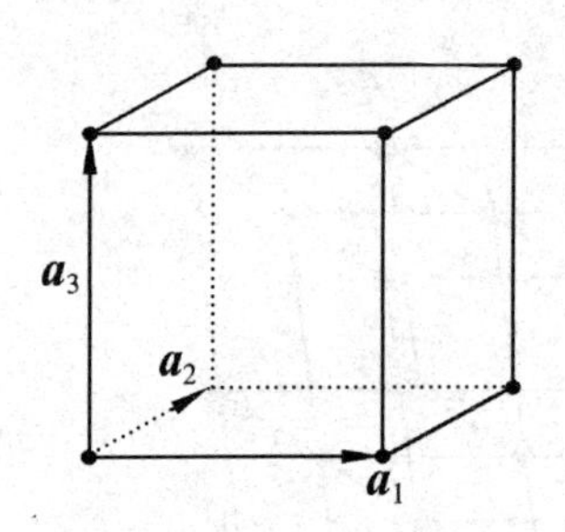

图 1.13　简立方原胞(晶胞)

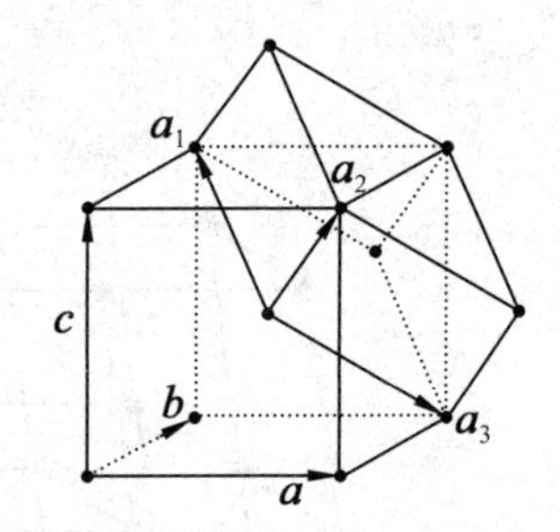

图 1.14　体心立方

$$\boldsymbol{a}_1=\boldsymbol{a},\quad \boldsymbol{a}_2=\boldsymbol{b},\quad \boldsymbol{a}_3=\boldsymbol{c}. \tag{1.1}$$

一个角顶为 8 个原胞所共有,也就是说,角顶上的一个格点对一个原胞的贡献是 1/8. 八个角顶上的格点对一个原胞的贡献正好等于一个格点的贡献. 这就是说,一个简立方原胞对应点阵中一个结点.

二、体心立方

图 1.14 示出了体心立方原胞基矢的一种选取方法. 容易得出

$$a_1=\frac{1}{2}(-a+b+c),$$
$$a_2=\frac{1}{2}(a-b+c),\qquad(1.2)$$
$$a_3=\frac{1}{2}(a+b-c).$$

原胞的体积 $\Omega=a_1\cdot(a_2\times a_3)=a^3/2$，$a$ 是晶胞的边长，又称晶格常数. 可见原胞体积是晶胞体积的一半. 一个晶胞对应两个格点，一个原胞只对应一个格点.

三、面心立方

图 1.15 示出了面心立方原胞的一种选取方法. 原胞基矢与晶胞基矢的关系是

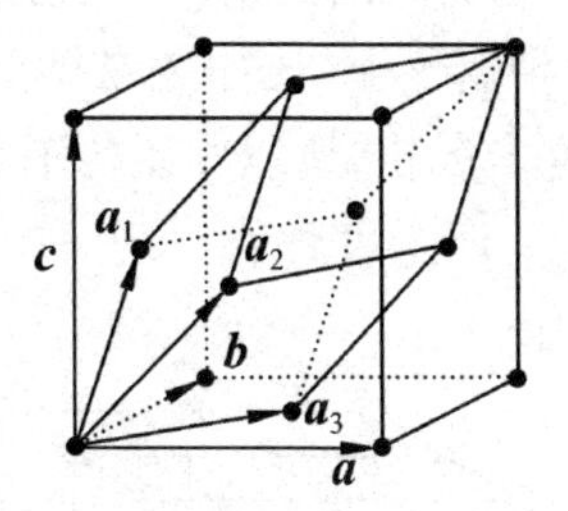

图 1.15　面心立方

$$a_1=\frac{1}{2}(b+c),$$
$$a_2=\frac{1}{2}(c+a),\qquad(1.3)$$
$$a_3=\frac{1}{2}(a+b).$$

原胞的体积 $\Omega=a_1\cdot(a_2\times a_3)=a^3/4$，为晶胞体积的 1/4. 由此可知，一个面心立方晶胞对应四个格点. 这一结论由图 1.15 也可得出. 晶胞的六个面各为两个晶胞所共有，因此，一个面心上的格点对一个晶胞的贡献是 1/2. 6 个面心的贡献为 3，再加上顶角格点的贡献，正好等于 4 个格点.

下边介绍一下立方晶系中几种实际晶体结构.

1. 氯化铯结构

图 1.16 示出了氯化铯的一个晶胞. 今取立方体的顶角为 Cl^-，体心上是 Cs^+. 因为氯离子周围的情况都相同，可以把格点取在氯离子上（铯离子周围的情况都相同，也可把格点取在铯离子上）. 由于格点构成的最小重复单元是简单

立方,因此称氯化铯结构为简立方结构.

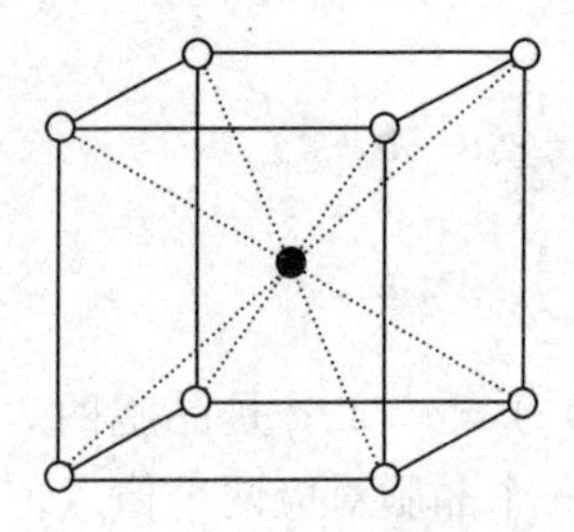

图 1. 16　氯化铯结构

2. 氯化钠结构

氯化钠是典型的离子晶体. 图 1. 17 示出了氯化钠的一个晶胞(用○代表钠离子,用●代表氯离子). 钠离子周围的情况都相同,氯离子周围的情况也都相同,因此可把格点取在任一种离子上,比如取在钠离子上. 由图 1. 17 可以看出,钠离子构成的格子是面心立方晶格,所以称氯化钠是面心立方晶格结构. 一个晶胞内包含(对应)四个钠离子,四个氯离子. 一个原胞对应一个基元,包含一个钠离子,一个氯离子.

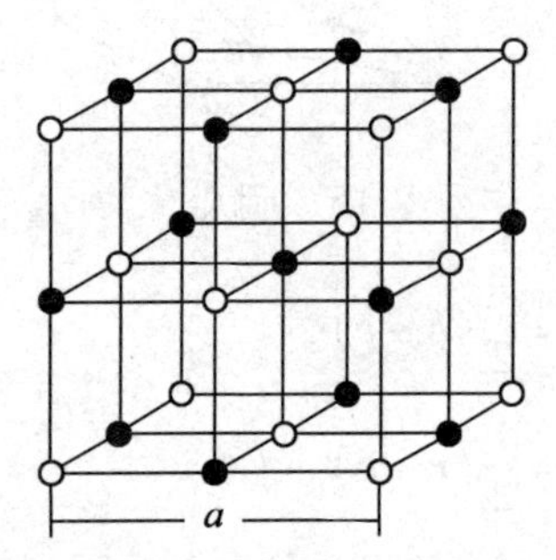

图 1. 17　氯化钠结构

3. 金刚石结构

金刚石是典型的原子晶体,原子以共价键结合. 每个原子有四个最近邻,这四个最近邻原子处在正四面体的顶角上,正四面体中心上的碳原子和顶角上每个碳原子公有两个电子. 图 1. 18 画出了金刚石的一个晶胞. 原子间的连线若代表共价键,从图中可以看出,晶胞内的原子的共价键的取向都相同. 若将最近邻的原子都考虑在内,可以发现,晶胞顶角上和面心上原子的共价键的取向都相同,但与晶胞内原子的共价键取向不同. 这说明这两种碳原子周围的情况不同. 因此空间点阵的结点只能取在其中的一种碳原子上. 由于金刚石的布喇菲格子是面心立方结构,所以称金刚石的结构是面心立方格子. 晶胞内处在空间对角线 1/4 处的四个碳原子,再加上顶角和面心上原子的贡献,一个晶胞内包含八个碳原子.

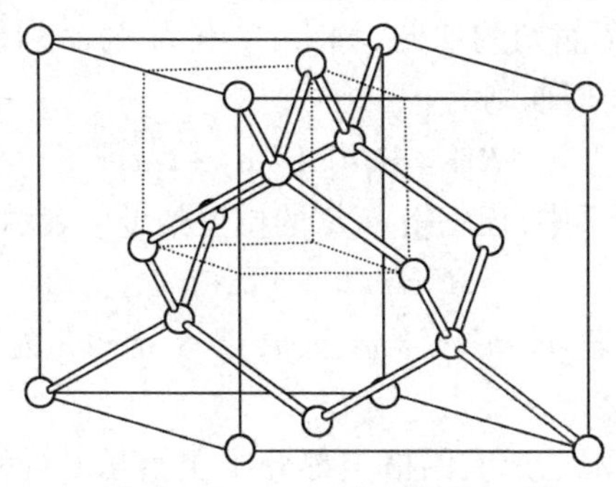

图 1.18　金刚石结构

半导体材料,单晶硅、单晶锗的结构与金刚石结构相同. 硫化锌也具有与金刚石相似的结构,若晶胞顶角和面心上是硫原子,则晶胞内的原子是锌原子. 锑化铟、砷化镓、磷化铟与硫化锌的结构相同,统称为闪锌矿结构.

人们把基元包含一个原子的晶格, 称为布喇菲格子,又常称为简单晶格;把基元包含两个或两个以上原子的晶格, 称为复式晶格. 上边介绍的三种实际晶体结构, 都为复式格子. 强调的是,即使是由同种原子构成的晶格,也可能是复式晶格. 上边金刚石晶格便是一个典型的例子.

§1.4　晶列　晶面指数

通过任意两格点作一直线,这一直线称为晶列. 晶列最突出的特点是:晶列上的格点具有一定的周期. 如果一平行直线族把格点包括无遗,且每一直线上都布有格点,则称这些直线为同一族晶列. 这些直线上的格点的周期都相同. 因此,一族晶列的特征有二:一是取向;二是晶列上格点的周期. 而且,如图 1.19 所示,在一个平面内,相邻晶列之间的距离必定相等. 设 $\boldsymbol{a}_1$,$\boldsymbol{a}_2$ 和 $\boldsymbol{a}_3$ 为原胞的基矢,取某格点 O 为原点,则晶格中其他任一点 R' 的位置为

$$\boldsymbol{R}_l' = l_1'\boldsymbol{a}_1 + l_2'\boldsymbol{a}_2 + l_3'\boldsymbol{a}_3, \qquad (1.4)$$

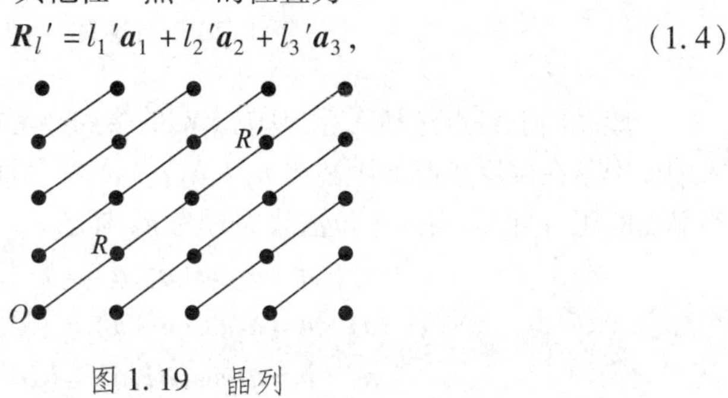

图 1.19　晶列

其中 l_1', l_2'和 l_3'都为整数. 若 $l_1':l_2':l_3' = l_1:l_2:l_3$, l_1, l_2 和 l_3 是互质整数,则可用 l_1, l_2 和 l_3 表征 OR'晶列的取向,称 l_1, l_2 和 l_3 为晶列指数,并记为$[l_1l_2l_3]$. $[l_1l_2l_3]$晶列上格点的周期则为

$$|\boldsymbol{R}_l| = |l_1\boldsymbol{a}_1 + l_2\boldsymbol{a}_2 + l_3\boldsymbol{a}_3|.$$

在晶胞基矢坐标系中,任一格点 R'的位置矢量可表示为

$$\boldsymbol{R}' = m'\boldsymbol{a} + n'\boldsymbol{b} + p'\boldsymbol{c}, \tag{1.5}$$

m', n'和 p'是有理数. 若 $m':n':p' = m:n:p$,且 m, n 和 p 为互质整数,则 OR'晶列的指数为$[mnp]$.

同理,我们可以设想,所有的格点都分布在相互平行的一平面族上,每一平面都有格点分布,如图 1.20(a)所示,称这样的平面为晶面. 这一族晶面的特点是,晶面平行等距. 显然,一个晶面族的特征有二,一是晶面的方位,二是晶面的间距. 晶面间距留在下一节讨论,下面讨论晶面方位的描述方法.

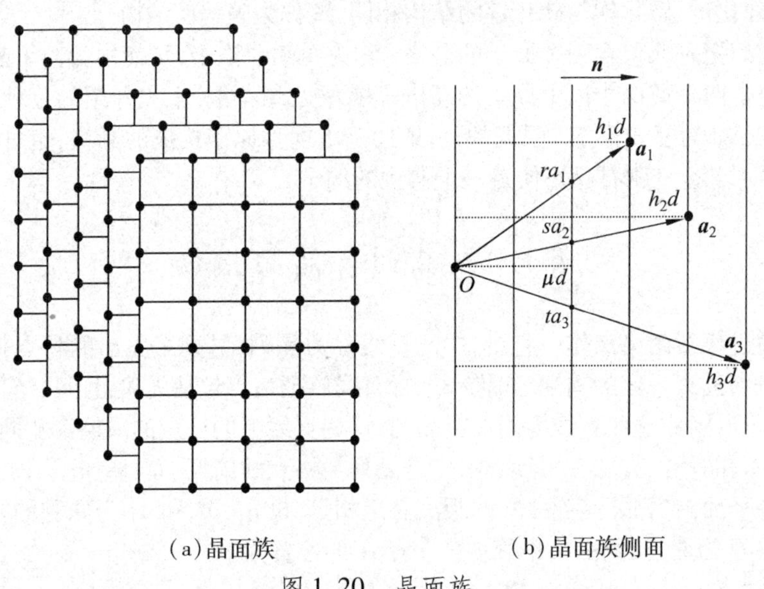

(a)晶面族　　(b)晶面族侧面

图 1.20　晶面族

一族晶面把格点包括无遗,基矢末端的格点必定落在晶面上. 设 $\boldsymbol{a}_1$, $\boldsymbol{a}_2$ 和 $\boldsymbol{a}_3$ 末端分别落在离原点晶面距离为 h_1d、h_2d、h_3d 的晶面上, h_1, h_2 和 h_3 为整数, d 为晶面间距. 再设晶面的单位法线矢量为 $\boldsymbol{n}$,则有

$$\begin{aligned}
\boldsymbol{a}_1 \cdot \boldsymbol{n} &= a_1\cos(\boldsymbol{a}_1, \boldsymbol{n}) = h_1d, \\
\boldsymbol{a}_2 \cdot \boldsymbol{n} &= a_2\cos(\boldsymbol{a}_2, \boldsymbol{n}) = h_2d, \\
\boldsymbol{a}_3 \cdot \boldsymbol{n} &= a_3\cos(\boldsymbol{a}_3, \boldsymbol{n}) = h_3d.
\end{aligned} \tag{1.6}$$

由上式可得

$$\cos(\boldsymbol{a}_1,\boldsymbol{n}):\ \cos(\boldsymbol{a}_2,\boldsymbol{n}):\ \cos(\boldsymbol{a}_3,\boldsymbol{n})=\frac{h_1}{a_1}:\ \frac{h_2}{a_2}:\ \frac{h_3}{a_3}. \tag{1.7}$$

晶体结构一定,a_1,a_2 和 a_3 为已知. 由上式可以看出,若 h_1,h_2 和 h_3 已知,则晶面族法矢量的方向余弦,也即晶面在空间的方位即可确定. 因此,可用 h_1、h_2、h_3 来表征晶面方位,称 h_1、h_2、h_3 为晶面指数,并记作($h_1h_2h_3$). 可以证明 h_1、h_2、h_3 是互质的. 由 h_1、h_2、h_3 的定义还可知道,晶面族($h_1h_2h_3$)将基矢 $\boldsymbol{a}_1$、$\boldsymbol{a}_2$、$\boldsymbol{a}_3$ 分别截成$|h_1|$、$|h_2|$、$|h_3|$等份,如图 1.20(b)所示.

h_1、h_2、h_3 的数值可以由晶面族($h_1h_2h_3$)中任一晶面在基矢坐标轴上的截距来求出. 设晶面族($h_1h_2h_3$)中离开原点的距离等于 μd(μ 为整数)的晶面在三个基矢坐标轴上的截距分别为 ra_1,sa_2 和 ta_3,则有

$$\begin{aligned} r\boldsymbol{a}_1\cdot\boldsymbol{n}&=ra_1\cos(\boldsymbol{a}_1,\boldsymbol{n})=\mu d,\\ s\boldsymbol{a}_2\cdot\boldsymbol{n}&=sa_2\cos(\boldsymbol{a}_2,\boldsymbol{n})=\mu d,\\ t\boldsymbol{a}_3\cdot\boldsymbol{n}&=ta_3\cos(\boldsymbol{a}_3,\boldsymbol{n})=\mu d. \end{aligned} \tag{1.8}$$

由上式得

$$\cos(\boldsymbol{a}_1,\boldsymbol{n}):\ \cos(\boldsymbol{a}_2,\boldsymbol{n}):\ \cos(\boldsymbol{a}_3,\boldsymbol{n})=\frac{1}{ra_1}:\ \frac{1}{sa_2}:\ \frac{1}{ta_3}.$$

由上式与(1.7)式比较得

$$h_1:\ h_2:\ h_3=\frac{1}{r}:\ \frac{1}{s}:\ \frac{1}{t}. \tag{1.9}$$

上式说明,任一晶面族的面指数,可由晶面族中任一晶面在基矢坐标轴上截距的系数的倒数来求出. 面指数可正可负,当晶面在基矢坐标轴正方向相截时,截距系数为正,在负方向相截时,截距系数为负.

结晶学中,在晶胞基矢坐标系中求出的面指数称为密勒指数,用(hkl)表示. 可以证明,对于立方晶体,晶列[hkl]与晶面(hkl)正交.

由下一节的面间距可以得知,晶面指数简单的晶面族,其面间距大. 单位体积内的格点数一定,面间距大的晶面上,格点密度大. 这样的晶面对射线的散射作用强,在 X 光衍射中常选用这样的晶面作衍射面.

同一晶体中面间距相同的晶面族,由于在垂直于晶面的方向上,其宏观性质相同,所以常称它们为同族晶面族,并常以大括号表示之. 如立方晶系晶体的晶面族{111}包括(111)、($\bar{1}\bar{1}\bar{1}$)、($\bar{1}11$)、($1\bar{1}1$)、($11\bar{1}$)、($\bar{1}\bar{1}1$)、($1\bar{1}\bar{1}$)和($\bar{1}1\bar{1}$).

§1.5 倒格空间

我们首先从晶体的 X 光衍射现象引进倒格矢的概念. 晶格的周期性决定了

晶格可作为衍射光栅. X 光的波长可以达到小于晶体中原子的间距,所以它是晶体衍射的重要光源. 当观察点到晶体的距离,以及光源到晶体的距离比晶体尺寸大得多时,入射光和被观测的衍射光都可视为平行光线. 我们以简单晶格为例,来讨论晶体衍射问题. 如图 1－21,O 格点取作原点,P 点是任一格点,其位置矢量

$$\boldsymbol{R}_l = l_1\boldsymbol{a}_1 + l_2\boldsymbol{a}_2 + l_3\boldsymbol{a}_3,$$

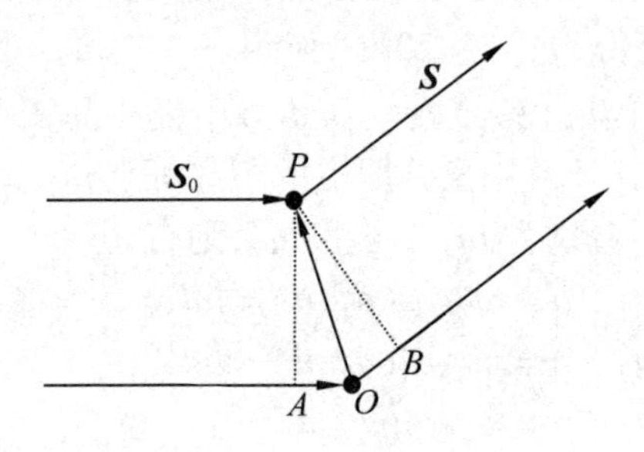

图 1.21　X 射线衍射

$\boldsymbol{S}_0$ 和 $\boldsymbol{S}$ 是入射线和衍射线的单位矢量. 经过 O 格点和经过 P 格点的 X 光,衍射前后的光程差为

$$AO + OB = -\boldsymbol{R}_l \cdot \boldsymbol{S}_0 + \boldsymbol{R}_l \cdot \boldsymbol{S} = \boldsymbol{R}_l \cdot (\boldsymbol{S} - \boldsymbol{S}_0).$$

当 X 光为单色光,衍射加强的条件为

$$\boldsymbol{R}_l \cdot (\boldsymbol{S} - \boldsymbol{S}_0) = \mu\lambda,$$

式中 λ 为波长,μ 为整数. 引入

$$\boldsymbol{k} - \boldsymbol{k}_0 = \frac{2\pi}{\lambda}(\boldsymbol{S} - \boldsymbol{S}_0),$$

则衍射光取极大值的条件变成

$$\boldsymbol{R}_l \cdot (\boldsymbol{k} - \boldsymbol{k}_0) = 2\pi\mu. \tag{1.10}$$

以上两式中 $\boldsymbol{k}$ 和 $\boldsymbol{k}_0$ 分别为 X 光的衍射波矢和入射波矢. 若再令

$$\boldsymbol{k} - \boldsymbol{k}_0 = \boldsymbol{K}_{h'},$$

(1.10)式变成

$$\boldsymbol{R}_l \cdot \boldsymbol{K}_{h'} = 2\pi\mu. \tag{1.11}$$

从上式可以看出,$\boldsymbol{R}_l$ 与 $\boldsymbol{K}_{h'}$ 的量纲是互为倒逆的. $\boldsymbol{R}_l$ 是格点的位置矢量,称为正格矢,称 $\boldsymbol{K}_{h'}$ 为正格矢的倒矢量,简称倒格矢. 正格矢是正格基矢 $\boldsymbol{a}_1$、$\boldsymbol{a}_2$、$\boldsymbol{a}_3$ 的线性组合,若倒格矢是倒格基矢 $\boldsymbol{b}_1$、$\boldsymbol{b}_2$、$\boldsymbol{b}_3$ 的线性组合

$$\boldsymbol{K}_{h'} = h'_1\boldsymbol{b}_1 + h'_2\boldsymbol{b}_2 + h'_3\boldsymbol{b}_3, \tag{1.12}$$

h'_1、h'_2、h'_3 是整数,那么,$\boldsymbol{b}_1$、$\boldsymbol{b}_2$、$\boldsymbol{b}_3$ 等于什么? 容易看出,若 $\boldsymbol{a}_i$ 和 $\boldsymbol{b}_j$ 满足以下

关系

$$\boldsymbol{a}_i \cdot \boldsymbol{b}_j = 2\pi\delta_{ij} \quad i,j=1,2,3, \tag{1.13}$$

则(1.12)式便满足(1.11)式. 根据(1.13)式的条件,不难用正格基矢来构造倒格基矢

$$\begin{aligned} \boldsymbol{b}_1 &= \frac{2\pi[\boldsymbol{a}_2 \times \boldsymbol{a}_3]}{\Omega}, \\ \boldsymbol{b}_2 &= \frac{2\pi[\boldsymbol{a}_3 \times \boldsymbol{a}_1]}{\Omega}, \\ \boldsymbol{b}_3 &= \frac{2\pi[\boldsymbol{a}_1 \times \boldsymbol{a}_2]}{\Omega}, \end{aligned} \tag{1.14}$$

式中 Ω 是晶格原胞体积,即 $\Omega = \boldsymbol{a}_1 \cdot (\boldsymbol{a}_2 \times \boldsymbol{a}_3)$.

将正格基矢在空间平移可构成正格子,相应地我们把倒格基矢平移形成的格子叫倒格子. 由 $\boldsymbol{a}_1$、$\boldsymbol{a}_2$、$\boldsymbol{a}_3$ 构成的平行六面体称为正格原胞,相应地我们称由 $\boldsymbol{b}_1$、$\boldsymbol{b}_2$、$\boldsymbol{b}_3$ 构成的平行六面体为倒格原胞. 同样地,在倒格空间也有相应的晶列和晶面的定义. 为了加深对倒格子的认识,下边介绍倒格子与正格子的一些重要关系.

一、正格原胞体积与倒格原胞体积之积等于$(2\pi)^3$

设倒格原胞体积为 Ω^*,则

$$\Omega^* = \boldsymbol{b}_1 \cdot [\boldsymbol{b}_2 \times \boldsymbol{b}_3] = \frac{(2\pi)^3}{\Omega^3}[\boldsymbol{a}_2 \times \boldsymbol{a}_3] \cdot \{[\boldsymbol{a}_3 \times \boldsymbol{a}_1] \times [\boldsymbol{a}_1 \times \boldsymbol{a}_2]\}.$$

利用　$\boldsymbol{A} \times (\boldsymbol{B} \times \boldsymbol{C}) = (\boldsymbol{A} \cdot \boldsymbol{C})\boldsymbol{B} - (\boldsymbol{A} \cdot \boldsymbol{B})\boldsymbol{C}$

得到　$[\boldsymbol{a}_3 \times \boldsymbol{a}_1] \times [\boldsymbol{a}_1 \times \boldsymbol{a}_2] = \Omega\, \boldsymbol{a}_1$.

所以

$$\Omega^* = \frac{(2\pi)^3}{\Omega^3}[\boldsymbol{a}_2 \times \boldsymbol{a}_3] \cdot \Omega \boldsymbol{a}_1 = \frac{(2\pi)^3}{\Omega}. \tag{1.15}$$

二、正格子与倒格子互为对方的倒格子

按照(1.14)的定义,倒格子的倒格基矢

$$\boldsymbol{b}_1^* = \frac{2\pi[\boldsymbol{b}_2 \times \boldsymbol{b}_3]}{\Omega^*} = \frac{2\pi}{\Omega^*} \cdot \frac{(2\pi)^2}{\Omega^2} \cdot \Omega \boldsymbol{a}_1 = \boldsymbol{a}_1.$$

同理可以证明

$$\boldsymbol{b}_2^* = \boldsymbol{a}_2, \boldsymbol{b}_3^* = \boldsymbol{a}_3.$$

这说明倒格子的倒格子是正格子.

三、倒格矢 $K_h = h_1 b_1 + h_2 b_2 + h_3 b_3$ 与正格子晶面族$(h_1h_2h_3)$正交

如图 1.22 所示,ABC 是离原点最近的晶面,

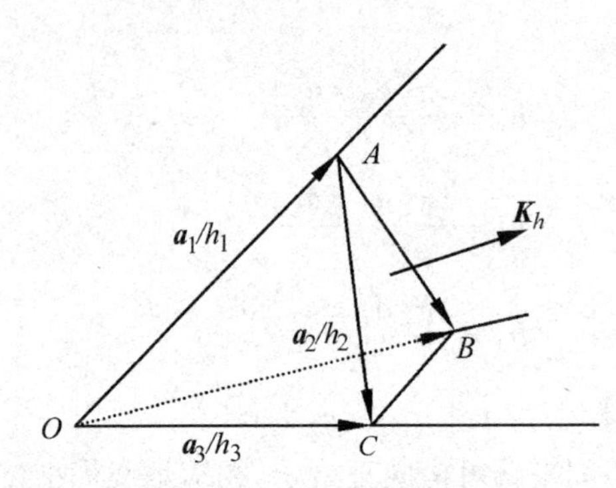

图 1.22　离原点最近的晶面

$$K_h \cdot AC = (h_1 b_1 + h_2 b_2 + h_3 b_3) \cdot \left(\frac{a_3}{h_3} - \frac{a_1}{h_1}\right) = 2\pi - 2\pi = 0,$$

$$K_h \cdot AB = (h_1 b_1 + h_2 b_2 + h_3 b_3) \cdot \left(\frac{a_2}{h_2} - \frac{a_1}{h_1}\right) = 2\pi - 2\pi = 0,$$

即 K_h 与晶面指数为$(h_1h_2h_3)$的晶面 ABC 正交,也即与晶面族$(h_1h_2h_3)$正交.

四、倒格矢 K_h 的模与晶面族$(h_1h_2h_3)$的面间距成反比

设 $d_{h_1h_2h_3}$是晶面族$(h_1h_2h_3)$的面间距,由图 1.22 可知

$$d_{h_1h_2h_3} = \frac{a_1}{h_1} \cdot \frac{K_h}{|K_h|} = \frac{a_1 \cdot (h_1 b_1 + h_2 b_2 + h_3 b_3)}{h_1 |K_h|} = \frac{2\pi}{|K_h|}. \tag{1.16}$$

相类比,倒格面$(l_1l_2l_3)$的面间距

$$d^*_{l_1l_2l_3} = \frac{2\pi}{|l_1 a_1 + l_2 a_2 + l_3 a_3|} = \frac{2\pi}{|R_l|}. \tag{1.17}$$

在晶胞坐标系中

$$d_{hkl} = \frac{2\pi}{|K_{hkl}|}, \tag{1.18}$$

其中

$$K_{hkl} = h a^* + k b^* + l c^*,$$

$$a^* = \frac{2\pi[b \times c]}{\Omega},$$

$$b^* = \frac{2\pi[c \times a]}{\Omega},$$

$$c^* = \frac{2\pi[\boldsymbol{a}\times\boldsymbol{b}]}{\Omega},$$

$$\Omega = \boldsymbol{a}\cdot[\boldsymbol{b}\times\boldsymbol{c}].$$

§1.6　晶体的对称性

晶体具有自限性,外形上的晶面呈现出对称分布.晶体外形上的这种对称性,是晶体内在结构规律性的体现.早期人们对内在结构规律性的推断,就是首先从研究晶体外形上的对称性开始的.

如图1.1所示的石英晶体,绕其光轴(c轴)每转120°,晶体自身重合.这说明,在垂直于c轴的平面内,相隔120°方向上的晶格周期性是相同的.表现在宏观性质上,可以推断出,相隔120°方向上的物理性质是一样的,或者说在垂直于c轴的平面内,石英晶体是三重对称的.

如何描述和找出晶体的对称性呢?人们发现,采用象转动这样的变换来研究晶体的对称性是行之有效的.人们定义:一个晶体在某一变换后,晶格在空间的分布保持不变,这一变换称为对称操作.

为了描述晶体对称性的高低,必须找出它们的全部对称操作.对称操作的数目越多,晶体的对称性越高.由于受晶格周期性的限制,晶体的对称类型是由少数基本的对称操作组合而成.若包括平移,有230种对称类型,称其为空间群.若不包括平移,有32种宏观对称类型,称其为点群.

在研究晶体结构时,人们视晶体为刚体,在对称操作变换中,晶体两点间的距离保持不变.在数学上称这种变换为正交变换.在研究晶体的对称性中有以下三种正交变换.

一、转动

例如,如图1.23所示,使晶体绕直角坐标x轴转动θ角,则晶体中的点(x,y,z)变为(x',y',z').变换关系用矩阵表示,则为

$$\begin{bmatrix}x'\\y'\\z'\end{bmatrix}=\begin{bmatrix}1&0&0\\0&\cos\theta&-\sin\theta\\0&\sin\theta&\cos\theta\end{bmatrix}\begin{bmatrix}x\\y\\z\end{bmatrix}.$$

我们可用变换矩阵

$$\boldsymbol{A}=\begin{bmatrix}1&0&0\\0&\cos\theta&-\sin\theta\\0&\sin\theta&\cos\theta\end{bmatrix}$$

具体代表这一转动操作.

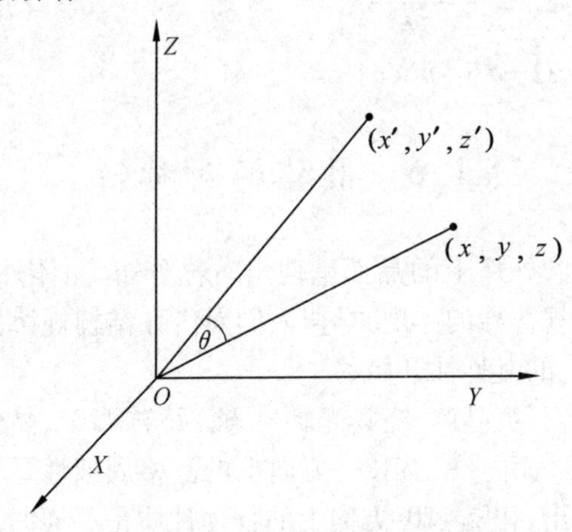

图 1.23　直角坐标的转动

二、中心反演

将任一点(x,y,z)变成$(-x,-y,-z)$的变换称为中心反演. 用矩阵形式表示,则为

$$\begin{bmatrix}-x\\-y\\-z\end{bmatrix}=\begin{bmatrix}-1&0&0\\0&-1&0\\0&0&-1\end{bmatrix}\begin{bmatrix}x\\y\\z\end{bmatrix}.$$

我们可具体利用变换矩阵

$$\boldsymbol{A}=\begin{bmatrix}-1&0&0\\0&-1&0\\0&0&-1\end{bmatrix}$$

来代表中心反演操作.

三、镜象(镜面)

例如,以$x=0$的平面为镜面,将任一点(x,y,z)变成$(-x,y,z)$. 这一变换称为镜象变换或镜面变换,其变换矩阵

$$\boldsymbol{A}=\begin{bmatrix}-1&0&0\\0&1&0\\0&0&1\end{bmatrix}.$$

容易验证,以上三种变换都是正交变换,$\boldsymbol{A}$ 的转置矩阵 $\boldsymbol{A}^t$ 即是 $\boldsymbol{A}$ 的逆

阵 $\boldsymbol{A}^{-1}$.

在讨论基本对称操作之前，还必须弄清楚，在晶格周期性的限制下，晶体到底有哪些允许的转动操作. 如图 1.24 所示，A、B 是同一晶列上 O 格点的两个最近邻格点. 如果绕通过 O 点并垂直于纸面的转轴逆时针转动 θ 角后，B 格点转到 B' 点，若此时晶格自身重合，B' 处原来必定有一格点. 如果再绕通过 O 点的转轴顺时针转动 θ 角，晶格又恢复到未转动时的状态. 但顺时针转动 θ 角，A 处格点转到 A' 处，因此可知 A' 处原来必定有一格点. 可以把格点想象成分布在一族相互平行的晶列上，由图 1.24 可知，$A'B'$ 晶列与 AB 晶列平行. 平行的晶列具有相同的周期，若设其周期为 a，则有

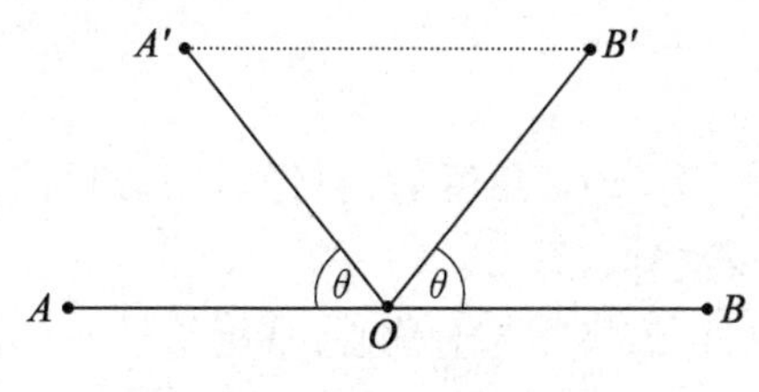

图 1.24　一晶面上的晶列

$$A'B' = 2a|\cos\theta| = ma,$$

其中 m 为整数. 由上式及余弦的取值范围可得

$$|\cos\theta| = \frac{m}{2} \leqslant 1.$$

不难得出

$$m = 0: \quad \theta = \frac{\pi}{2}, \frac{3}{2}\pi;$$

$$m = 1: \quad \theta = \frac{\pi}{3}, \frac{2}{3}\pi, \frac{4}{3}\pi, \frac{5}{3}\pi;$$

$$m = 2: \quad \theta = \pi, 2\pi.$$

因为顺时针（或逆时针）旋转 $3\pi/2$，$4\pi/3$，$5\pi/3$ 分别等价于逆时针（或顺时针）旋转 $\pi/2$，$2\pi/3$ 和 $\pi/3$，所以晶格对称转动所允许的独立转角为

$$2\pi, \pi, \frac{2}{3}\pi, \frac{\pi}{2}, \frac{\pi}{3}.$$

对称转动旋转角可写成

$$\frac{2\pi}{n}, n = 1, 2, 3, 4, 6,$$

称 n 为转轴的度数. 可见，晶格的周期性不允许有 5 度旋转对称轴.

现在我们已有条件讨论晶体的基本对称操作.

1. n 度旋转对称轴

晶体绕某一对称轴旋转 $\theta = 2\pi/n$ 以后自身能重合,则称该轴为 n 度旋转对称轴. 如上所述,n 只能取 1,2,3,4,6,不存在 5 度旋转对称轴. 表 1.1 列出了文献资料中常用的对称轴度数与对应的符号. 符号常标记在对称轴的两端.

表 1.1　对称轴度数与对应的图形符号

n	2	3	4	6
符号	⬬	▼	▰	⬣

2. n 度旋转反演轴

若绕某一对称轴旋转 $2\pi/n$ 角度后,再经过中心反演,晶体能自身重合,则称该轴为 n 度旋转 - 反演轴,常标以$\bar{n}$.

$\bar{1}$: 就是中心反演,称该操作为对称心,常用符号 i 表示.

$\bar{2}$: 这种对称操作完全等价于垂直于该轴的镜象操作,记作 m,即$\bar{2} = m$.

$\bar{3}$: $\bar{3}$不是基本的对称操作,它等价于 3 度旋转再加上对称心 i. 如图 1.25 所示,转 120°后,格点 1 到达 1′,再经中心反演到达格点 2. 再转 120°后,格点 2 到达 2′,再经反演后到达格点 3,如此类推. 由图 1.25 可以看出,$\bar{3}$的对称操作与 3 度转动加对称心的操作的总效果是一样的.

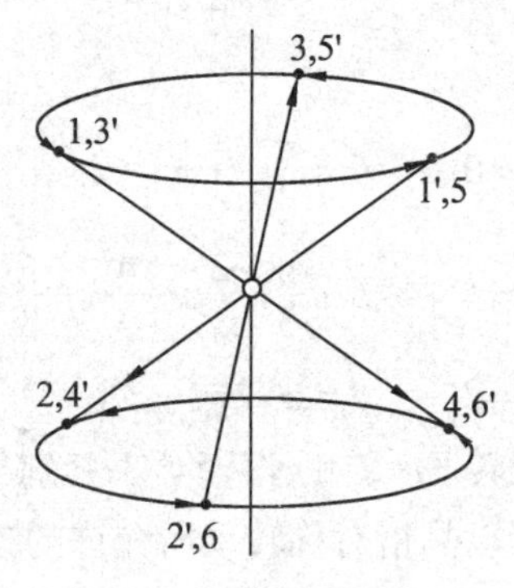

图 1.25　$\bar{3}$ 的对称性

$\bar{4}$: 4 度旋转 - 反演对称操作是基本对称操作.

$\bar{6}$: 读者可仿效图 1.25 的形式验证出,$\bar{6}$ 不是独立的基本操作,它与 3 度旋转加上垂直该轴的镜面操作是等价的.

概括起来,晶体的宏观对称操作一共有八种基本对称操作.

$$1,2,3,4,6,i,m \text{ 和 } \bar{4}.$$

由这些基本对称操作的组合,可得到 32 种宏观对称类型,数学上称为 32 个点群. 例如立方晶格的全部对称操作的组合,构成了 O_h 点群,包括 48 个对称操作. 如图 1.26 所示,立方晶系有三个分别平行于晶轴的 4 度轴,有四个平行于空间对角线的 3 度轴,有六个 2 度轴; 相应的 4 度旋转反演轴,3 度旋转反演轴,垂直于 2 度轴的对称面;再加上 1 度轴和对称心,一共有 48 个对称操作.

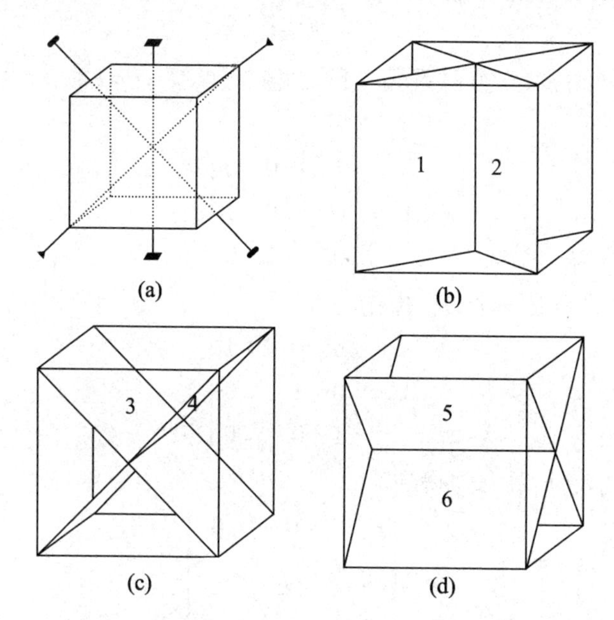

图 1.26　立方晶系的对称性　(a) 2 度、3 度和 4 度轴;
(b)(c)(d) 与 2 度轴正交的对称面

最后应当指出,晶体的对称性在确定晶体物理常数的独立个数上有重要意义,它可以简化物理常数的测量. 在确定物理常数独立个数时,通常不是让晶格旋转,而是让坐标旋转.

对于晶体,晶体中的电位移和电场的关系为

$$\boldsymbol{D} = \boldsymbol{\varepsilon} \boldsymbol{E} . \tag{1.19}$$

其中介电常数矩阵

$$\boldsymbol{\varepsilon} = \begin{bmatrix} \varepsilon_{11} & \varepsilon_{12} & \varepsilon_{13} \\ \varepsilon_{21} & \varepsilon_{22} & \varepsilon_{23} \\ \varepsilon_{31} & \varepsilon_{32} & \varepsilon_{33} \end{bmatrix} . \tag{1.20}$$

坐标旋转后,各物理量在新旧坐标中的关系是

$$\boldsymbol{D}' = \boldsymbol{\varepsilon}'\boldsymbol{E}', \boldsymbol{D}' = \boldsymbol{A}\boldsymbol{D},\ \boldsymbol{E}' = \boldsymbol{A}\boldsymbol{E}.$$

若旋转后,在新坐标系中的晶格分布与未转动前的一样,是对称操作,则有 $\boldsymbol{D}' = \boldsymbol{\varepsilon}\boldsymbol{E}'$. 将上式中后两式代入此式,得到

$$\boldsymbol{D} = \boldsymbol{A}^{-1}\boldsymbol{\varepsilon}\boldsymbol{A}\boldsymbol{E} = \boldsymbol{A}^{t}\boldsymbol{\varepsilon}\boldsymbol{A}\boldsymbol{E}.$$

将上式与(1.19)式比较,得到

$$\boldsymbol{\varepsilon} = \boldsymbol{A}^{t}\boldsymbol{\varepsilon}\boldsymbol{A}. \tag{1.21}$$

下边我们具体求一求立方晶系独立的介电常数. 绕 $x(a)$ 轴转 90°是一个对称操作

$$\boldsymbol{A}_x = \begin{bmatrix} 1 & 0 & 0 \\ 0 & 0 & 1 \\ 0 & -1 & 0 \end{bmatrix}. \tag{1.22}$$

绕 $y(b)$ 轴转 90°也是一个对称操作

$$\boldsymbol{A}_y = \begin{bmatrix} 0 & 0 & -1 \\ 0 & 1 & 0 \\ 1 & 0 & 0 \end{bmatrix}. \tag{1.23}$$

将(1.22)式代入(1.21)式,得到

$$\boldsymbol{\varepsilon} = \begin{bmatrix} \varepsilon_{11} & 0 & 0 \\ 0 & \varepsilon_{22} & \varepsilon_{23} \\ 0 & -\varepsilon_{23} & \varepsilon_{22} \end{bmatrix}. \tag{1.24}$$

将(1.23)和(1.24)两式代入(1.21)式,得到

$$\boldsymbol{\varepsilon} = \begin{bmatrix} \varepsilon_{11} & 0 & 0 \\ 0 & \varepsilon_{11} & 0 \\ 0 & 0 & \varepsilon_{11} \end{bmatrix}.$$

由此可知,立方晶系晶体的独立介电常数只有一个. 具体测定时,只要垂直于 x 或 y 或 z 轴切下一薄片晶体,在晶片主表面上镀上电极,测出它的电容,即可求得介电常数 ε_{11}.

§1.7　晶格结构的分类

考虑到晶格的对称性,结晶学上选取的重复单元一晶胞不一定是最小的重

复单元. 晶胞的基矢方向,便是晶体的晶轴方向. 晶轴上的周期就是基矢的模,称为晶格常数. 按晶胞基矢的特征,晶体可分为七大晶系. 按晶胞上格点的分布特点,晶体结构又分成14种布喇菲格子. 图1.27给出了晶胞的参量:基矢 $\boldsymbol{a}$、$\boldsymbol{b}$、$\boldsymbol{c}$ 和它们的夹角 α、β、γ. 表1.2列出了七大晶系的基本特点.

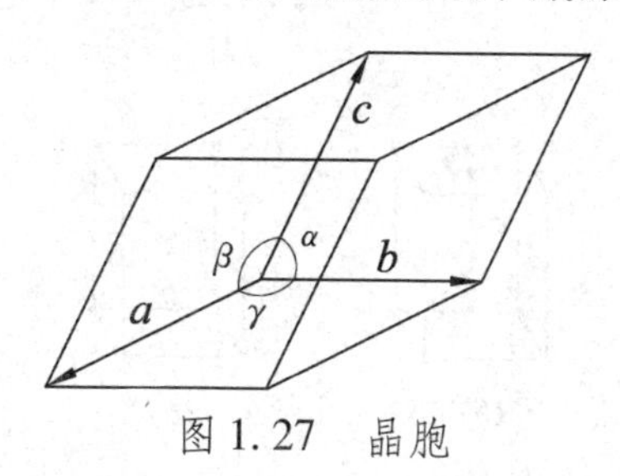

图1.27　晶胞

表1.2　**七大晶系的基本特点**

级别	晶系	晶胞特征	独有的对称性	布喇菲格子	点群(国际符号)
高级	立方	$a=b=c$ $\alpha=\beta=\gamma=90°$	4个3度轴	简单立方,体心立方,面心立方	$23, m3, 432, \bar{4}3m, m3m$
中级	六角	$a=b\neq c$ $\alpha=\beta=90°$, $\gamma=120°$	1个6度轴	六角	$6, \bar{6}, 6/m, 622$ $6mm, \bar{6}m2, 6/mmm$
	四方	$a=b\neq c$ $\alpha=\beta=\gamma=90°$	1个4度轴	简单四方 体心四方	$4, \bar{4}, 4/m, 422$ $4mm, \bar{4}m2, 4/mmm$
	三角	$a=b\neq c$, $\alpha=\beta=90°$, $\gamma=120°$ 或 $a=b=c$ $\alpha=\beta=\gamma\neq 90°$	1个3度轴	三角	$3, \bar{3}, 32, 3m$ $\bar{3}2/m$
低级	正交	$a\neq b\neq c$ $\alpha=\beta=\gamma=90°$	3个互相垂直的2度轴或2个正交的对称面	简单正交,底心正交,体心正交,面心正交	$222, mm2, mmm$
	单斜	$a\neq b\neq c$ $\alpha=\gamma=90° \beta>90°$	1个2度轴或1个对称面	简单单斜 底心单斜	$2, m, 2/m$
	三斜	$a\neq b\neq c$ $\alpha\neq\beta\neq\gamma$	无对称轴,又无对称面	简单三斜	$1, \bar{1}$

图1.28示出了14种布喇菲格子的晶胞. 对称性由低级到高级,依次是(1)简单三斜;(2)简单单斜;(3)底心单斜;(4)简单正交;(5)底心正交;(6)体心正交;(7)面心正交;(8)六角(或三角);(9)菱面三角;(10)简单四方;(11)体心四方;(12)简单立方;(13)体心立方;(14)面心立方. 三角六角,有时也称三方六方.

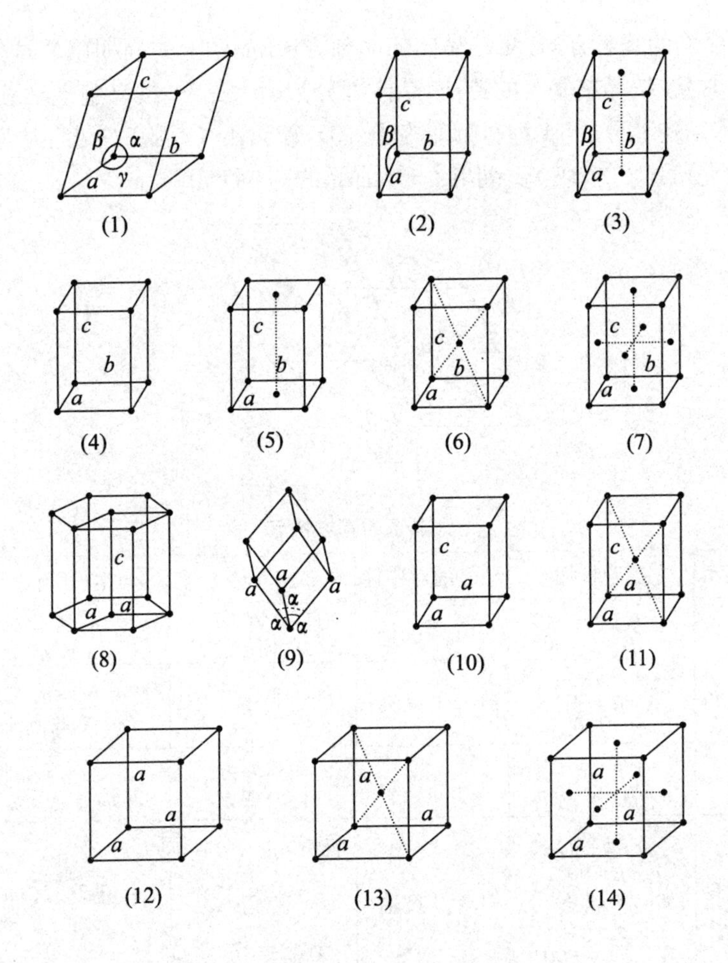

图 1.28　14 种布喇菲晶胞

从图 1.28 可以看到,四方晶格只有两种.那么,为什么不存在底心四方和面心四方呢?读者可以验证,底心四方不是基本结构,它实际是一个简单四方;面心四方也不是基本结构,它实际是一个体心四方.

需要指出的是,具有 3 度轴或 3 度反演轴的三角晶系存在两种可能的晶胞,一种是 $a=b\neq c$, $\alpha=\beta=90°$,$\gamma=120°$;另一种$a=b=c$,$\alpha=\beta=\gamma\neq 90°$. 第一种三角晶胞与六角晶系晶胞相同.但必须认识到,三角晶系的六角晶胞的 c 轴是 3 度旋转对称轴,六角晶系的六角晶胞的 c 轴是 6 度旋转对称轴. 压电石英(水晶)晶体属于三角晶系,它的晶胞具有$a=b\neq c$,$\alpha=\beta=90°$,$\gamma=120°$的六角晶胞的特点. 第二种三角晶胞称为菱面三角晶胞. 菱面三角晶胞的 $a=b=c$ 都相等,晶胞基矢夹角 α 都相等的特点,给晶面的空间定位带来不便. 在晶体结构分析的X光衍射和晶面的X光定向中，人们通常也采用具有3度旋转对称性的六角晶胞来描述该三角晶系. 菱面三角晶胞与对应六角晶胞的关系，可参见本章习题第16题.

§1.8　晶体的X光衍射

由§1.5节已知,当X光的衍射波矢 $\boldsymbol{k}$ 与入射波矢 $\boldsymbol{k}_0$ 之差等于倒格矢时,即

$$\boldsymbol{k}-\boldsymbol{k}_0=\boldsymbol{K}_{h'},$$

则 $\boldsymbol{k}$ 的方向即为衍射加强的方向. 设

$$\boldsymbol{K}_{h'}=h'_1\boldsymbol{b}_1+h'_2\boldsymbol{b}_2+h'_3\boldsymbol{b}_3=n(h_1\boldsymbol{b}_1+h_2\boldsymbol{b}_2+h_3\boldsymbol{b}_3)=n\boldsymbol{K}_h,$$

衍射加强的条件又化为

$$\boldsymbol{k}-\boldsymbol{k}_0=n\boldsymbol{K}_h, \tag{1.25}$$

其中 n 为整数,h_1、h_2、h_3 为互质数,并称 $(nh_1nh_2nh_3)$ 为衍射面指数. 式(1.25)的几何意义如图1.29所示. 过 $\boldsymbol{k}_0$ 的末端作 $n\boldsymbol{K}_h$ 的垂线,若忽略康普顿效应,波矢的模 $|\boldsymbol{k}_0|=|\boldsymbol{k}|$,则此垂线便是 $n\boldsymbol{K}_h$ 的垂直平分线. 我们知道,晶面 $(h_1h_2h_3)$ 与倒格矢 $\boldsymbol{K}_h$ 垂直,所以此垂直平分线与 $(h_1h_2h_3)$ 晶面平行,即衍射极大的方向正好是晶面 $(h_1h_2h_3)$ 的反射方向. 由此可得出一个简单结论:当衍射线对某一晶面族来说恰为光的反射方向时,此衍射方向便是衍射加强的方向.

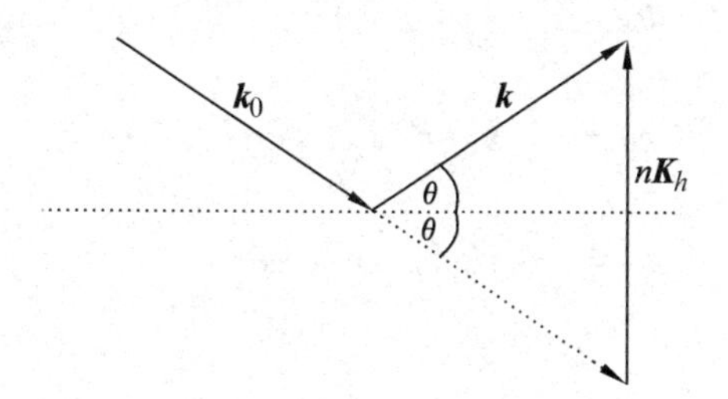

图1.29　晶格的布拉格反射

由图1.29可得

$$|\boldsymbol{k}-\boldsymbol{k}_0|=n|\boldsymbol{K}_h|=2|\boldsymbol{k}|\sin\theta=\frac{4\pi}{\lambda}\sin\theta,$$

再将(1.16)式代入上式,可以得到

$$2d_{h_1h_2h_3}\sin\theta=n\lambda. \tag{1.26}$$

(1.26)式便是原胞基矢坐标系中的布拉格反射公式,θ 称为掠射角或衍射角. 但实验中常采用晶胞坐标系中的表达式

$$2d_{hkl}\sin\theta = n'\lambda, \tag{1.27}$$

式中 d_{hkl}是密勒指数为(hkl)的晶面族的面间距,n'为衍射级数. 现在的问题是,当掠射角 θ 相同时,n'与 n 有何关系? n'的取值是否一定从 1 开始? 要回答这些问题,显然应弄清楚 $d_{h_1h_2h_3}$与 d_{hkl}的关系.

由(1.16)和(1.18)两式可知

$$d_{h_1h_2h_3} = \frac{2\pi}{|h_1\boldsymbol{b}_1 + h_2\boldsymbol{b}_2 + h_3\boldsymbol{b}_3|}, \tag{1.28}$$

$$d_{hkl} = \frac{2\pi}{|h\boldsymbol{a}^* + k\boldsymbol{b}^* + l\boldsymbol{c}^*|}. \tag{1.29}$$

θ 相同意味着($h_1h_2h_3$)与(hkl)为同一晶面族,$\boldsymbol{K}_h$ 与 $\boldsymbol{K}_{hkl}$平行,即

$$\boldsymbol{K}_h = p\boldsymbol{K}_{hkl}, \tag{1.30}$$

其中 p 是一个常数. 若设立方晶胞的 $\boldsymbol{a}$、$\boldsymbol{b}$、$\boldsymbol{c}$ 轴的单位矢量分别为 $\boldsymbol{i}$、$\boldsymbol{j}$、$\boldsymbol{k}$,对于体心立方元素晶体,

$$\boldsymbol{a}^* = \frac{2\pi}{a}\boldsymbol{i} = \frac{1}{2}(-\boldsymbol{b}_1 + \boldsymbol{b}_2 + \boldsymbol{b}_3),$$

$$\boldsymbol{b}^* = \frac{2\pi}{a}\boldsymbol{j} = \frac{1}{2}(\boldsymbol{b}_1 - \boldsymbol{b}_2 + \boldsymbol{b}_3),$$

$$\boldsymbol{c}^* = \frac{2\pi}{a}\boldsymbol{k} = \frac{1}{2}(\boldsymbol{b}_1 + \boldsymbol{b}_2 - \boldsymbol{b}_3);$$

$$\boldsymbol{b}_1 = \frac{2\pi}{a}(\boldsymbol{j} + \boldsymbol{k}) = \boldsymbol{b}^* + \boldsymbol{c}^*,$$

$$\boldsymbol{b}_2 = \frac{2\pi}{a}(\boldsymbol{k} + \boldsymbol{i}) = \boldsymbol{c}^* + \boldsymbol{a}^*,$$

$$\boldsymbol{b}_3 = \frac{2\pi}{a}(\boldsymbol{i} + \boldsymbol{j}) = \boldsymbol{a}^* + \boldsymbol{b}^*.$$

于是

$$\begin{aligned}\boldsymbol{K}_h &= h_1\boldsymbol{b}_1 + h_2\boldsymbol{b}_2 + h_3\boldsymbol{b}_3 \\ &= (h_2 + h_3)\boldsymbol{a}^* + (h_3 + h_1)\boldsymbol{b}^* + (h_1 + h_2)\boldsymbol{c}^*.\end{aligned} \tag{1.31}$$

将(1.31)式与(1.30)式比较得

$$(hkl) = \frac{1}{p}\{(h_2 + h_3)(h_3 + h_1)(h_1 + h_2)\}, \tag{1.32}$$

可见 p 是($h_2 + h_3$)、($h_3 + h_1$)、($h_1 + h_2$)的公因数,是一个整数.

同样可得到

$$\boldsymbol{K}_{hkl} = \frac{p'}{2}\boldsymbol{K}_h, \tag{1.33}$$

$$(h_1h_2h_3)=\frac{1}{p'}\{(-h+k+l)(h-k+l)(h+k-l)\},\qquad(1.34)$$

其中 p' 是 $(-h+k+l)$、$(h-k+l)$、$(h+k+l)$ 的公因数，也是整数. 由(1.32)和(1.34)两式可知，对于体心立方晶体，若已知晶面族的面指数 $(h_1h_2h_3)$，可求出相应的密勒指数，若已知密勒指数 (hkl)，可求出相应的面指数. 更有意义的是，由(1.33)和(1.30)两式可得，$pp'=2$，这说明，p 或 p' 只能取 1 或 2. 当 $p=1$，或 $p'=2$ 时，$\boldsymbol{K}_h=\boldsymbol{K}_{hkl}$，$d_{h_1h_2h_3}=d_{hkl}$，$n=n'$，即(1.26)和(1.27)两式中的衍射级数是一致的. 但当 $p=2$，或 $p'=1$ 时，$\boldsymbol{K}_h=2\boldsymbol{K}_{hkl}$，$d_{h_1h_2h_3}=d_{hkl}/2$，$n'=2n$. $n'=2n$ 说明，结晶学中的衍射级数都是偶数，或者说，奇数级衍射都是消光的. 为了弄清楚体心立方元素晶体有时奇数级衍射消光的本质，我们以密勒指数为(001)的晶面族说明之. 对于(001)晶面族，由(1.34)式可知 $p'=1$. 由(1.29)式可求得 $d_{001}=a$，对于该晶面族的一级衍射，有

$$2a\sin\theta=\lambda.$$

此式的几何意义如图 1.30 所示. 由图中上下两晶面产生的光程差 $2a\sin\theta$ 推论，似乎(001)晶面族相邻原子面的衍射光相位差为 2π，应为加强条件. 但图 1.30 中相距 a 的两晶面间还有一层晶面，即(001)晶面族的实际间距为 $a/2$，实际相邻原子面的衍射光的相位差为 π，为消光条件. 这说明，用密勒指数表示的晶面族，有时不出现一级衍射，原因就在于结晶学中的面间距不一定是原子面的实际间距.

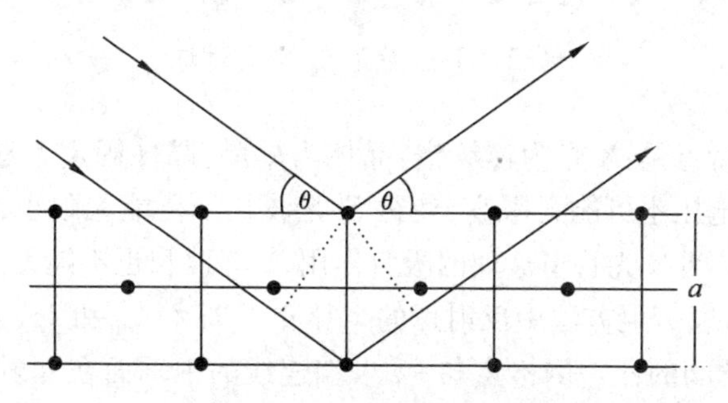

图 1.30　体心立方晶体(001)面的一级衍射

对于面心立方元素晶体，同样可以证明，对于 $p=2$，或 $p'=1$ 的晶面族，一级衍射也是消光的.

下面介绍一下晶体 X 光衍射的实验方法.

一、劳厄法

由(1.25)式已知，X 光的入射波矢 $\boldsymbol{k}_0$ 与反射波矢 $\boldsymbol{k}$ 的矢量关系为

$$\boldsymbol{k}=\boldsymbol{k}_0+n\boldsymbol{K}_h .$$

由于$|\boldsymbol{k}_0|=|\boldsymbol{k}|$,上式表明,反射波矢$\boldsymbol{k}$的末端落在以$|\boldsymbol{k}_0|$为半径的球面上(称此球为反射球). 若$\boldsymbol{k}_0$的末端取为倒格点,如图 1. 31 所示,波矢$\boldsymbol{k}$的末端也必定是倒格点. 这说明,当入射方向和 X 光波长一定时,由球心到球面上的倒格点的连线方向,都是 X 光衍射极大的方向,或简称 X 光的反射方向.

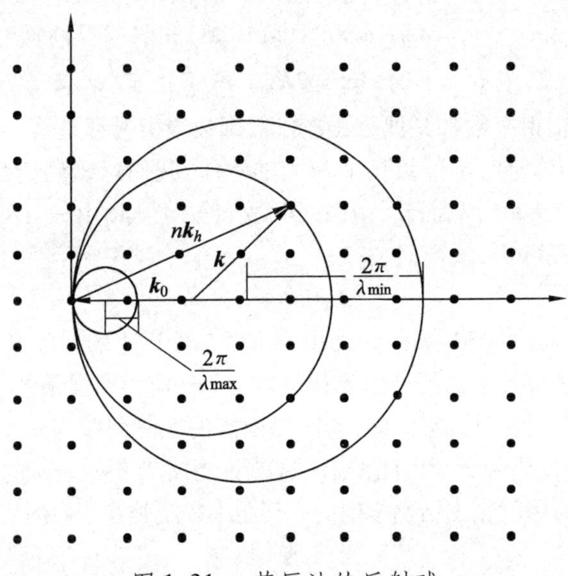

图 1. 31　劳厄法的反射球

劳厄法的特点是:X 光为连续谱,晶体为单晶,晶体固定不动. 由于 X 光管中的电子加速电压不可能无限高,使得 X 光波长不可能无限小,而有一个最小的波长$\lambda_{\min}$. 受到 X 光管窗玻璃的吸收作用,X 光波长也不能无限大,而也有一个限制$\lambda_{\max}$. 所以劳厄方法中反射球的半径介于$2\pi/\lambda_{\min}$和$2\pi/\lambda_{\max}$之间. 如图 1. 31 所示,两球间的任一倒格点与$\boldsymbol{k}_0$末端连线的中垂面在入射方向上的直径上的交点,与该倒格点的连线,即是衍射极大方向. 可见衍射斑点与倒格点对应,衍射斑点的分布可反映出倒格点的分布. 而倒格矢是晶体相应晶面的法线方向,晶格有什么样的对称性,倒格子就有什么样的对称性. 当 X 光入射方向与晶体的某对称轴平行时,劳厄衍射斑点的对称性,即反映出晶格的对称性. 劳厄法虽然能确定单晶体的对称性,但不便于确定晶格常数.

二、旋转单晶法

旋转单晶法的要求是:X 光波长不变,单晶体转动. 晶体转动,正格子转动,倒格子也转动. 我们可以把倒格点看成是分布在与转轴垂直的一个个倒格面上,这些倒格面在反射球球面上截出一个个圆周. 倒格点转动时,倒格点落在反射球球面上的个数就多,球心到圆周上格点的连线就多,这些连线构成一个个圆锥面. 也就是说,衍射极大的方向在一个个圆锥的母线的方向上. 图 1. 32 给出了旋转单晶法的示意图. 如图所示,若把胶片卷成以转轴为轴的圆筒,当把感光后冲洗好的胶片摊平,胶片上将有一些衍射斑点形成的平行线.

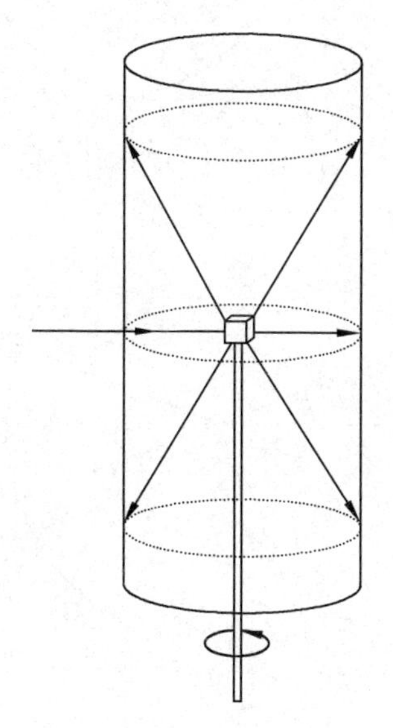

图 1.32　旋转单晶法示意图

用旋转单晶法可具体测定晶体的晶格常数.

三、粉末法

粉末法是一个十分有用的晶体衍射方法. 它不仅能测定单晶(将单晶研成粉末),更重要的是它能测定多晶.

粉末衍射实验原理如图 1. 33 所示. 由于样品是多晶体,晶粒的取向几乎是任意的,任一晶面的取向也就几乎是连续的. 于是与入射 X 光夹角为 θ 间距为 d 的晶面的反射光,则以入射方向为轴形成一个圆锥面. 如图 1. 34 所示,s 是对应 2θ 角的弧长. 设衍射晶体为立方结构,将密勒指数为(hkl)的晶面族的面间距

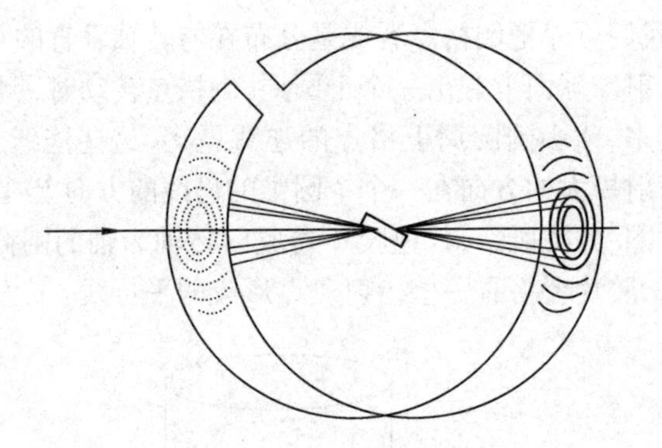

图 1.33　粉末衍射实验

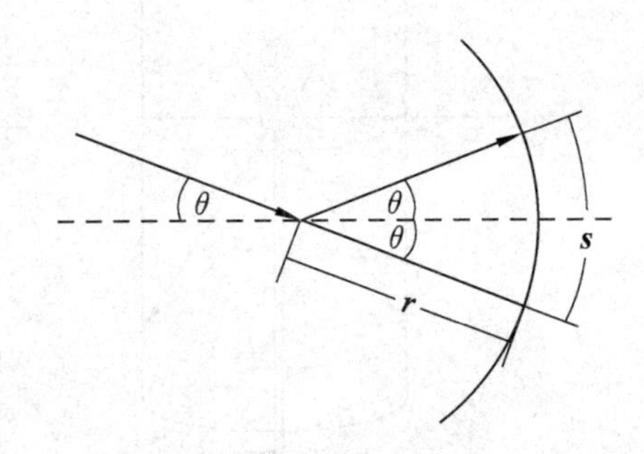

图 1.34　粉末衍射

$$d_{hkl}=\frac{a}{\sqrt{h^2+k^2+l^2}}$$

代入(1.27)式得到

$$\frac{4a^2}{\lambda^2}\sin^2\theta=(n'h)^2+(n'k)^2+(n'l)^2. \tag{1.35}$$

由图 1.34 可知

$$\theta=\frac{s}{2r},$$

于是(1.35)式变成

$$\frac{4a^2}{\lambda^2}\sin^2\left(\frac{s}{2r}\right)=(n'h)^2+(n'k)^2(n'l)^2. \tag{1.36}$$

由(1.35)可知,最小的 θ 角对应最小的衍射面指数的平方和. 再大一些的 θ 角对应再大一些的衍射面指数的平方和. 由此对应关系,我们不仅能确定晶格常数,还能确定面指数. 例如,对于体心立方元素晶体,由下节即可知道,最小的衍射面

指数的平方和是 2,即{110}晶面族. 于是得到

$$a=\frac{\sqrt{2}}{2}\frac{\lambda}{\sin\frac{s_1}{2r}}.$$

为了改善测量精度,可选用较大的 θ 角,比如选由小到大的第三个衍射角 θ_3. 因 θ_3 对应的衍射面指数的平方和为 6,所以

$$a=\sqrt{\frac{3}{2}}\frac{\lambda}{\sin\frac{s_3}{2r}}.$$

§1.9　原子散射因子　几何结构因子

原子对 X 光的散射,是原子内每一个电子对 X 光的散射. X 光波长与原子尺寸同数量级,原子内不同部位的电子云引起的 X 光的散射波之间存在一定的相位差. 原子总的散射波强度便与各散射波的相位差有关.

不同的原子,电子云的分布情况不同,其散射特性也不同. 因此把不同原子散射特性的差异归结为各原子的散射因子不同.

定义:原子内所有电子在某一方向上引起的散射波的振幅的几何和,与某一电子在该方向上引起的散射波的振幅之比称为该原子的散射因子.

如图 1.35 所示,$\boldsymbol{r}$ 是原子中 P 点的位矢,则 P 点散射波与原子中心散射波的相位差是

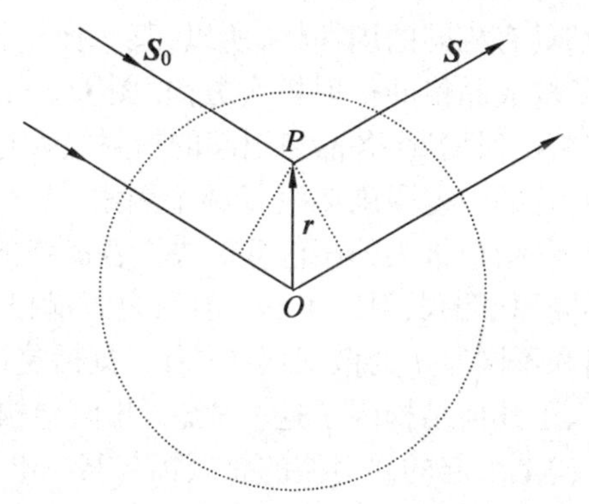

图 1.35　X 射线在原子中的散射

$$\varphi=\frac{2\pi}{\lambda}(\boldsymbol{S}-\boldsymbol{S}_0)\cdot\boldsymbol{r}=\frac{2\pi}{\lambda}\boldsymbol{s}\cdot\boldsymbol{r},$$

式中，$\boldsymbol{S}_0$ 和 $\boldsymbol{S}$ 分别是 X 射线的入射方向和散射方向的单位矢量. 设想，原子中心处一个电子在 $\boldsymbol{S}$ 方向引起的散射波在观察点的振幅为 A，则 P 点一个电子在该方向上引起的散射波在观察点的振幅为

$$Ae^{i\frac{2\pi}{\lambda}\boldsymbol{s}\cdot\boldsymbol{r}}.$$

设 $\rho(\boldsymbol{r})$ 是电子在 P 点的几率密度，则 P 点 $d\tau$ 内 $\rho d\tau$ 个电子的散射波在观察点的振幅为

$$A\rho(\boldsymbol{r})e^{i\frac{2\pi}{\lambda}\boldsymbol{s}\cdot\boldsymbol{r}}\mathrm{d}\tau.$$

原子中所有电子引起的散射波在观察点的总振幅为

$$\widetilde{A} = A\int e^{i\frac{2\pi}{\lambda}\boldsymbol{s}\cdot\boldsymbol{r}}\rho(\boldsymbol{r})\mathrm{d}\tau.$$

根据定义，该原子的散射因子

$$f(\boldsymbol{s}) = \frac{\widetilde{A}}{A} = \int e^{i\frac{2\pi}{\lambda}\boldsymbol{s}\cdot\boldsymbol{r}}\rho(\boldsymbol{r})\mathrm{d}\tau. \tag{1.37}$$

由上式可得出两点：①因 $\boldsymbol{s}=\boldsymbol{S}-\boldsymbol{S}_0$，$\boldsymbol{S}_0$ 一定，$\boldsymbol{s}$ 只依赖于散射方向 $\boldsymbol{S}$. 因此，散射因子是散射方向的函数；②不同原子，$\rho(\boldsymbol{r})$ 不同. 因此，不同原子具有不同的散射因子.

由式(1.37)式可得

$$\widetilde{A}=Af(\boldsymbol{s}), \tag{1.38}$$

即原子所引起的散射波的总振幅也是散射方向的函数，也因原子而异.

当晶体是由几种不同的原子构成时，X 光的衍射情况要复杂些. 由于不同原子构成的晶格，它们都具有相同的周期性，所以，某一原子构成的晶格的衍射极大方向，也是其他原子构成晶格的衍射极大方向. 图 1.36 示出了由两种原子构成的复式格子的布拉格反射情况. 各晶格引起的衍射极大存在着固定的相位，各衍射极大又相互干涉. 总的衍射强度取决于两个因素：①各衍射极大的相位差；②各衍射极大的强度. 各衍射极大的相位差取决于各晶格的相对距离，而各衍射极大的强度取决于不同原子的散射因子. 一句话，复式晶格总的衍射强度取决于不同原子的相对距离和不同原子的散射因子. 为了概括这两个因素对总的衍射强度的影响，人们引入了几何结构因子这一概念. 几何结构因子的定义是：原胞内所有原子在某一方向上引起的散射波的总振幅与某一电子在该方向上所引起的散射波的振幅之比.

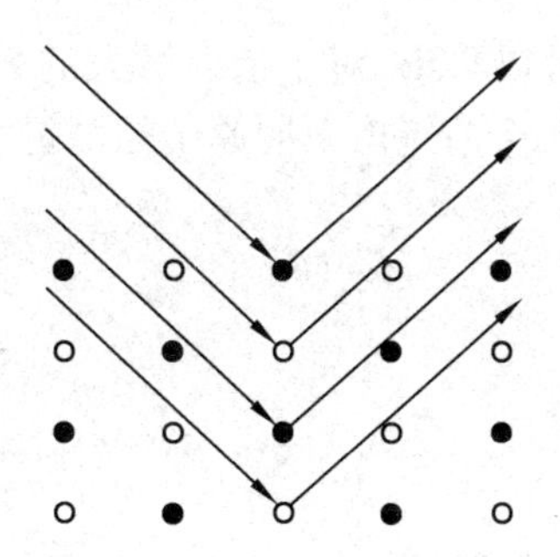

图 1.36 复式格子的布拉格反射

如图 1.37 所示,设 $\boldsymbol{r}_1$、$\boldsymbol{r}_2$、……$\boldsymbol{r}_t$ 为各原胞内 t 个不同原子的相对位矢. 顶角在坐标原点的原胞中,各原子的散射振幅分别为

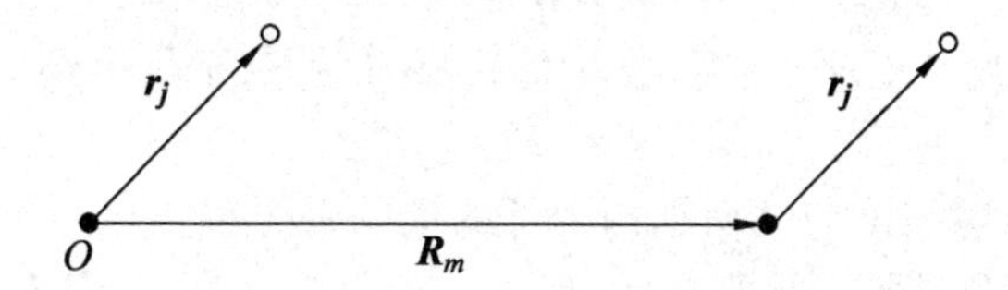

图 1.37 各原胞中对应原子的位矢

$$\begin{aligned}
&\widetilde{A}_{0,1}=f_1(\boldsymbol{s})Ae^{i\varphi_1}=f_1(\boldsymbol{s})Ae^{i\frac{2\pi}{\lambda}\boldsymbol{s}\cdot\boldsymbol{r}_1},\\
&\widetilde{A}_{0,2}=f_2(\boldsymbol{s})Ae^{i\varphi_2}=f_2(\boldsymbol{s})Ae^{i\frac{2\pi}{\lambda}\boldsymbol{s}\cdot\boldsymbol{r}_2},\\
&\cdots\cdots\\
&\widetilde{A}_{0,t}=f_t(\boldsymbol{s})Ae^{i\varphi_t}=f_t(\boldsymbol{s})Ae^{i\frac{2\pi}{\lambda}\boldsymbol{s}\cdot\boldsymbol{r}_t}.
\end{aligned}\tag{1.39}$$

在以上各式中,A 是坐标原点的原子中心处一个电子在考虑方向上在观察点所产生的散射波的振幅. 顶角位矢为 $\boldsymbol{R}_m=m_1\boldsymbol{a}_1+m_2\boldsymbol{a}_2+m_3\boldsymbol{a}_3$ 原胞中各原子的散射振幅分别为

$$\begin{aligned}
&\widetilde{A}_{m,1}=f_1(\boldsymbol{s})Ae^{i\frac{2\pi}{\lambda}\boldsymbol{s}\cdot(\boldsymbol{r}_1+\boldsymbol{R}_m)}=\widetilde{A}_{0,1},\\
&\widetilde{A}_{m,2}=f_2(\boldsymbol{s})Ae^{i\frac{2\pi}{\lambda}\boldsymbol{s}\cdot(\boldsymbol{r}_2+\boldsymbol{R}_m)}=\widetilde{A}_{0,2},\\
&\cdots\cdots\\
&\widetilde{A}_{m,t}=f_t(\boldsymbol{s})Ae^{i\frac{2\pi}{\lambda}\boldsymbol{s}\cdot(\boldsymbol{r}_t+\boldsymbol{R}_m)}=\widetilde{A}_{0,t}.
\end{aligned}\tag{1.40}$$

在以上各式中利用了条件

$$\frac{2\pi}{\lambda}\boldsymbol{s}\cdot\boldsymbol{R}_m=(\boldsymbol{k}-\boldsymbol{k}_0)\cdot\boldsymbol{R}_m=n\boldsymbol{K}_h\cdot\boldsymbol{R}_m=2\pi\mu.$$

从(1.39)和(1.40)两式可以看出,对于衍射极大的方向上,各原胞中对应原子的散射波的振幅都相同.一个原胞内不同原子的散射波的振幅的几何和为

$$\sum_{j=1}^{t} f_j A e^{i\frac{2\pi}{\lambda}\boldsymbol{s}\cdot\boldsymbol{r}_j},$$

则散射波的总振幅

$$\widetilde{A} = MA\sum_{j=1}^{t} f_j e^{i\frac{2\pi}{\lambda}\boldsymbol{s}\cdot\boldsymbol{r}_j}, \tag{1.41}$$

式中 M 是参与散射的原胞数目,因子

$$F(\boldsymbol{s}) = \sum_{j=1}^{t} f_j e^{i\frac{2\pi}{\lambda}\boldsymbol{s}\cdot\boldsymbol{r}_j} \tag{1.42}$$

称为几何结构因子.将上式代入(1.41)式,得到

$$\widetilde{A} = MAF(\boldsymbol{s}).$$

因散射波的总强度 I 正比于散射波的总振幅的平方,于是得到

$$I \propto |F(\boldsymbol{s})|^2, \tag{1.43}$$

即晶体的 X 光衍射强度与几何结构因子的模的平方成正比.

结晶学中选取晶胞为重复单元,以上结论仍都适用,只是晶胞内的 t 个原子中可能有相同的原子,甚至全部都为同种原子.此时

$$\frac{2\pi}{\lambda}\boldsymbol{s} = \boldsymbol{k} - \boldsymbol{k}_0 = n\boldsymbol{K}_{hkl} = n(h\boldsymbol{a}^* + k\boldsymbol{b}^* + l\boldsymbol{c}^*),$$

$$\boldsymbol{r}_j = u_j\boldsymbol{a} + v_j\boldsymbol{b} + w_j\boldsymbol{c},$$

其中 u_j、v_j、w_j 是有理数.将以上两式代入(1.42)式,得到

$$F_{hkl} = \sum_{j=1}^{t} f_j e^{i2n\pi(hu_j + kv_j + lw_j)}. \tag{1.44}$$

(hkl) 晶面族引起的衍射光的总强度

$$I_{hkl} \propto F_{hkl}\cdot F_{hkl}^* = \left[\sum_{j=1}^{t} f_j \cos 2n\pi(hu_j + kv_j + lw_j)\right]^2 + \left[\sum_{j=1}^{t} f_j \sin 2n\pi(hu_j + kv_j + lw_j)\right]^2. \tag{1.45}$$

在上式中已将原子散射因子 f_j 视为实数,可以证明,只有当电子的几率分布函数 $\rho(\boldsymbol{r})$ 为球对称时,f_j 才严格是一实数.

下面利用(1.45)式来分析一下体心和面心立方元素晶体的衍射消光条件.

一、体心立方

一个晶胞包含两个原子,可选 $u_j v_j w_j$ 坐标分别为

$$0, 0, 0 \text{ 和 } \frac{1}{2}, \frac{1}{2}, \frac{1}{2}$$

的两个原子. 由于原子都具有相同的散射因子,因此,得到

$$I_{hkl} \propto F_{hkl}^2 = f^2[1+\cos n\pi(h+k+l)]^2.$$

由上式可知,衍射面指数之和 $n(h+k+l)$ 为奇数时衍射消光. 例如,对(001)晶面族的一级衍射是不会出现的. 这一结论与§1.8 节的分析是一致的.

二、面心立方

一个晶胞内包括四个原子,可选坐标为

$$0,0,0;\ \frac{1}{2},\frac{1}{2},0;\ \frac{1}{2},0,\frac{1}{2} \text{ 和 } 0,\frac{1}{2},\frac{1}{2}$$

四个原子. 将这些坐标代入(1.45)式,得到

$$I_{hkl} \propto F_{hkl}^2 = f^2[1+\cos n\pi(h+k)+\cos n\pi(k+l)+\cos n\pi(l+h)]^2.$$

由上式可知,衍射面指数部分为偶数时,衍射消光.

思 考 题

1. 以堆积模型计算由同种原子构成的同体积的体心和面心立方晶体中的原子数之比.

2. 解理面是面指数低的晶面还是面指数高的晶面？为什么？

3. 基矢为 $\boldsymbol{a}_1 = a\boldsymbol{i}, \boldsymbol{a}_2 = a\boldsymbol{j}, \boldsymbol{a}_3 = \frac{a}{2}(\boldsymbol{i}+\boldsymbol{j}+\boldsymbol{k})$ 的晶体为何种结构？若 $\boldsymbol{a}_3 = \frac{a}{2}(\boldsymbol{j}+\boldsymbol{k}) + \frac{3a}{2}\boldsymbol{i}$,又为何种结构？为什么？

4. 若 $\boldsymbol{R}_{l_1l_2l_3}$ 与 $\boldsymbol{R}_{hkl}$ 平行,$\boldsymbol{R}_{hkl}$ 是否是 $\boldsymbol{R}_{l_1l_2l_3}$ 的整数倍？以体心立方和面心立方结构证明之.

5. 晶面指数为(123)的晶面 ABC 是离原点 O 最近的晶面,OA、OB 和 OC 分别与基矢 $\boldsymbol{a}_1$、$\boldsymbol{a}_2$ 和 $\boldsymbol{a}_3$ 重合,除 O 点外,OA,OB 和 OC 上是否有格点？若 ABC 面的指数为(234),情况又如何？

6. 验证晶面$(\bar{2}10)$,$(\bar{1}11)$和$(0\ 12)$是否属于同一晶带. 若是同一晶带,其带轴方向的晶列指数是什么？

7. 带轴为[0 0 1]的晶带各晶面,其面指数有何特点？

8. 与晶列$[l_1l_2l_3]$垂直的倒格面的面指数是什么？

9. 在结晶学中,晶胞是按晶体的什么特性选取的？

10. (1) 六角密积属何种晶系？它是复式晶格还是简单晶格？为什么？

（2）由同种原子构成的二维正六边形晶格是简单晶格还是复式晶格？为什么？

11. 体心立方元素晶体，[111]方向上的结晶学周期为多大？实际周期为多大？

12. 面心立方元素晶体中最小的晶列周期为多大？该晶列在哪些晶面内？

13. 在晶体衍射中，为什么不能用可见光？

14. 高指数的晶面族与低指数的晶面族相比，对于同级衍射，哪一晶面族衍射光弱？为什么？

15. 温度升高时，衍射角如何变化？X 光波长变化时，衍射角如何变化？

16. 体心立方元素晶体，密勒指数(100)和(110)面，原胞坐标系中的一级衍射，分别对应晶胞坐标系中的几级衍射？

17. 由 KCl 的衍射强度与衍射面的关系，说明 KCl 的衍射条件与简立方元素晶体的衍射条件等效.

18. 金刚石和硅、锗的几何结构因子有何异同？

19. 旋转单晶法中，将胶片卷成以转轴为轴的圆筒，胶片上的感光线是否等间距？

20. 如图 1.33 所示，哪一个衍射环感光最重？为什么？

习　　题

1. 以刚性原子球堆积模型，计算以下各结构的致密度分别为：

(1)简立方，$\frac{\pi}{6}$；　　(2)体心立方，$\frac{\sqrt{3}}{8}\pi$；

(3)面心立方，$\frac{\sqrt{2}}{6}\pi$；　　(4)六角密积，$\frac{\sqrt{2}}{6}\pi$；

(5)金刚石结构，$\frac{\sqrt{3}}{16}\pi$.

2. 在立方晶胞中，画出(101)、(021)、$(1\bar{2}2)$和$(2\bar{1}0)$晶面.

3. 如图 1.38 所示，在六角晶系中，晶面指数常用($hklm$)表示，它们代表一个晶面在基矢 $\boldsymbol{a}_1$、$\boldsymbol{a}_2$、$\boldsymbol{a}_3$ 上的截距分别为$\frac{a_1}{h}$、$\frac{a_2}{k}$、$\frac{a_3}{l}$，在 c 轴上的截距为$\frac{c}{m}$. 证明：$h+k=-l$，并求出 $O'A_1A_3$、$A_1A_3B_3B_1$、$A_2B_2B_5A_5$ 和 $A_1A_3A_5$ 四个面的面指数.

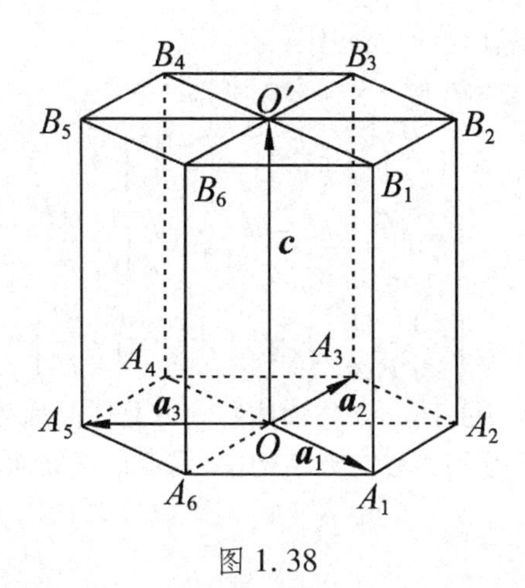

图 1.38

4. 设某一晶面族的面间距为 d，三个基矢 $\boldsymbol{a}_1$、$\boldsymbol{a}_2$、$\boldsymbol{a}_3$ 的末端分别落在离原点的距离为 h_1d、h_2d、h_3d 的晶面上，试用反证法证明：h_1、h_2、h_3 是互质的.

5. 证明在立方晶系中，晶列 $[hkl]$ 与晶面 (hkl) 正交，并求晶面 $(h_1k_1l_1)$ 与晶面 $(h_2k_2l_2)$ 的夹角.

6. 如图 1.39 所示，B、C 两点是面心立方晶胞上两面心.

(1) 求 ABC 面的密勒指数；

(2) 求 AC 晶列的指数，并求相应原胞坐标系中的指数.

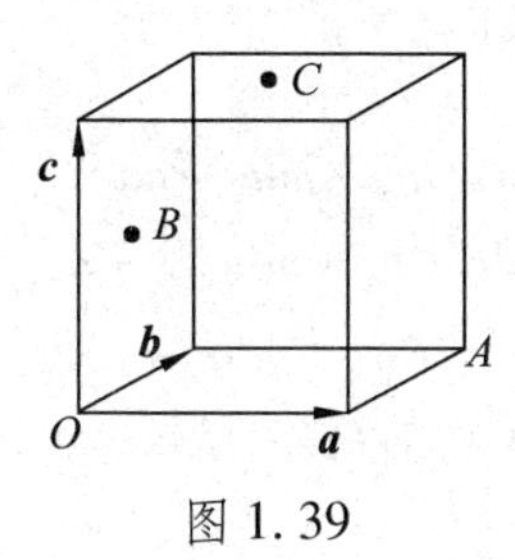

图 1.39

7. 试证面心立方的倒格子是体心立方；体心立方的倒格子是面心立方.

8. 六角晶胞的基矢

$$\boldsymbol{a} = \frac{\sqrt{3}}{2}a\boldsymbol{i} + \frac{a}{2}\boldsymbol{j},$$

$$\boldsymbol{b} = -\frac{\sqrt{3}}{2}a\boldsymbol{i} + \frac{a}{2}\boldsymbol{j},$$

$$\boldsymbol{c} = c\boldsymbol{k}\ ,$$

其中 a,c 是晶格常数,求其倒格基矢.

9. 证明以下结构晶面族的面间距:

(1)立方晶系:$d_{hkl}=a[h^2+k^2+l^2]^{-1/2}$,

(2)正交晶系:$d_{hkl}=\left[\left(\frac{h}{a}\right)^2+\left(\frac{k}{b}\right)^2+\left(\frac{l}{c}\right)^2\right]^{-1/2}$,

(3)六角晶系:$d_{hkl}=\left[\frac{4}{3}\left(\frac{h^2+k^2+hk}{a^2}\right)+\left(\frac{l}{c}\right)^2\right]^{-1/2}$,

(4)简单单斜:$d_{hkl}=\left[\frac{1}{\sin^2\beta}\left(\frac{h^2}{a^2}+\frac{l^2}{c^2}-\frac{2hl\cos\beta}{ac}\right)+\frac{k^2}{b^2}\right]^{-1/2}$.

10. 求晶格常数为 a 的面心立方和体心立方晶体晶面族$(h_1h_2h_3)$的面间距.

11. 试找出体心立方和面心立方结构中,格点最密的面和最密的线.

12. 证明晶面$(h_1h_2h_3)$、$(h'_1\ h'_2\ h'_3)$及$(h''_1\ h''_2\ h''_3)$属于同一晶带的条件是

$$\begin{vmatrix} h_1 & h_2 & h_3 \\ h'_1 & h'_2 & h'_3 \\ h''_1 & h''_2 & h''_3 \end{vmatrix}=0.$$

13. 晶面$(h_1h_2h_3)$、$(h'_1\ h'_2\ h'_3)$的交线与晶列

$$\boldsymbol{R}_l=l_1\boldsymbol{a}_1+l_2\boldsymbol{a}_2+l_3\boldsymbol{a}_3$$

平行,证明

$$l_1=\begin{vmatrix} h_2 & h_3 \\ h'_2 & h'_3 \end{vmatrix},l_2=\begin{vmatrix} h_3 & h_1 \\ h'_3 & h'_1 \end{vmatrix},l_3=\begin{vmatrix} h_1 & h_2 \\ h'_1 & h'_2 \end{vmatrix}.$$

14. 今有正格矢

$$\boldsymbol{u}=l\boldsymbol{a}_1+m\boldsymbol{a}_2+n\boldsymbol{a}_3,$$
$$\boldsymbol{v}=l'\boldsymbol{a}_1+m'\boldsymbol{a}_2+n'\boldsymbol{a}_3,$$
$$\boldsymbol{w}=l''\boldsymbol{a}_1+m''\boldsymbol{a}_2+n''\boldsymbol{a}_3,$$

其中 l、m、n、l'、m'、n'、l''、m''、n''均为整数,试证 $\boldsymbol{u}$、$\boldsymbol{v}$、$\boldsymbol{w}$ 可选作基矢的充分条件是

$$\begin{vmatrix} l & l' & l'' \\ m & m' & m'' \\ n & n' & n'' \end{vmatrix}=\pm1.$$

15. 对于面心立方晶体,已知晶面族的密勒指数为(hkl),求对应的原胞坐标系中的面指数$(h_1h_2h_3)$. 若已知$(h_1h_2h_3)$,求对应的密勒指数(hkl).

16. 菱面三角晶胞基矢的夹角 $\alpha'=\beta'=\gamma'\neq90°$,晶格常数 a'、b'和 c'都相等, 这种结构特征区分性差的特点不利于晶面的空间定位. 人们通常采用六角晶胞来描述具有菱面三角晶胞的三角晶系. 菱面三角晶胞与相应六角晶胞的几何关系如图 1.40 所示,a'、b'和 c'是菱面三角晶胞基矢,a、b 和 c 是该三角晶系

的六角晶胞基矢.

(1) 求菱面三角晶胞晶格常数与相应六角晶胞晶格常数的关系.

(2) 求菱面三角晶胞基矢间夹角与相应六角晶胞晶格常数的关系.

(3) 若已知具有菱面三角晶胞的三角晶系的晶面族$(h_1\ h_2\ h_3)$，求对应六角晶胞坐标系中该晶面族的密勒面指数(hkl).

(4) 若已知六角晶胞坐标系中晶面族的密勒指数(hkl)，求对应菱面三角晶胞坐标系中该晶面族的面指数$(h_1h_2h_3)$.

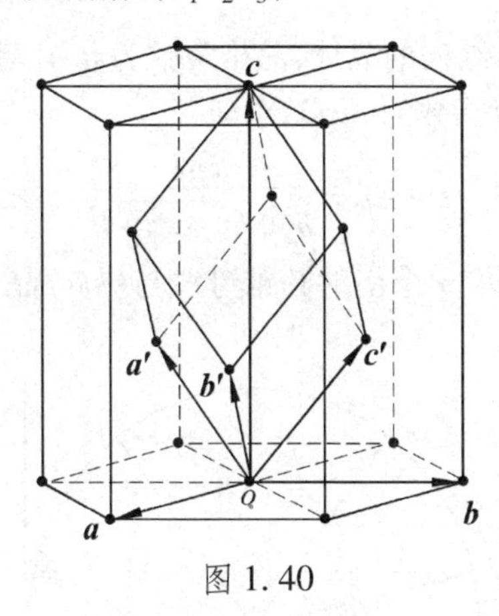

图 1.40

17. 证明不存在 5 度旋转对称轴.

18. 利用转动对称操作,证明六角晶系介电常数矩阵为

$$\boldsymbol{\varepsilon}=\begin{bmatrix}\varepsilon_{11} & 0 & 0\\ 0 & \varepsilon_{11} & 0\\ 0 & 0 & \varepsilon_{33}\end{bmatrix}.$$

19. 试证三角晶系的倒格子也属于三角晶系.

20. 讨论六角密积结构,X 光衍射消光的条件.

21. 用波长为 1.5405Å 的 X 光对钽金属粉末作衍射分析,测得布拉格角大小为序的五条衍射线

序号	1	2	3	4	5
$\theta(°)$	19.611	28.136	35.156	41.156	47.769

已知钽金属为体心结构,求

(1)衍射晶面族的面指数;

(2)晶格常数 a.

22. 铁在20℃时,得到最小的三个衍射角分别为8°12′,11°38′,14°18′;当在1000℃时,最小的三个衍射角分别变成7°55′,9°9′,12°59′. 已知在上述温度范围,铁金属为立方结构.

(1)试分析在20℃和1000℃下,铁各属于何种立方结构?

(2)在20℃下,铁的密度为7860kg/m^3,求其晶格常数.

23. 对面心立方晶体,密勒指数为($\bar{1}21$)的晶面族是否出现一级衍射斑点,从光的干涉说明之.

24. 设有一面心立方结构的晶体,晶格常数为a. 在转动单晶法衍射中,已知与转轴垂直的晶面的密勒指数为(hkl),求证

$$\sin\varphi_m = \frac{mp\lambda}{a\sqrt{h^2+k^2+l^2}},$$

其中p是一整数,φ_m是第m个衍射圆锥母线与(hkl)晶面的夹角. 参见图1.41所示反射球.

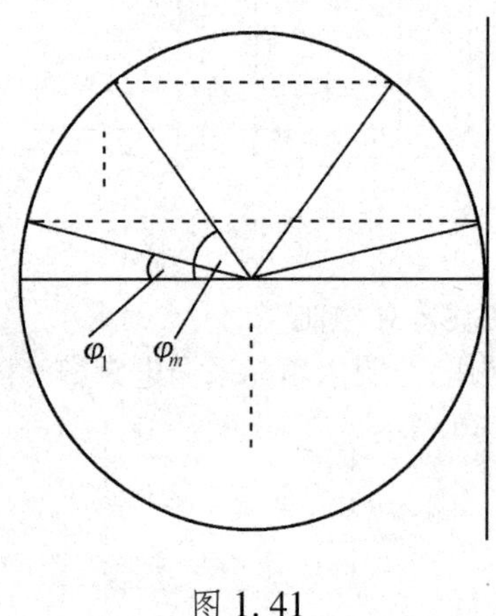

图1.41

25. 在20℃时铜粉末样品的一级衍射角是47.75°,在1000℃时是46.60°,求铜的线胀系数.

26. 若X射线沿简立方晶胞的OZ轴负方向入射,求证:当

$$\frac{\lambda}{a} = \frac{2l}{k^2+l^2} \quad 或 \quad \cos\gamma = \frac{l^2-k^2}{l^2+k^2} \quad 时$$

一级衍射线在YZ平面内,其中γ是衍射光线与OZ轴的夹角.

27. 一维原子链是由A、B两种原子构成,设A、B原子的散射因子分别为f_A和f_B,入射X射线垂直于原子链,证明

(1)衍射极大条件是$a\cos\theta = n\lambda$,a是晶格常数,θ是衍射束与原子链的

夹角.

(2)当 n 为奇数,衍射强度比例于 $|f_A - f_B|^2$.

(3)讨论 $f_A = f_B$ 的情况.

28. 证明,当电子的几率分布函数 $\boldsymbol{\rho}(\boldsymbol{r})$ 与方向无关时,原子散射因子是一实数.

晶体的结合

原子结合成晶体时,原子的外层电子要作重新分布.外层电子的不同分布产生了不同类型的结合力.不同类型的结合力,导致了晶体结合的不同类型.典型的晶体结合类型是:共价结合,离子结合,金属结合,分子结合和氢键结合.尽管晶体结合类型不同,但结合力有其共性:库仑吸引力是原子结合的动力,它是长程力;晶体原子间还存在排斥力,它是短程力;在平衡时,吸引力与排斥力相等.同一种原子,在不同结合类型中有不同的电子云分布,因此呈现出不同的原子半径和离子半径.

§2.1　原子的电负性

原来中性的原子能够结合成晶体,除了外界的压力和温度等条件的作用外,主要取决于原子最外层电子的作用.没有一种晶体结合类型,不是与原子的电性有关的.

一、原子的电子分布

原子的电子组态,通常用字母 s、p、d、…来表征角量子数 $l=0$、1、2、…,字母的左边的数字是轨道主量子数,右上标表示该轨道的电子数目.如氧的电子组态为 $1s^2 2s^2 2p^4$.

核外电子分布遵从泡利不相容原理、能量最低原理和洪特规则.泡利不相容原理是:包括自旋在内,不可能存在量子态全同的两个电子.能量最低原理是自然界中普遍规律,即任何稳定体系,其能量最低.洪特规则可以看成最低能量原理的一个细则,即电子依能量由低到高依次进入轨道并先单一自旋平行地占据尽量多的等价(n、l 相同)轨道.

在同一族中,虽然原子的电子层数不同,但却有相同的价电子构型,它们的性质是相近的.IA 族和 IIA 族原子容易失去最外壳层的电子,VIA 族和 VIIA 族的原子不容易失去电子,而是容易获得电子.可见原子失掉电子的难易程度是不一样的.

二、电离能

使原子失去一个电子所需要的能量称为原子的电离能. 从原子中移去第一个电子所需要的能量称为第一电离能. 从 +1 价离子中再移去一个电子所需要的能量为第二电离能. 不难推知,第二电离能一定大于第一电离能. 表 2.1 列出了两个周期原子的第一电离能的实验值. 从表上可以看出,在一个周期内从左到右,电离能不断增加. 电离能的大小可用来度量原子对价电子的束缚强弱. 另一个可以用来表示原子对价电子束缚程度的是电子亲和能.

表 2.1　　电离能　　(单位:eV)

元素	Na	Mg	Al	Si	P	S	Cl	Ar
电离能	5.138	7.644	5.984	8.149	10.55	10.357	13.01	15.755
元素	K	Ca	Ga	Ge	As	Se	Br	Kr
电离能	4.339	6.111	6.00	7.88	9.87	9.750	11.84	13.996

三、电子亲和能

一个中性原子获得一个电子成为负离子所释放出的能量叫电子亲和能. 亲和过程不能看成是电离过程的逆过程. 第一次电离过程是中性原子失去一个电子变成 +1 价离子所需的能量,其逆过程是 +1 价离子获得一个电子成为中性原子. 表 2.2 是部分元素的电子亲和能. 电子亲和能一般随原子半径的减小而增大. 因为原子半径小,核电荷对电子的吸引力较强,对应较大的互作用势(是负值),所以当原子获得一个电子时,相应释放出较大的能量.

表 2.2　　电子亲和能　　(单位:kJ/mol)

元素	理论值	实验值	元素	理论值	实验值
H	72.766	72.9	Na	52	52.9
He	-21	<0	Mg	-230	<0
Li	59.8	59.8	Al	48	44
Be	240	<0	Si	134	120
B	29	23	P	75	74
C	113	122	S	205	200.4

续表

N	−58	0 ± 20	Cl	343	348.7
O	120	141	Ar	−35	<0
F	312 − 325	322	K	45	48.4
Ne	−29	<0	Ca	−156	<0

四、电负性

电离能和亲和能从不同的角度表征了原子争夺电子的能力. 如何统一地衡量不同原子得失电子的难易程度呢？为此,人们提出了原子的电负性的概念,用电负性来度量原子吸引电子的能力. 由于原子吸引电子的能力只能相对而言,所以一般选定某原子的电负性为参考值,把其他原子的电负性与此参考值作比较. 电负性有几个不同的定义. 最简单的定义是穆力肯(R. S. Mulliken)提出的. 他定义:

原子的电负性 = 0.18(电离能 + 亲和能)

所取计算单位为电子伏特,系数 0.18 的选取是为了使 Li 的电负性为 1. 目前较通用的是泡林(Pauling)提出的电负性的计算办法. 设 x_A 和 x_B 是原子 A 和 B 的电负性,$E(A-B)$,$E(A-A)$,$E(B-B)$ 分别是双原子分子 AB,AA,BB 的离解能,利用关系式:

$$E(A-B) = [E(A-A) \times E(B-B)]^{1/2} + 96.5(x_A - x_B)$$

即可求得 A 原子和 B 原子的电负性之差. 规定氟的电负性为4.0,其他原子的电负性即可相应求出. 采用的计量单位为 kJ/mol. 表 2.3列出了部分元素的电负性. 从表中数据可以看出:①泡林与穆力肯所定义的电负性相当接近;②同一周期内的原子自左至右电负性增大. 如果把所有元素的电负性都列出,还可发现:

表 2.3 元素的电负性

元素	泡林值	穆力肯值	元素	泡林值	穆力肯值
H	2.2	–	Na	0.93	0.93
He	–	–	Mg	1.31	1.32
Li	0.98	0.94	Al	1.61	1.81
Be	1.57	1.46	Si	1.90	2.44
B	2.04	2.01	P	2.19	1.81
C	2.55	2.63	S	2.58	2.41

续表

N	3.04	2.33	Cl	3.16	3.00
O	3.44	3.17	Ar	–	–
F	3.98	3.91	K	0.82	0.80
Ne	–	–	Ca	1.0	–

①周期表由上往下,元素的电负性逐渐减小;

②一个周期内重元素的电负性差别较小.

通常把元素易于失去电子的倾向称为元素的金属性,把元素易于获得电子的倾向称为元素的非金属性. 因此,电负性小的是金属性元素,电负性大的是非金属性元素.

§2.2　晶体的结合类型

原子结合成晶体时,不同的原子对电子的争夺能力不同,使得原子外层的电子要作重新分布. 也就是说,原子的电负性决定了结合力的类型. 按照结合力的性质和特点,晶体可分为五种基本结合类型:共价结合,离子结合,金属结合,分子结合和氢键结合.

一、共价结合

电负性较大的原子倾向于俘获电子而难以失去电子. 因此,由电负性较大的同种原子结合成晶体时,最外层的电子不会脱离原来原子,称这类晶体为原子晶体. 电子不脱离原来的原子,那到底原子晶体的结合力是如何形成的呢? 现在已弄清楚,原子晶体是靠共价键结合的. 电子虽不能脱离电负性大的原子,但靠近的两个电负性大的原子可以各出一个电子,形成电子共享的形式,即这一对电子的主要活动范围处于两原子之间,把两个原子联结起来. 这一对电子的自旋是相反的,称为配对电子. 电子配对的方式称为共价键. IVA 族元素 C、Si、Ge 的最外层有四个电子,一个原子与最近邻的四个原子各出一个电子,形成四个共价键. 这就是说,IVA 族的元素晶体,任一个原子有 4 个最近邻. 实验证明,若取某原子为四面体的中心,四个最近邻处在正四面体的顶角上,如图 2.1 长划虚线所示. 除 IVA 族元素能结合成最典型的共价结合晶体外,其次是VA,VIA 和 VIIA 族元素,它们的元素晶体也是共价晶体.

共价键的共同特点是饱和性和方向性. 设 N 为价电子数目,对于 IVA,VA,VIA,VIIA 族元素,价电子壳层一共有 8 个量子态,最多能接纳 $8-N$ 个电子,形成

$(8-N)$ 个共价键. $(8-N)$ 便是饱和的价键数. 共价键的方向性是指原子只在特定的方向上形成共价键，该方向是配对电子的波函数的对称轴.

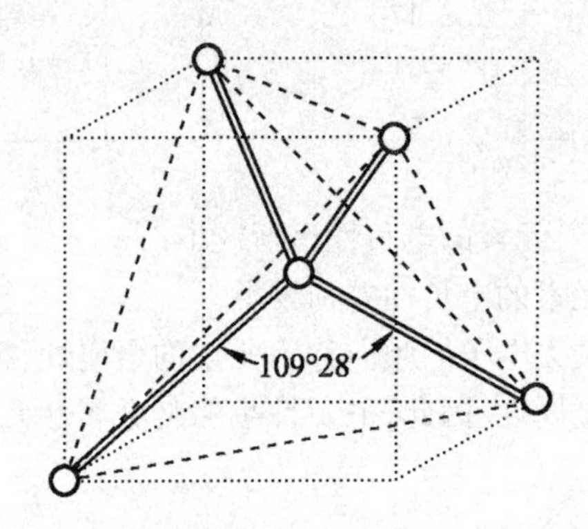

图 2.1　金刚石结构中的正四面体

共价结合使两个原子核间出现一个电子云密集区,降低了两核间的正电排斥,使体系的势能降低,形成稳定的结构. 共价晶体的硬度高(比如金刚石是最硬的固体),熔点高,热膨胀系数小,导电性差.

二、离子结合

周期表左边的元素的电负性小,容易失去电子;而周期表右边的元素电负性大,容易俘获电子;二者结合在一起,一个失去电子变成正离子,一个得到电子变成负离子,形成离子晶体. 最典型的离子晶体是 IA 族碱金属元素与 VIIA 族卤族元素结合成的晶体,如 NaCl,CsCl 等. Ⅱ族元素和Ⅵ族元素构成的晶体也可基本视为离子晶体. IA 族碱金属元素,最外层电子只有一个,当这一电子被 VIIA 族元素俘获后,碱金属离子的电子组态与原子序号比它小一号的惰性原子的电子组态一样,而卤族离子的电子组态与原子序号比它大一号的惰性原子的电子组态一样,即正负离子的电子壳层都是球对称稳定结构. 离子晶体结合过程中的动力显然是正负离子间的库仑力. 要使原子间的互作用势能最小,一种离子的最近邻必为异号离子. 在这一条件的限制下,典型的离子晶体结构有两种,一是如图 1.17 所示的 NaCl 型面心立方结构,一是如图1.16所示的 CsCl 型简立方结构.

库仑力是很强的一种作用力,因此,离子晶体是一种结构很稳固的晶体. 离子晶体的硬度高,熔点高,热膨胀小,导电性差.

三、金属结合

IA、IIA 族及过渡元素,它们的电负性小,最外层一般有一两个容易失去的价电子. 构成元素晶体时,晶格上既有金属原子,又有失去了电子的金属离子. 但它们都是不稳定的. 价电子会向正金属离子运动,即金属离子随时会变成金属原子,金属原子随时会变成金属离子. 这说明,电负性小的元素晶体,即金属晶体中,价电子不再属于个别原子,而是为所有原子所共有,在晶体中作共有化运动. 既然每个原子不再有固定的价电子,我们干脆采用一个更简化的物理模型:金属中所有的原子都失掉了最外层的价电子而成为原子实,原子实浸没在共有电子的电子云中. 金属晶体的结合力主要是原子实和共有化电子之间的静电库仑力. 金属结合只受最小能量的限制,原子越紧凑,电子云与原子实就越紧密,库仑能就越低. 所以许多金属原子是立方密积或六角密积排列,配位数最高. 金属的另一种较紧密的结构是体心立方结构.

由于金属中有大量的作共有化运动的电子,所以金属的性质主要由价电子决定. 金属具有良好的导电性、导热性,不同金属存在接触电势差等,都是共有化电子的性质决定的.

原子实与电子云之间的作用,不存在明确的方向性,原子实与原子实相对滑动并不破坏密堆积结构,不会使系统内能增加. 金属原子容易相对滑动的特点,是金属具有延展性的微观根源.

四、分子结合

固体表面有吸附现象,气体能凝结成液体,液体能凝结成固体,都说明分子间有结合力存在. 分子间的结合力称为范德瓦耳斯力,范德瓦耳斯力一般可分为三种类型:

(1)极性分子间的结合

极性分子具有电偶极矩,极性分子间的作用力是库仑力. 为了使系统的能量最低,两分子靠近的两原子一定是异性的.

(2)极性分子与非极性分子的结合

极性分子的电偶极矩具有长程作用,它使附近的非极性分子产生极化,使非极性分子也成为一个电偶极子. 极性分子的偶极矩与非极性分子的诱导偶极矩的吸引力叫诱导力. 显然诱导力也是库仑力.

(3)非极性分子间的结合

非极性分子在低温下能形成晶体. 其结合力是分子间瞬时电偶极矩的一种相互作用. 这种作用力是较弱的.

五、氢键结合

氢原子很特殊,虽属于 IA 族,但它的电负性(2. 2)很大,是钠原子电负性

(0.93)的两倍多,与碳原子的电负性(2.55)差不多.这样的原子很难直接与其他原子形成离子结合.氢原子通常先与电负性大的原子 A 形成共价结合;形成共价键后,原来球对称的电子云分布偏向了 A 原子方向,使氢核和负电中心不再重合,产生了极化现象.此时呈正电性的氢核一端可以通过库仑力与另一个电负性较大的 B 原子相结合.这种结合可表示为 A-H—B,H 与 A 距离近,作用强,与 B 的距离稍远,结合力相对较弱.通常文献只称 H—B 为氢键.冰是典型的氢键晶体.

以上介绍的是典型的晶体结合类型.对大多数晶体来说,晶体的结合可能是混合型,即一种晶体内同时存在几种结合类型.例如 GaAs 晶体的共价性结合大约占 31%,离子性结合大约占 69%.石墨晶体更是典型的混合型结合,即有共价结合,又有分子结合,还有金属结合.金属结合决定了石墨具有导电性,分子结合是石墨质地疏松的根源.

§2.3 结合力及结合能

一、结合力的共性

不论哪种结合类型,晶体中原子间的相互作用力可分为两类,一类是吸引力,一类是排斥力.在原子由分散无规的中性原子结合成规则排列的晶体过程中,吸引力起到了主要作用.但若只有吸引力而无排斥力,晶体不会形成稳定结构.在吸引力的作用下,原子间的距离缩小到一定程度,原子间才出现排斥力.两原子闭合壳层电子云重迭时,两原子便产生巨大的排斥力.两个原子间的互作用势能可用幂级数来表示:

$$u(r) = -\frac{A}{r^m} + \frac{B}{r^n}, \tag{2.1}$$

式中 r 是两原子间的距离,A、B、m、n 均为大于零的常数.第一项表示吸引势,第二项表示排斥势.设 r_0 为两原子处于稳定平衡状态时的距离,相应于 r_0 处,能量取极小值,即

$$\left(\frac{\mathrm{d}u}{\mathrm{d}r}\right)_{r_0} = 0, \quad \left(\frac{\mathrm{d}^2 u}{\mathrm{d}r^2}\right)_{r_0} > 0.$$

由 $(\mathrm{d}u/\mathrm{d}r)_{r_0} = 0$ 得

$$r_0 = \left(\frac{n\ B}{m\ A}\right)^{1/(n-m)}.$$

将 r_0 代入 $(\mathrm{d}^2 u/\mathrm{d}r^2)_{r_0} > 0$,得

$$\left(\frac{\mathrm{d}^2 u}{\mathrm{d}r^2}\right)_{r_0} = -\frac{m(m+1)A}{r_0^{m+2}} + \frac{n(n+1)B}{r_0^{n+2}}$$

$$=\frac{m(m+1)A}{r_0^{m+2}}\left(\frac{n-m}{m+1}\right)>0.$$

由上式可知,$n>m$. $n>m$ 表明,随距离的增大,排斥势要比吸引势更快地减小,即排斥作用是短程效应.

由(2.1)式我们可求出两原子的互作用力

$$f(r)=-\frac{\mathrm{d}u}{\mathrm{d}r}=-\left(\frac{mA}{r^{m+1}}-\frac{nB}{r^{n+1}}\right). \tag{2.2}$$

图 2.2 给出了两原子的互作用势及互作用力. 从图 2.2 可以看出,当两原子相距很远时,相互作用力为零;当两原子逐渐靠近,原子间出现吸引力;当 $r=r_m$ 时吸引力达到最大;当距离再缩小,排斥力起主导作用;当 $r=r_0$ 时,排斥力与吸引力相等,互作用力为零;当 $r<r_0$ 时,排斥力迅速增大,相互作用主要由排斥作用决定.

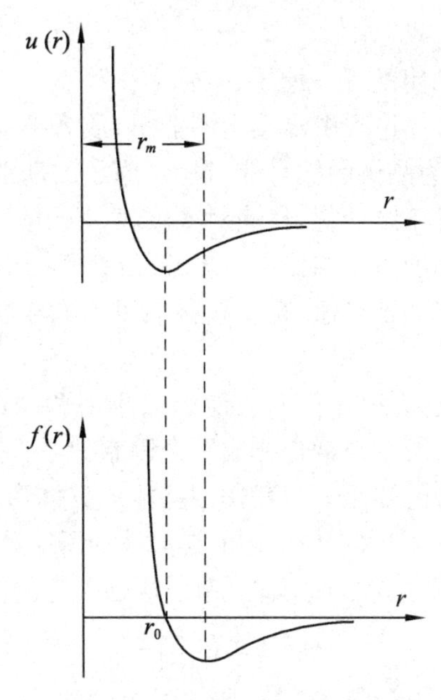

图 2.2 原子间的相互作用

由于 $r>r_m$ 时两原子间的吸引作用随距离的增大而逐渐减小,所以可认为 r_m 是两原子分子开始解体的临界距离.

二、结合能

若两原子的互作用势能的具体形式已知,则由 N 个原子构成的晶体,原子总的互作用势能可由下式求得

$$U = \frac{1}{2}\sum_i \sum_j {}' u(r_{ij}), \tag{2.3}$$

其中对 j 求和时,$j \neq i$,式中因子 1/2 是由于 $u(r_{ij})$ 与 $u(r_{ji})$ 是同一个互作用势,但在求和中两项都出现.

一个原子与周围原子的相互作用势,因距离而异,但相互作用势能的主要部分是与最近邻原子的相互作用势,相距几个原子间距的两原子间的相互作用已变得很小了. 因此,我们可近似认为晶体内部的任何一个原子与所有其他原子互作用势能之和都是相等的. 另外,晶体表面层的一个原子与晶体其他原子的相互作用势之和肯定不等于晶体内部的一个原子与其他原子的相互作用势之和. 但由于晶体表面层原子的数目与晶体内原子数目相比少得多,忽略掉相互作用势之和的这一差异也无妨. 因此,(2.3)式可简化成

$$U = \frac{N}{2}\sum_j {}' u(r_{\alpha j}), \tag{2.4}$$

其中 α 对应晶体内一认定的任一原子,$\alpha \neq j$.

自由粒子结合成晶体过程中释放出的能量,或者把晶体拆散成一个个自由粒子所提供的能量,称为晶体的结合能. 显然,原子的动能加原子间的相互作用势能之和的绝对值应等于结合能. 在绝对零度时,原子只有零点振动能,原子的动能与相互作用势能的绝对值相比小得多. 所以在 0K 时,晶体的结合能可近似等于原子相互作用势能的绝对值. 有些教科书里干脆称原子间的相互作用势能就是晶体的结合能.

由(2.4)式可知,原子相互作用势能的大小由两个因素决定:一是原子数目,二是原子的间距. 这两个因素合并成一个因素便是:原子相互作用势能是晶体体积的函数. 因此,若已知原子相互作用势能的具体形式,我们可以利用该势能求出与体积相关的有关常数. 最常用的是晶体的压缩系数和体积弹性模量.

由热力学可知,压缩系数的定义是:单位压强引起的体积的相对变化,即

$$k = -\frac{1}{V}\left(\frac{\partial V}{\partial P}\right)_T . \tag{2.5}$$

而体积弹性模量等于压缩系数的倒数,

$$K = \frac{1}{k} = -V\left(\frac{\partial P}{\partial V}\right)_T . \tag{2.6}$$

在绝热近似下,晶体体积增大,晶体对外作功. 对外作的功等于内能的减少,即

$$P\mathrm{d}V = -\mathrm{d}U,$$

也即

$$P = -\frac{\partial U}{\partial V}. \tag{2.7}$$

将(2.7)式代入(2.6)式,得

$$K=\left(\frac{\partial^2 U}{\partial V^2}\right)_{V_0} V_0. \tag{2.8}$$

上式是晶体平衡时的体积弹性模量,V_0 是晶体在平衡状态下的体积. 我们可将(2.7)式在平衡点附近展成级数

$$P=-\frac{\partial U}{\partial V}=-\left(\frac{\partial U}{\partial V}\right)_{V_0}-\left(\frac{\partial^2 U}{\partial V^2}\right)_{V_0}\Delta V+\cdots.$$

在平衡点,晶体的势能最小,即

$$\left(\frac{\partial U}{\partial V}\right)_{V_0}=0\ . \tag{2.9}$$

若取线性项,则有

$$P=-\left(\frac{\partial^2 U}{\partial V^2}\right)_{V_0}\Delta V=-K\frac{\Delta V}{V_0}\ . \tag{2.10}$$

在真空中晶体的体积与一个大气压下晶体的体积相差无几,这说明,当周围环境的压强不太大时,压强 P 可视为一个微分小量. 因此,(2.10)式可化为

$$\frac{\partial P}{\partial V}=-\frac{K}{V_0}. \tag{2.11}$$

因为晶格具有周期性,晶体的体积总可化成

$$V=\lambda R^3 \tag{2.12}$$

的形式,其中 R 是最近两原子的距离. 比如,对于面心立方简单晶格,$\sqrt{2}a=2R$,$V=\frac{N}{4}a^3$,所以 $\lambda=\sqrt{2}N/2$. 这样一来,势能就化成 R 的函数. 在平衡点,势能取极小值,即

$$\left(\frac{\mathrm{d}U}{\mathrm{d}R}\right)_{R_0}=0. \tag{2.13}$$

利用上式可得

$$\left(\frac{\partial^2 U}{\partial V^2}\right)_{V_0}=\frac{R_0^2}{9V_0^2}\left(\frac{\partial^2 U}{\partial R^2}\right)_{R_0},$$

于是(2.8)式化成:

$$K=\frac{R_0^2}{9V_0}\left(\frac{\partial^2 U}{\partial R^2}\right)_{R_0}\ . \tag{2.14}$$

如果把相互作用势能 U 与 R 的理论关系式求得,再按照(2.11)式由压强与体积的变化关系,试验测出体积弹性模量 K,再由 X 光衍射测出 R_0,就能由(2.14)式求出原子相互作用势的有关参数(参见 §2.6 离子结合一节相关内容).

§2.4 分子力结合

一、极性分子结合

极性分子存在永久偶极矩，每个极性分子就是一个电偶极子. 相距较远的两个极性分子之间的作用力是库仑力. 这一作用力有定向作用，因为两极性分子同极相斥，异极相吸，有使偶极矩排成一个方向的趋势，如图 2. 3 所示.

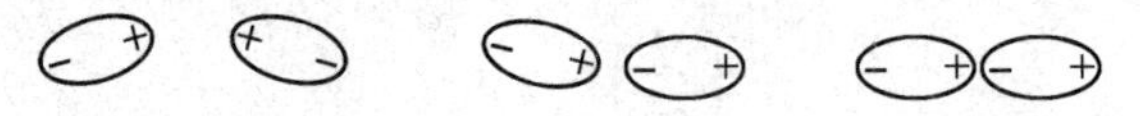

图 2. 3 极性分子的相互作用

两个相互平行的电偶极子间的库仑势能可由图 2. 4

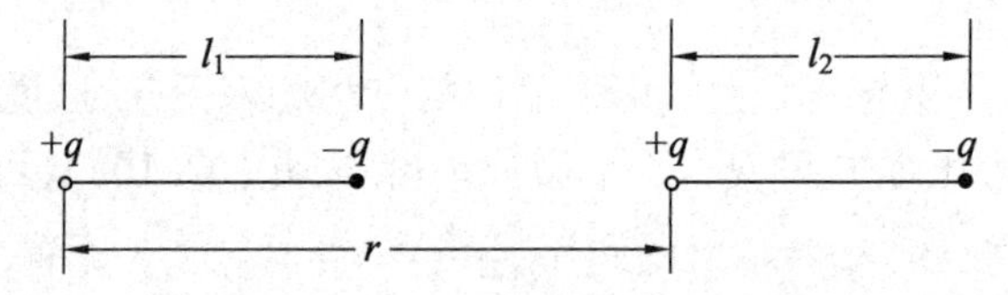

图 2. 4 一对平行偶极子的相互作用

求出

$$u(r)=\frac{1}{4\pi\varepsilon_0}\left(\frac{q^2}{r}+\frac{q^2}{r+l_2-l_1}-\frac{q^2}{r-l_1}-\frac{q^2}{r+l_2}\right),$$

其中 q 是偶极子中原子的电荷量，r 是两偶极子的距离，l 为偶极子中正负电荷间的距离. 因为 l_1, l_2, l_2-l_1 甚小于 r，所以 $u(r)$ 简化成

$$u(r)=-\frac{p_1p_2}{2\pi\varepsilon_0 r^3}, \tag{2.15}$$

其中 $p_1=ql_1$, $p_2=ql_2$ 分别为两偶极子的偶极矩. 可见极性分子间的吸引势是与 r^3 成反比. 对于全同的极性分子，有

$$u(r)=-\frac{p^2}{2\pi\varepsilon_0 r^3}, \tag{2.16}$$

其中 $p=ql$, $l_1=l_2=l$.

图 2. 4 的模型适用于低温条件. 在温度很高时，由于热运动，极性分子的平均相互吸引势与 r^6 成反比，与温度 T 成反比.

二、极性分子与非极性分子的结合

当极性分子与非极性分子靠近时，在极性分子偶极矩电场的作用下，非极性分子的电子云发生畸变,电子云的中心和核电荷中心不再重合,导致非极性分子的极化,产生诱导偶极距. 诱导偶极矩与极性分子的偶极距之间的作用力叫诱导力. 极性分子与非极性分子间的相互作用示于图 2. 5. 由于非极性分子在诱导力作用下变成了极性分子,所以可直接利用(2. 15)式来求极性分子与非极性分子间的吸引势. 设 p_1 是极性分子的偶极距,在偶极距延长线上的电场为

$$E = \frac{2p_1}{4\pi\varepsilon_0 r^3}.$$

(a)　(b)

图 2. 5　极性分子与非极性分子的相互作用

非极性分子的感生偶极矩与 E 成正比,即

$$p_2 = \alpha E = \frac{2\alpha p_1}{4\pi\varepsilon_0 r^3}.$$

将上式代入(2. 15)式,得到

$$u(r) = -\frac{\alpha p_1^2}{4\pi^2 \varepsilon_0^2 r^6}. \tag{2. 17}$$

其中 α 为非极性分子的电子位移极化率. 从(2. 17)式可以看到,极性分子与非极性分子间的吸引势与 r^6 成反比.

三、非极性分子的结合

惰性气体分子的最外壳层电子已饱和,它不会产生金属结合和共价结合. 惰性气体分子的正电中心和负电中心重合,不存在永久偶极矩,似乎两惰性分子也不存在任何库仑吸引力. 但客观事实是,He,Ne,Ar,Kr,Xe 在低温下都能形成晶体. 到底非极性分子是依靠什么作用结合成晶体的呢? 为了弄清楚非极性分子结合成晶体的原因,我们考察一下图 2. 6 所示的相邻两个氦原子的瞬时状态. (a)的瞬时状态,两个完全没有吸引作用的惰性分子,或者说相互作用能为零的状态. (b)的瞬时状态,等效于两个偶极子处于吸引状态,相互作用能小于零. 我们把靠近的两原子看成是双原子分子. 设单位体积内(a)状态的个数为 ρ_0,(b)状态的个数为 ρ_-,(b)状态的能量 $u_-=-u$,$u>0$,则由玻耳兹曼统计理论可知

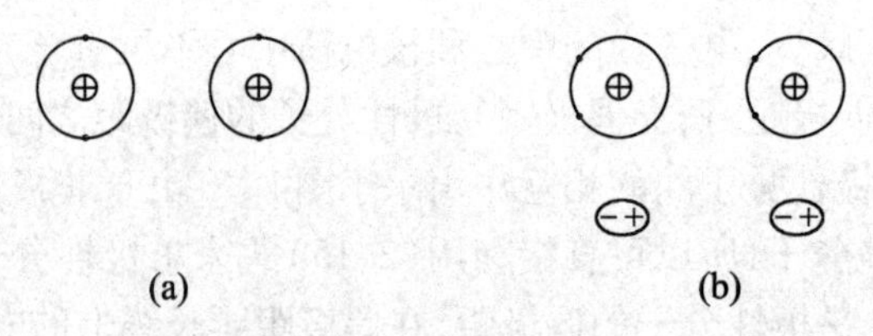

图 2.6　相邻氦原子的瞬时偶极矩

$$\frac{\rho_-}{\rho_0}=\frac{e^{-u_-/k_BT}}{e^0}=e^{u/k_BT}.$$

当温度很低时，$e^{u/k_BT}\gg 1$，即 $\rho_-\gg\rho_0$，这说明，从统计的角度来看，系统在低温下应选择(b)状态的结合. 也就是说，非极性分子间瞬时偶极矩的吸引作用应是非极性分子结合成晶体的动力. 现在的问题是，(b)状态是如何产生的呢？我们可以这样理解，对时间平均来说，惰性气体分子的偶极矩为零，但就瞬时而言，某一时刻惰性气体分子也会呈现瞬时偶极矩，这一瞬时偶极矩对邻近的惰性分子有极化作用，使它们产生诱导偶极矩. 也就是说，惰性气体分子间的相互作用是瞬时偶极矩与瞬时感应偶极矩间的作用. 类同于极性分子与非极性分子的吸引势，两惰性气体分子间的吸引势可表示为

$$-\frac{A}{r^6}.$$

至于排斥势，一般由实验确定. 由实验求得，排斥势与 r^{12} 成反比. 因此，一对分子间的互作用势能为

$$u(r)=\frac{-A}{r^6}+\frac{B}{r^{12}}. \tag{2.18}$$

若令

$$\varepsilon=\frac{A^2}{4B},\quad \sigma=\left(\frac{B}{A}\right)^{1/6},$$

(2.18)式化成

$$u(r)=4\varepsilon\left[\left(\frac{\sigma}{r}\right)^{12}-\left(\frac{\sigma}{r}\right)^{6}\right]. \tag{2.19}$$

上式称为雷纳德—琼斯(Lenard - Jones)势，其势能曲线如图 2.7 所示. 从(2.19)式可知，σ 具有长度量纲，1.12σ 为两分子的平衡间距；ε 具有能量的量纲，$-\varepsilon$ 恰好是平衡点的雷纳德—琼斯势. 根据(2.4)式，我们可以求出 N 个惰性气体分子互作用势能

$$U=\frac{N}{2}\sum_j{}'\left\{4\varepsilon\left[\left(\frac{\sigma}{r_{\alpha j}}\right)^{12}-\left(\frac{\sigma}{r_{\alpha j}}\right)^{6}\right]\right\}. \tag{2.20}$$

设 R 为两个最近分子的间距，则有 $r_{\alpha j}=a_jR$，

$$U(R)=2N\varepsilon\left[A_{12}\left(\frac{\sigma}{R}\right)^{12}-A_6\left(\frac{\sigma}{R}\right)^{6}\right],\tag{2.21}$$

其中

$$A_{12}=\sum_j{}'\frac{1}{a_j^{12}},\quad A_6=\sum_j{}'\frac{1}{a_j^6}.$$

若晶体结构已知,A_{12}和A_6可具体计算出来. 在表2.4中列出了立方晶系简单格子的A_6和A_{12}的值. 由(2.13)式可求原子间的平衡距离

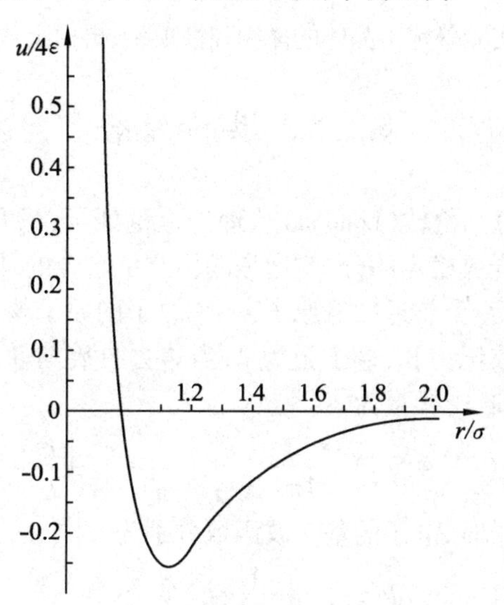

图2.7　雷纳德—琼斯势

表2.4　A_6 和 A_{12}

结　构	简立方	体心立方	面心立方
A_6	8.40	12.25	14.45
A_{12}	6.20	9.11	12.13

$$R_0=\sigma\left(\frac{2A_{12}}{A_6}\right)^{1/6}.\tag{2.22}$$

将上式代入(2.21)式,得到平衡时总的互作用势

$$U_0=-\frac{N\varepsilon A_6^2}{2A_{12}}.\tag{2.23}$$

对于面心立方简单格子的分子晶体,

$$R_0=1.09\sigma.\tag{2.24}$$

可见,通过 X 光衍射求出晶格常数 R_0,则常数 σ 即可求得. 由(2. 14)式可求得面心立方简单格子的体积弹性模量的关系式

$$K=\frac{4\varepsilon}{\sigma^3}A_{12}\left(\frac{A_6}{A_{12}}\right)^{5/2}. \tag{2.25}$$

对于面心立方晶体

$$K=\frac{75\varepsilon}{\sigma^3}.$$

利用(2. 11)式,通过实验确定出晶体的体积弹性模量,再由上式即可求出能量 ε.

§2. 5　共价结合

海特勒(Heitler)和伦敦(London)从理论上论证了,只有当电子的自旋相反时两个氢原子才结合成稳定的分子. 这是晶体共价结合的理论基础.

如图 2. 8 所示,两个靠近的氢原子,一个原子的原子核记为Ⅰ,电子记为 1;另一个原子的原子核记为Ⅱ,电子记为 2,当略去自旋与轨道、自旋与自旋的相互作用,两氢原子的哈密顿量为

$$\hat{H}=-\frac{\hbar^2}{2m}(\nabla_1^2+\nabla_2^2)-\frac{1}{4\pi\varepsilon_0}\left(\frac{e^2}{r_{\mathrm{I}1}}+\frac{e^2}{r_{\mathrm{II}1}}+\frac{e^2}{r_{\mathrm{I}2}}+\frac{e^2}{r_{\mathrm{II}2}}-\frac{e^2}{r_{12}}-\frac{e^2}{r_{\mathrm{I\,II}}}\right).$$

当两原子为孤立原子时,电子的基态波函数分别为

$$\psi(r_{\mathrm{I}1})=\frac{1}{\sqrt{\pi a_0^3}}\mathrm{e}^{-r_{\mathrm{I}1}/a_0},$$

$$\psi(r_{\mathrm{II}2})=\frac{1}{\sqrt{\pi a_0^3}}\mathrm{e}^{-r_{\mathrm{II}2}/a_0}.$$

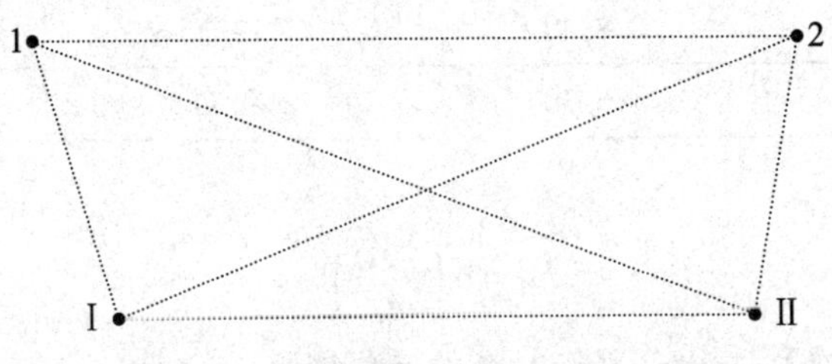

图 2. 8　两氢原子的相互作用

选取两个反对称波函数

$$\Phi_1=C_1[\psi(r_{\mathrm{I}1})\psi(r_{\mathrm{II}2})-\psi(r_{\mathrm{I}2})\psi(r_{\mathrm{II}1})]\chi_S(s_{1z},s_{2z}),$$

$$\Phi_2=C_2[\psi(r_{\mathrm{I}1})\psi(r_{\mathrm{II}2})+\psi(r_{\mathrm{I}2})\psi(r_{\mathrm{II}1})]\chi_A(s_{1z},s_{2z}).$$

其中 C_1 和 C_2 为归一化常数，χ_S 和 χ_A 分别是对称和反对称自旋波函数. 将 Φ_1 和 Φ_2 代入

$$E = \int \Phi^* \hat{H} \Phi d\tau,$$

可得 Φ_1 和 Φ_2 态的能量分别为

$$E_1 = 2E_0 + \frac{e^2}{4\pi\varepsilon_0 r_{\mathrm{I\,II}}} + \frac{K-J}{1-\Delta^2},$$

$$E_2 = 2E_0 + \frac{e^2}{4\pi\varepsilon_0 r_{\mathrm{I\,II}}} + \frac{K+J}{1+\Delta^2}.$$

其中 Δ、K、J 是一些积分，当 $r_{\mathrm{I\,II}}$ 为定值时，Δ、K、J 也为定值. 图 2.9 给出了 E_1、E_2、与 $r_{\mathrm{I\,II}}$ 的关系. E_1 随 $r_{\mathrm{I\,II}}$ 的减小单调地增加，是排斥势. 这说明，电子自旋平行的两氢原子是相互排斥的，不能结合成氢分子. 而 E_2 在 $r_{\mathrm{I\,II}} = 1.518a_0$ 处有一极小值，$r_{\mathrm{I\,II}}$ 大于此值两原子相互吸引，小于这一值两原子排斥. 这正是两原子构成稳定结合的条件. E_2 是电子自旋反平行的两个氢原子的相互作用能.

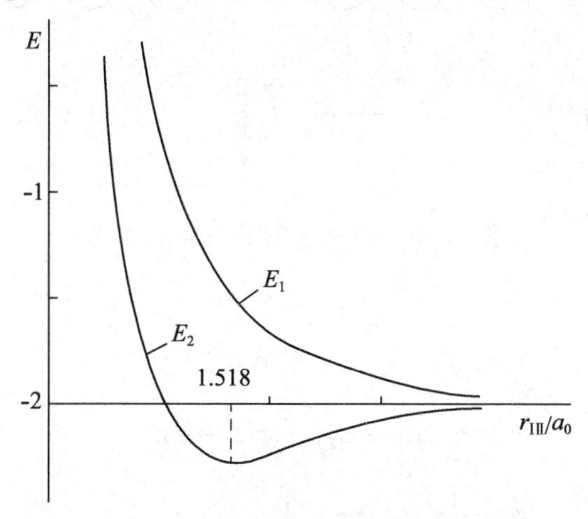

图 2.9　氢分子的能量与氢原子间距的关系

由此可知，两原子中自旋相反的价电子可为两原子共享，使得体系能量最低. 自旋相反的两电子称配对电子，称配对的电子结构为共价键. 这种共享配对电子的结合方式称为共价结合.

两原子未配对的电子结合成共价键时，两电子的电子云沿一定方向发生交迭，使交迭的电子云密度为最大. 例如，氮原子有三个未配对的 $2p$ 电子，分别处于三个正交的 $2p_x$，$2p_y$，$2p_z$ 轨道上，氢原子的 $1s$ 电子的电子云是球对称的，当三个氢原子与一个氮原子形成 NH_3 时，它们分别沿 x、y、z 轴与氮原子的 $2p_x$、$2p_y$、

$2p_z$ 轨道上的电子云发生交迭.

碳原子的电子组态为 $1s^2 2s^2 2p^2$. 看上去只有两个 $2p$ 轨道上的电子未配对,似乎只能形成两个共价键. 但实验证明,金刚石中碳原子有四个等同的共价键,键与键的夹角为 109°28′. 对碳原子的成键并不是一下就认识清楚的. 首先,形成金刚石结构时,碳原子的电子组态发生了变化. 由于 $2s$ 能级与 $2p$ 能级靠得很近,如图2. 10所示,一个 $2s$ 电子被激发到 $2p$ 态. 因此,金刚石中碳原子的组态变成 $1s^2 2s^1 2p^3 (2p_x^1 2p_y^1 2p_z^1)$. 但 $2s$ 和 $2p$ 态的电子云分布不一样,当由 $2s$、$2p_x$、$2p_y$、$2p_z$ 构成四个共价键时,四个键电子云的分布不一样,即四个不是等同键. 直到 1931 年泡林和斯莱特(Slater)提出杂化轨道的理论,对这一问题才算有了一个合理的解释. 他们的理论是:金刚石中碳原子的四个键是 $2s$、$2p_x$、$2p_y$、$2p_z$ 态叠加构成了四个杂化轨道. 杂化轨道分别是

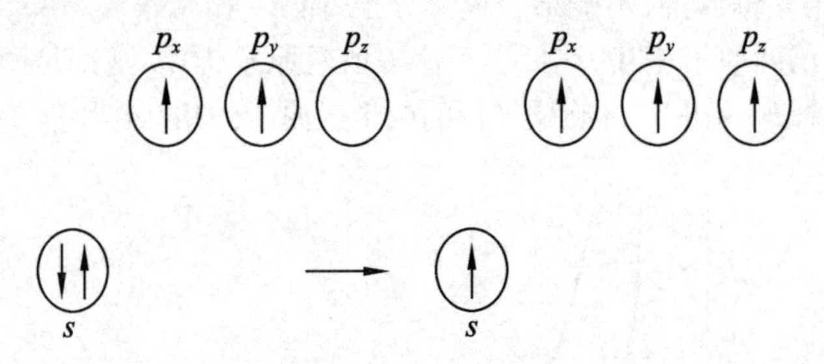

图 2. 10　碳原子的基态和激发态

$$\psi_1 = \frac{1}{2}(\varphi_{2s} + \varphi_{2p_x} + \varphi_{2p_y} + \varphi_{2p_z}),$$

$$\psi_2 = \frac{1}{2}(\varphi_{2s} + \varphi_{2p_x} - \varphi_{2p_y} - \varphi_{2p_z}),$$

$$\psi_3 = \frac{1}{2}(\varphi_{2s} - \varphi_{2p_x} + \varphi_{2p_y} - \varphi_{2p_z}),$$

$$\psi_4 = \frac{1}{2}(\varphi_{2s} - \varphi_{2p_x} - \varphi_{2p_y} + \varphi_{2p_z}).$$

4 个电子分别占据 ψ_1、ψ_2、ψ_3 和 ψ_4 新轨道,在四面体顶角方向形成如图 2. 11 所示的电子云分布,即形成夹角为 109°28′等同的四个共价键.

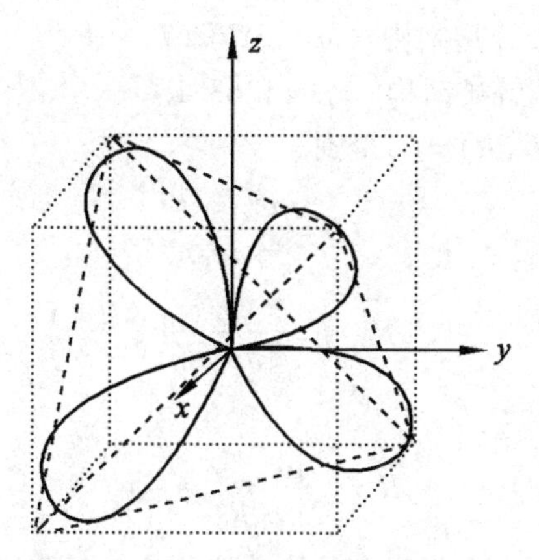

图 2.11　碳原子的杂化轨道

$2s$ 电子激发到 $2p$ 轨道需要能量,但多形成的两个价键放出的能量比激发能大,使系统势能最小,晶体结构稳定.

§2.6　离子结合

对于典型的 NaCl 型离子晶体,两离子的互作用势可表示为

$$u(r_{ij}) = \mp\frac{e^2}{4\pi\varepsilon_0 r_{ij}} + \frac{b}{r_{ij}^n}.$$

将上式代入(2.4)式得

$$U = -\frac{N}{2}\left[\frac{e^2}{4\pi\varepsilon_0 R}\sum_j{}'\left(\pm\frac{1}{a_j}\right) - \frac{1}{R^n}\sum_j{}'\frac{b}{a_j^n}\right],$$

其中已令 $r_{\alpha j} = a_j R$. 若再令

$$\mu = \sum_j{}' \pm\frac{1}{a_j}, \tag{2.26}$$

$$B = \sum_j{}'\frac{b}{a_j^n},$$

可得

$$U(R) = -\frac{N}{2}\left(\frac{\mu e^2}{4\pi\varepsilon_0 R} - \frac{B}{R^n}\right), \tag{2.27}$$

其中 μ 称为马德隆常数,它是仅与晶格几何结构有关的常数,由(2.26)式计算马德隆常数时,+、-号要分别对应相异离子间和相同离子间互作用. 经计算得到:

NaCl 型结构　$\mu = 1.747558$,

CsCl 型结构 $\mu = 1.76267$,

闪锌矿结构 $\mu = 1.6381$.

由平衡时的条件$(\mathrm{d}U/\mathrm{d}R) = 0$,得到

$$B = \frac{\mu e^2 R_0^{\ n-1}}{4\pi\varepsilon_0 n}, \tag{2.28}$$

$$|U(R_0)| = \frac{N\mu e^2}{8\pi\varepsilon_0 R_0}\left(1 - \frac{1}{n}\right). \tag{2.29}$$

由(2.14)可得

$$K = \frac{\mu e^2}{72\pi\varepsilon_0 R_0^4}(n-1). \tag{2.30}$$

用 X 光衍射测出 R_0,由实验测出晶体的体积弹性模量,我们可通过上式求出参量 n

$$n = 1 + \frac{72\pi\varepsilon_0 R_0^4}{\mu e^2}K. \tag{2.31}$$

表 2.5 列出了几种晶体的体积弹性模量 K 和参数 n.

表 2.5　　**部分离子晶体的 K 和 n**

晶体	NaCl	NaBr	NaI	KCl	ZnS
n	7.90	8.41	8.33	9.62	5.4
$K(10^{10}\mathrm{N/m^2})$	2.41	1.96	1.45	2.0	7.76

从(2.29)式可以看出,离子晶体的结合能主要来自库仑能,而排斥能仅是库仑能绝对值的 $1/n$.

最后介绍一下马德隆常数的计算方法. 如果由(2.26)式来求马德隆常数,发现此级数收敛很慢. 为此,埃夫琴(Evjen)提出了计算马德隆常数的方法,此方法可使级数迅速收敛. 该方法的基本思想是,把晶体看成是由埃夫琴晶胞来构成,埃夫琴晶胞内所有离子的电荷代数和为零. 把这些中性晶胞对参考离子的库仑能量的贡献份额加起来就得马德隆常数. 如图2.12所示,我们选取 NaCl 结构的晶胞为埃夫琴晶胞,并选取晶胞中心离子 O 作为参考离子,不妨设 O 为正离子. 面心上的负离子对晶胞的贡献为 $6\times(1/2)$,它们对参考离子库仑能的贡献为

$$\frac{6\times\frac{1}{2}}{1}.$$

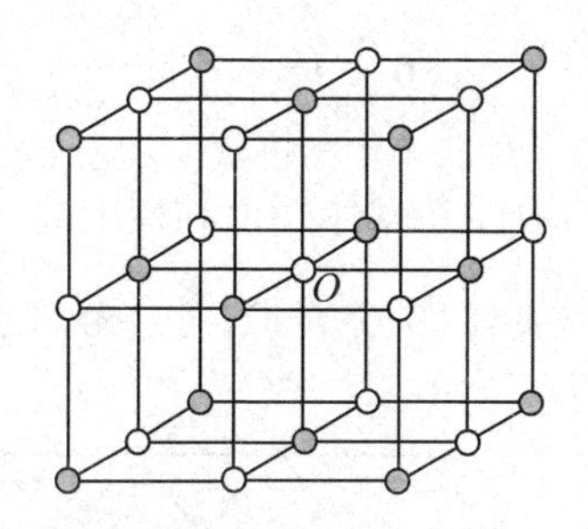

图 2.12　NaCl 结构的埃夫琴晶胞

棱中点的离子是正离子,它们对晶胞的贡献为 12 × (1/4),它们对库仑能的贡献为

$$-\frac{12\times\frac{1}{4}}{\sqrt{2}}.$$

8 个角顶上的离子对库仑能的贡献为

$$\frac{8\times\frac{1}{8}}{\sqrt{3}}.$$

所以由一个中性埃夫琴晶胞得到的 NaCl 结构晶体的马德隆常数

$$\mu=\frac{6\times\frac{1}{2}}{1}-\frac{12\times\frac{1}{4}}{\sqrt{2}}+\frac{8\times\frac{1}{8}}{\sqrt{3}}=1.456.$$

若选取更大的电中性范围,比如选取如图 2.13 所示参考点周围的 8 个埃夫琴晶胞作为考虑的范围. 这时 O 点的最近邻、次近邻和次次近邻都包含在这一中性区域内,它们分别为 6、12、8 个离子,它们对库仑能的贡献为

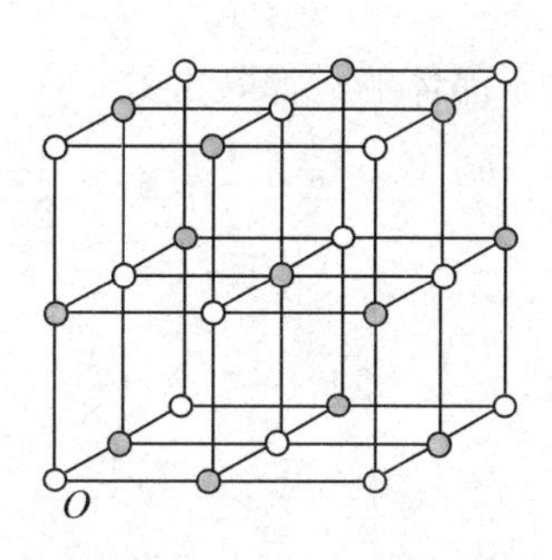

图 2.13　8 个埃夫琴晶胞中的一个

$$\frac{6}{1}-\frac{12}{\sqrt{2}}+\frac{8}{\sqrt{3}}.$$

其次考虑如图 2. 14 所示的中性立方体面上和棱上离子的贡献. 一个面上离子对中性立方体的贡献为$\frac{1}{2}$,一共有 54 个离子,对参考离子库仑能的贡献为

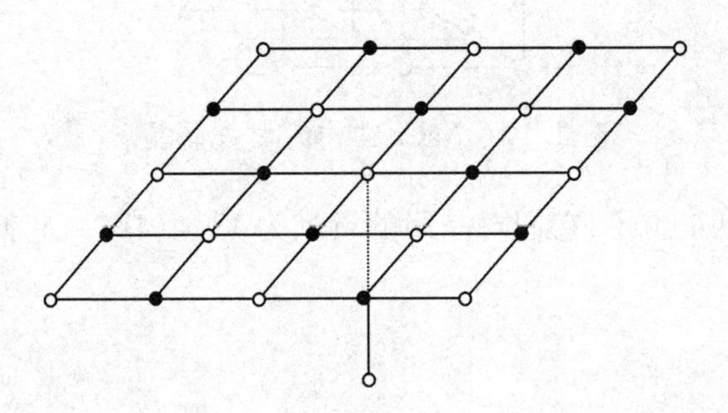

图 2. 14　面上的离子分布

$$-\frac{6\times\frac{1}{2}}{\sqrt{4}}+\frac{24\times\frac{1}{2}}{\sqrt{5}}-\frac{24\times\frac{1}{2}}{\sqrt{6}}.$$

棱上离子对库仑能的贡献为

$$-\frac{12\times\frac{1}{4}}{\sqrt{8}}+\frac{24\times\frac{1}{4}}{\sqrt{9}}.$$

中性立方体顶角上离子对库仑能的贡献为

$$-\frac{8\times\frac{1}{8}}{\sqrt{12}}.$$

于是,可计算出 NaCl 型离子晶体的马德隆常数

$$\mu=\frac{6}{1}-\frac{12}{\sqrt{2}}+\frac{8}{\sqrt{3}}-\frac{6\times\frac{1}{2}}{\sqrt{4}}+\frac{24\times\frac{1}{2}}{\sqrt{5}}-\frac{24\times\frac{1}{2}}{\sqrt{6}}$$

$$-\frac{12\times\frac{1}{4}}{\sqrt{8}}+\frac{24\times\frac{1}{4}}{\sqrt{9}}-\frac{8\times\frac{1}{8}}{\sqrt{12}}=1.752.$$

§2.7　原子和离子半径

在晶体生长、半导体材料制备和陶瓷材料的改性中经常掺杂些替代原子. 掺杂替代原子,不仅要考虑原子的价数,还必须考虑原子的尺寸,即原子的半径.

原子核很小，原子的尺寸主要由核外电子云来决定. 当原子构成晶体时，原子的电子云已不同于孤立原子的电子云. 同一种原子在不同结构中有不同的电子云分布. 因此，人们不可能给出一个精确不变的原子和离子半径，原子或离子半径因结构不同而异. 对于金属结构，原子的半径称为金属半径，对共价结合，原子的半径称为共价半径，分子晶体中的原子半径称为范德瓦耳斯半径.

对于密堆积金属,用 X 光衍射测出两核的间距,金属原子半径为核间距的一半. 对于共价晶体,核间距的一半定义为原子的共价半径. 范德瓦耳斯半径的定义是:分子晶体中相邻分子间两个邻近的非成键原子之间核间距的一半.

对于离子晶体,正负离子半径一般不会相等,那又如何来确定离子的半径呢?人们注意到,NaF 最近两离子的核间距为 2.31Å,KF 的核间距为 2.66Å,相差为 0.35Å;NaCl 和 KCl 相差0.33Å;NaBr 和 KBr 相差 0.32Å. 它们的差值很接近,看来这个差值应是钠和钾离子的半径之差. 也就是说,离子似乎应有一个"确定"的尺寸. 已有人用不同方法计算了大部分离子的半径,其中常采用的是高希米特(Goldschmidt)半径和泡林半径. 泡林认为,离子的大小主要取决于最外层电子的分布,对于等电子离子,离子半径与有效电荷 $Z-\sigma$ 成反比,即

$$R=\frac{C}{Z-\sigma},$$

式中 R 为离子半径,C 是由外层电子主量子数决定的常数,Z 为原子序数,σ 为屏蔽常数. 屏蔽常数的引入是基于这样的考虑:核外的一个电子除受核电荷的吸引外,还受到核外其他电子的排斥作用. 一个电子受到的合力相当于 $Z-\sigma$ 个核电荷的吸引作用. σ 已有一些经验值. 对于等电子离子,其屏蔽常数相等. 用 X 射线衍射法测出最近两离子的核间距 r_0,利用以下联立方程

$$\left.\begin{aligned} R_+ &= \frac{C}{Z_+-\sigma}, \\ R_- &= \frac{C}{Z_--\sigma}, \\ R_+ + R_- &= r_0, \end{aligned}\right\} \tag{2.32}$$

即可测定出等电子离子晶体中正负离子的半径 R_+ 和 R_-. 泡林利用上式,计算

了 NaF 型离子的单价半径，再利用公式

$$R_\eta = R_1 \eta^{-2/(n-1)} \tag{2.33}$$

可求出 η 价离子的晶体半径 R_η，R_1 是单价离子的半径，n 是玻恩常数. 表 2.6 给出了部分原子的共价半径、金属半径和泡林离子半径. 离子半径前的正负数字表示离子的价数.

表 2.6　部分原子和离子半径　(单位：Å)

元素	共价半径	金属半径	离子半径
H	0.37	—	(−1)2.08
He	—	—	—
Li	1.23	1.52	(+1)0.6
Be	0.89	1.12	(+2)0.31
B	0.80	—	(+3)0.20
C	0.77	—	(+4)0.15　(−4)2.60
N	0.74	—	(+5)0.11　(−3)1.71
O	0.74	—	(+6)0.09　(−2)1.40
F	0.72	—	(+7)0.07　(−1)1.36
Ne	—	—	—
Na	1.57	1.86	(+1)0.95
Mg	1.36	1.60	(+2)0.65
Al	1.25	1.43	(+3)0.50
Si	1.17	—	(+4)0.41　(−4)2.71
P	1.10	—	(+5)0.34　(−3)2.12
S	1.04	—	(+6)0.29　(−2)1.84
Cl	0.99	—	(+7)0.26　(−1)1.81
Ar	—	—	—
K	2.03	2.31	(+1)1.33
Ca	1.74	1.97	(+2)0.99
Sc	1.44	1.60	(+3)0.81
Ti	1.32	1.46	(+4)0.68　(+2)0.90
V	1.22	1.31	(+5)0.59　(+3)0.74
Cr	1.17	1.25	(+6)0.52　(+3)0.69
Mn	1.17	1.29	(+7)0.46　(+2)0.80
Fe	1.16	1.26	(+2)0.76　(+3)0.64
Co	1.16	1.25	(+2)0.78　(+3)0.63

思　考　题

1. 是否有与库仑力无关的晶体结合类型?

2. 如何理解库仑力是原子结合的动力?

3. 晶体的结合能,晶体的内能,原子间的相互作用势能有何区别?

4. 原子间的排斥作用取决于什么原因?

5. 原子间的排斥作用和吸引作用有何关系? 起主导的范围是什么?

6. 共价结合为什么有"饱和性"和"方向性"?

7. 共价结合,两原子电子云交迭产生吸引,而原子靠近时,电子云交迭会产生巨大排斥力,如何解释?

8. 试解释一个中性原子吸收一个电子一般要释放出能量的现象.

9. 如何理解电负性可用电离能加亲和能来表征?

10. 为什么许多金属为密积结构?

11. 何谓杂化轨道?

习　题

1. 有一晶体,平衡时体积为 V_0,原子间总的互作用势能为 U_0,如果相距为 r 的两原子互作用势为

$$u(r) = -\frac{\alpha}{r^m} + \frac{\beta}{r^n},$$

证明

(1)体积弹性模量为

$$K = \left| U_0 \right| \frac{mn}{9V_0}.$$

(2)求出体心立方结构惰性分子晶体的体积弹性模量.

2. 一维离子链,正负离子间距为 a,试证:马德隆常数 $\mu = 2\ln 2$.

3. 计算面心立方简单格子的 A_6 和 A_{12}.

(1)只计最近邻;

(2)计算到次近邻;

(3)计算到次次近邻.

4. 用埃夫琴方法计算二维正方(正负两种)离子格子的马德隆常数.

5. 用埃夫琴方法计算 CsCl 型离子晶体的马德隆常数

(1)只计最近邻,

(2)取八个晶胞.

6. 只计及最近邻间的排斥作用时，一离子晶体离子间的互作用势为

$$u(r)=\begin{cases}\lambda e^{-R/\rho}-\dfrac{e^2}{R},\text{最近邻},\\ \pm\dfrac{e^2}{r},\text{最近邻以外},\end{cases}$$

式中 λ,ρ 是常数,R 是最近邻距离，求晶体平衡时，原子间总的互作用势.

7. 设离子晶体中，离子间的互作用势为

$$u(r)=\begin{cases}-\dfrac{e^2}{R}+\dfrac{b}{R^m},\text{最近邻},\\ \pm\dfrac{e^2}{r},\text{最近邻以外}.\end{cases}$$

(1)求晶体平衡时，离子间总的相互作用势能 $U(R_0)$.

(2)证明：$\left|U(R_0)\right|\propto\left(\dfrac{\mu^m}{Z}\right)^{\frac{1}{m-1}}$,

其中 μ 是马德隆常数,Z 是晶体配位数.

8. 一维离子链，其上等间距载有正负 $2N$ 个离子，设离子间的泡利排斥势只出现在两最近邻离子之间，且为 b/R^n,b,n 是常数,R 是两最近邻离子的间距，并设离子电荷为 q,

(1)试证平衡间距下

$$U(R_0)=-\frac{2Nq^2\ln 2}{R_0}\left(1-\frac{1}{n}\right);$$

(2)令晶体被压缩，使 $R_0\to R_0(1-\delta)$，试证在晶体被压缩单位长度的过程中外力作功的主项为 $c\delta/2$，其中

$$c=\frac{(n-1)q^2\ln 2}{R_0^2};$$

(3)求原子链被压缩了 $2NR_0\delta_e(\delta_e\ll 1)$ 时的外力.

9. 设泡利排斥项的形式不变，讨论电荷加倍对 NaCl 晶格常数、体积弹性模量以及结合能的影响.

10. 两原子间的互作用势为

$$u(r)=-\frac{\alpha}{r^2}+\frac{\beta}{r^8}.$$

当两原子构成一稳定分子时，核间距为 3Å，解离能为 $4eV$，求 α 和 β.

11. NaCl 晶体的体积弹性模量为 2.4×10^{10} 帕，在两万个大气压作用下，原子相互作用势能增加多少？晶格常数将缩小百分之几？（1 帕 $=10^{-5}$ 个大气压）.

12. 雷纳德—琼斯势为

$$u(r)=4\varepsilon\left[\left(\frac{\sigma}{r}\right)^{12}-\left(\frac{\sigma}{r}\right)^{6}\right],$$

证明：$r=1.12\sigma$ 时，势能最小，且 $u(r_0)=-\varepsilon$；当 $r=\sigma$ 时，$u(\sigma)=0$；说明 ε 和 σ 的物理意义.

13. 如果离子晶体中离子总的相互作用势能为

$$U(r)=-N\left[\frac{\mu q^2}{4\pi\varepsilon_0 r}-Z\lambda \mathrm{e}^{-r/\rho}\right],$$

求晶体的压缩系数，其中 λ，ρ 为常数，Z 为配位数.

14. 试证，在高温情况下，极性分子的平均吸引势与 r^6 成反比，与温度 T 也成反比.

晶格振动与晶体热学性质

以上两章中所说的格点,实际是指原子的平衡位置.原子无时无刻不在其平衡位置作微小振动.原了间存在相互作用,它们的振动相互关联,在晶体中形成了格波.在简谐近似下,格波是由简正振动模式所构成,各简正振动是独立的.简正振动可用简谐振子来描述,谐振子的能量量子称为声子,晶格振动可用声子系统来概括.格波被划分成声学格波和光学格波.长声学格波即弹性波,长光学波会引起离子晶体的宏观极化.晶格振动决定了晶体的宏观热学性质,晶格振动理论也是研究晶体的电学性质、光学性质、超导等的重要理论基础.

原子间存在吸引和排斥的宏观反映,就是固体有弹性.固体的弹性形变遵从胡克定律.因为固体不仅存在压缩(或膨胀)应变,也存在切应变.所有固体中不仅能传播纵波,也能传播切变波.一个方向上一般有三种波动模式,一个纵波(或准纵波),两个切变波(或准切变波).

§3.1 一维晶格的振动

尽管晶体中原子的平衡位置具有周期性,但由于原子数目极大,原子与原子间存在相互作用,任一原子的位移至少与相邻原子、次近邻原子的位移有关,所以严格求解晶格振动是一个极其困难的事.为了探讨晶格振动的基本特点,人们只能采取一些近似方法.一维振动是最简单的一种振动,我们先讨论一维原子链的振动.

一、一维简单格子

如图3.1所示,一维晶格是由质量为 m 的全同原子所构成,相邻原子平衡位置的间距,即晶格常数为 a,用 u_n 表示序号为 n 的原子在 t 时刻偏离平衡位置的位移.

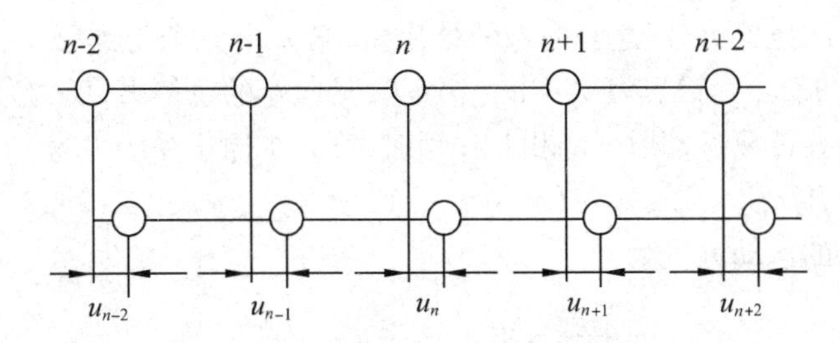

图 3.1　一维简单晶格的振动

由第二章内容已知,设两原子间的互作用势为$U(r)$,这两原子间的互作用力

$$f=-\frac{\mathrm{d}U}{\mathrm{d}r}.$$

当晶格振动时,两原子间的距离 r 是时间的变量. 如图 3.1 所示,序号 n 和 $n+1$ 的两原子在时刻 t 的距离 $r=a+u_{n+1}-u_n$. r 是时间的变量,互作用势 $U(r)$也是时间的函数. 但由于原子在平衡位置附近作微小振动,相邻两原子的互作用势 $U(r)$与 $U(a)$偏差不大. 为了取近似,我们将 $U(r)$在平衡位置附近展成泰勒级数

$$U(r)=U(a)+\left(\frac{\mathrm{d}U}{\mathrm{d}r}\right)_a(r-a)+\frac{1}{2}\left(\frac{\mathrm{d}^2U}{\mathrm{d}r^2}\right)_a(r-a)^2$$
$$+\frac{1}{6}\left(\frac{\mathrm{d}^3U}{\mathrm{d}r^3}\right)_a(r-a)^3+\cdots. \tag{3.1}$$

互作用力为

$$f(r)=-\left(\frac{\mathrm{d}U}{\mathrm{d}r}\right)_a-\left(\frac{\mathrm{d}^2U}{\mathrm{d}r^2}\right)_a(r-a)-\frac{1}{2}\left(\frac{\mathrm{d}^3U}{\mathrm{d}r^3}\right)_a(r-a)^2+\cdots. \tag{3.2}$$

若只计及最近邻原子间的互作用,原子在平衡位置时的势能$U(a)$取极小值,所以上式右端第一项为零. 如果忽略掉上式非线性项小量,并令

$$\beta=\left(\frac{\mathrm{d}^2U}{\mathrm{d}r^2}\right)_a, \tag{3.3}$$

我们得到第 n 个原子与第 $n+1$ 个原子的互作用力

$$f=-\beta(u_{n+1}-u_n).$$

将上式与位移为 x、弹性系数为 k 的弹簧振子受的力$f=-kx$比较可知,二者极其相似. 我们称常数β 为弹性恢复力系数,称忽略掉互作用力中非线性项的近似为简谐近似.

第 n 个原子受到第 $n+1$ 个原子的作用力为$\beta(u_{n+1}-u_n)$,若$(u_{n+1}-u_n)$

>0,是向右的拉伸力,反之是向左的排斥力;第 n 个原子受到第 $n-1$ 个原子的作用力为 $\beta(u_n-u_{n-1})$,若 $(u_n-u_{n-1})>0$,是向左的拉伸力,反之为向右的排斥力. 所以,在只计及近邻原子的相互作用时,第 n 个原子受的力为

$$\beta(u_{n+1}-u_n)-\beta(u_n-u_{n-1})=\beta(u_{n+1}+u_{n-1}-2u_n).$$

第 n 个原子的运动方程为

$$m\frac{\mathrm{d}^2u_n}{\mathrm{d}t^2}=\beta(u_{n+1}+u_{n-1}-2u_n). \tag{3.4}$$

除了原子链两端的两个原子外,其他原子都有一个类似上式的方程. 由(3.4)式可看出,任一个原子的运动与其相邻原子的运动有关. 设晶格是由 N 个原子构成,所有原子的运动方程构成了一个联立的方程组. 虽说原子链两端的原子的运动方程一共两个,但由于这两个方程不同于为数众多的其他原子的运动方程,给联立方程组的求解带来了困难. 这个问题实际上是一个边界问题. 边界条件应如何设置呢? $u_1=0$ 和 $u_N=0$ 的限制显然对无时无刻不在作微小振动的原子是不成立的. 为此,玻恩(Born)和卡门(Karman)提出了一个假想的边界条件,即所谓的周期性边界条件. 设想在实际晶体外,仍然有无限多个相同的晶体相联结,各晶体中相对应的原子的运动情况都一样. 对这一虚设边界条件的合理性应如何理解呢? 可以这么认为:在实际的原子链两端接上了全同的原子链后,由于原子间的相互作用主要取决于近邻,所以除两端极少数原子的受力与实际情况不符外,其他绝大多数的原子的运动并不受假想原子链的影响. 在此需要指出的是,玻恩—卡门条件是固体物理学中极重要的条件,因为许多重要理论结果的前提条件是晶格的周期性边界条件.

有了玻恩—卡门条件,(3.4)式便成了一个通式,它适合于 N 个原子中任一个原子. 设方程组(3.4)式的通解是一简谐振动

$$u_n=A\mathrm{e}^{i(qna-\omega t)}, \tag{3.5}$$

其中 A 为振幅,ω 是圆频率,qna 是序号为 n 的原子在 $t=0$ 时刻的振动位相. 序号为 n'的原子的位移

$$u_{n'}=A\mathrm{e}^{i(qn'a-\omega t)}=u_n\mathrm{e}^{iqa(n'-n)}.$$

若

$$n'-n=\frac{2\pi l}{qa},\ l\text{ 为整数},$$

则 $u_{n'}=u_n$,即两原子有相同的位移;而当

$$n'-n=\frac{(2l+1)\pi}{qa}\text{时},$$

$u_{n'}=-u_n$,即两原子有相反的位移. 这说明,在任一时刻,原子的位移有一定的

周期分布,也即原子的位移构成了波,这种波称为格波.从上边的关系式我们已经看出,q 实际上是格波的波矢.

将(3.5)式代入(3.4)式,得到

$$-m\omega^2 u_n = \beta u_n(e^{iqa} + e^{-iqa} - 2) = 2\beta u_n[\cos(qa) - 1],$$

即

$$\omega^2 = \frac{2\beta}{m}[1 - \cos(qa)], \tag{3.6}$$

或者

$$\omega = 2\left(\frac{\beta}{m}\right)^{1/2}\left|\sin\left(\frac{qa}{2}\right)\right|. \tag{3.7}$$

我们注意到,(3.7)式中 qa 增加个 2π 的整数倍,即波矢 q 增加个倒格矢 $2\pi/a$ 的整数倍,频率 ω 没有任何变化,这说明格波的频率 ω 在波矢空间内是以倒格矢 $2\pi/a$ 为周期的周期函数.另外,我们还注意到,(3.7)式中的 q 换成 $-q$,频率 ω 也没有任何变化.这说明,格波的频率 ω 在波矢空间内具有反演对称性.

事实上,(3.5)、(3.6)和(3.7)式中的 qa 增加 2π 的整数倍,三式均没有任何变化.这说明 qa 可限制在如下范围

$$-\frac{\pi}{a} < q \leqslant \frac{\pi}{a}. \tag{3.8}$$

设格波传播的速度为 v,由波速与频率和波矢的关系式,$v = \omega/q$,可得格波的传播速度

$$v = \frac{\lambda}{\pi}\left(\frac{\beta}{m}\right)^{1/2}\left|\sin\left(\frac{\pi a}{\lambda}\right)\right|. \tag{3.9}$$

由此可见,格波传播速度是波长 λ 的函数.波长不同的格波传播速度不同,这与可见光通过三角棱镜的情况相似.不同波长的光,在棱镜中传播的速度不同,折射角就不同,从而导致色散.所以通常称 ω 与 q 的关系为色散关系,也称振动频谱或振动谱.

现在的问题是,格波的波矢除受(3.8)式的约束外,还有什么特点呢?振动谱是连续谱还是分离谱?(3.5)式的通解是在玻恩—卡门条件下得到的,它必须满足这一周期性边界条件,即

$$u_{n+N} = Ae^{i[q(n+N)a - \omega t]} = u_n = Ae^{i(qna - \omega t)}.$$

这就要求

$$e^{iqNa} = 1,$$

即

$$q = \frac{2\pi l}{Na},\ l \text{ 为整数}. \tag{3.10}$$

将(3.10)式代入(3.8)式,得到

$$-\frac{N}{2}<l\leqslant\frac{N}{2}. \tag{3.11}$$

上式说明,允许的波矢数目等于 N,振动谱是分离谱. N 是晶格的原胞数目,因此我们得出一个结论:晶格振动的波矢数目等于晶体的原胞数.

图 3.2 画出了(3.7)式的频谱曲线. 当 $q\to0$ 时,即对于长波极限,$\sin(qa/2)\approx qa/2$,此时波速 v 是常数

$$v = a\left(\frac{\beta}{m}\right)^{1/2},$$

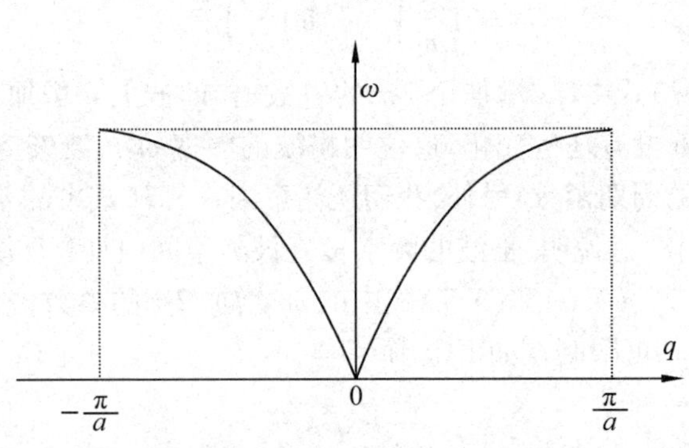

图 3.2　一维简单晶格的色散关系

且有

$$u_{n-1}=u_n=u_{n+1},$$

即某一原子周围若干原子都以相同的振幅和位相作振动. 当 $q=\pm\pi/a$时,对应格波的截止频率

$$\omega_{\max}=2\left(\frac{\beta}{m}\right)^{1/2}.$$

此时,$-u_{n-1}=u_n=-u_{n+1}$,即相邻原子以相同的振幅作相对运动. 在下边复式格子讨论中可以看到,相对振动往往对应较高的频率.

二、一维复式格子

1. 一维复式格子的格波解

设所讨论的晶格是由质量分别为 m 和 M 的两种不同原子所构成. 这种晶格也可视为一维分子链. 如图 3.3 所示,靠得较近的两个原子构成一个分子. 设一个分子内两原子平衡位置的距离为 b,力常数为 β_1;分子间两原子的力常数为 β_2;质量为 m 的原子的编号为$\cdots,2n-1,2n+1,\cdots$;质量为 M 的原子的编号为

$\cdots,2n-2,2n,2n+2,\cdots$;晶格常数为 a.

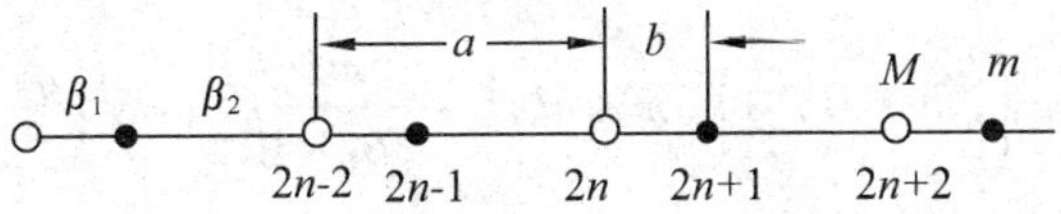

图 3.3 一维复式格子

若只考虑最近邻原子的相互作用,容易列出第 $2n$ 个原子和第 $2n+1$个原子的运动方程

$$M\frac{\mathrm{d}^2u_{2n}}{\mathrm{d}t^2}=\beta_1(u_{2n+1}-u_{2n})-\beta_2(u_{2n}-u_{2n-1}), \tag{3.12}$$

$$m\frac{\mathrm{d}^2u_{2n+1}}{\mathrm{d}t^2}=\beta_2(u_{2n+2}-u_{2n+1})-\beta_1(u_{2n+1}-u_{2n}). \tag{3.13}$$

设位移 u_{2n} 和 u_{2n+1} 分别为

$$u_{2n}=A\mathrm{e}^{i[q(\frac{2n}{2})a-\omega t]}=A\mathrm{e}^{i(qna-\omega t)}, \tag{3.14}$$

$$u_{2n+1}=B'\mathrm{e}^{i[q(\frac{2n}{2})a+qb-\omega t]}=B\mathrm{e}^{i(qna-\omega t)}, \tag{3.15}$$

在(3.15)式中,已将固定相位因子 e^{iqb} 归并到振幅 B 中. 其他位移可按下列原则得出:

①同种原子周围情况都相同,其振幅相同;原子不同,其振幅不同.

②相隔一个晶格常数 a 的同种原子,相位差为 qa.

将其他位移及(3.14)和(3.15)式代入(3.12)和(3.13)式,得到

$$-M\omega^2A=\beta_1(B-A)-\beta_2(A-B\mathrm{e}^{-iqa}),$$

$$-m\omega^2B=\beta_2(A\mathrm{e}^{iqa}-B)-\beta_1(B-A).$$

稍加整理,得

$$(\beta_1+\beta_2-M\omega^2)A-(\beta_1+\beta_2\mathrm{e}^{-iqa})B=0, \tag{3.16}$$

$$-(\beta_1+\beta_2\mathrm{e}^{iqa})A+(\beta_1+\beta_2-m\omega^2)B=0\ . \tag{3.17}$$

因振幅 A 和 B 不会为零,所以其系数行列式必定为零,即

$$\begin{vmatrix}(\beta_1+\beta_2-M\omega^2) & -(\beta_1+\beta_2\mathrm{e}^{-iqa})\\ -(\beta_1+\beta_2\mathrm{e}^{iqa}) & (\beta_1+\beta_2-m\omega^2)\end{vmatrix}=0. \tag{3.18}$$

由上式解得

$$\omega^2=\frac{(\beta_1+\beta_2)}{2mM}\left\{(m+M)\pm\left[(m+M)^2-\frac{16mM\beta_1\beta_2}{(\beta_1+\beta_2)^2}\sin^2\left(\frac{qa}{2}\right)\right]^{1/2}\right\}. \tag{3.19}$$

上式表明,与一维简单格子不同,由两种不同原子构成的一维复式格子存在两种

独立的格波,一种格波的频率高于另一种格波的频率. 它们各自的色散关系分别为

$$\omega_A^2=\frac{(\beta_1+\beta_2)}{2mM}\left\{(m+M)-\left[(m+M)^2-\frac{16mM\beta_1\beta_2}{(\beta_1+\beta_2)^2}\sin^2\left(\frac{qa}{2}\right)\right]^{1/2}\right\}, \tag{3.20}$$

$$\omega_O^2=\frac{(\beta_1+\beta_2)}{2mM}\left\{(m+M)+\left[(m+M)^2-\frac{16mM\beta_1\beta_2}{(\beta_1+\beta_2)^2}\sin^2\left(\frac{qa}{2}\right)\right]^{1/2}\right\}. \tag{3.21}$$

不难看出,复式晶格的振动频率在波矢空间内仍具有周期性,即$\omega(q+2\pi/a)=\omega(q)$,和反演对称性,即$\omega(q)=\omega(-q)$. 其实,(3.14)和(3.15)两式也具有周期性. 也就是说,当波矢 q 增加一个$\frac{2\pi}{a}$的整数倍,原子的位移和色散关系不变. 为了保持这些解的单值性,我们限制

$$-\frac{\pi}{a}<q\leqslant\frac{\pi}{a}. \tag{3.22}$$

同样,为了保持(3.12)、(3.13)、(3.14)和(3.15)适合于所有原子,它们必须满足玻恩—卡门边界条件

$$u_{2(n+N)}=Ae^{i(qna+qNa-\omega t)}=u_{2n}=Ae^{i(qna-\omega t)},$$

其中 N 为原胞总数. 由上式得

$$qNa=2\pi l,\ l\text{ 为整数}. \tag{3.23}$$

将上式代入(3.22)式,得到

$$-\frac{N}{2}<l\leqslant\frac{N}{2}. \tag{3.24}$$

上式又一次说明,晶格振动的波矢数目等于晶体的原胞数目.

波矢相同,频率不同,或频率相同,波矢不同的振动属于不同的振动模式. 对于一维双原子复式格子,一个波矢对应两个不同的频率,所以其格波模式总数为 $2N$. $2N$ 是原子总数,实质上是原子的自由度数. 所以我们还有一个结论:晶格振动的模式数目等于原子的自由度数之和. 这一结论对一维简单格子也是成立的.

2. 声学波和光学波

当波矢 $q\to 0$ 时,(3.20)式化成

$$\omega_A=a\sqrt{\frac{\beta_1\beta_2}{(m+M)(\beta_1+\beta_2)}}\,q\,. \tag{3.25}$$

而波速

$$v_A=a\sqrt{\frac{\beta_1\beta_2}{(m+M)(\beta_1+\beta_2)}}$$

是一个常数. 频率与波矢成正比,波速为常数是弹性波的特点,在长波近似一节

中我们还要进一步证明:长声学波就是弹性波. 基于上述原因,我们称 ω_A 一支的格波为声学波. 声学波的最小频率可以为零,实际是可以无限低;而最高频率

$$\omega_{A\max}=\sqrt{\frac{(\beta_1+\beta_2)}{2mM}\left\{(m+M)-\left[(m+M)^2-\frac{16mM\beta_1\beta_2}{(\beta_1+\beta_2)^2}\right]^{1/2}\right\}^{1/2}}. \quad (3.26)$$

由(3.21)式可得 ω_O 的最小值

$$\omega_{O\min}=\sqrt{\frac{(\beta_1+\beta_2)}{2mM}\left\{(m+M)+\left[(m+M)^2-\frac{16mM\beta_1\beta_2}{(\beta_1+\beta_2)^2}\right]^{1/2}\right\}^{1/2}}. \quad (3.27)$$

由以上两式比较可知,ω_O 的最低频率比 ω_A 的最高频率还高. 我们称 ω_O 的格波为光学波,这是因为光学格波的频率处于光波频率范围,大约处于远红外波段. 离子晶体能吸收红外光产生光学格波共振,这是光谱学中的一个重要效应. 图 3.4 给出了这两支格波的色散关系.

对于声学波,由(3.17)式可得两种原子的振幅之比

$$\frac{B}{A}=\frac{\beta_1+\beta_2 e^{iqa}}{\beta_1+\beta_2-m\omega_A^2}.$$

当 $q\to0$ 时,由(3.25)式知,$\omega_A\to0$,上式$(B/A)\to1$. 于是(3.14)和(3.15)两式原子的位移变成

$$u_{2n}=u_{2n+1}.$$

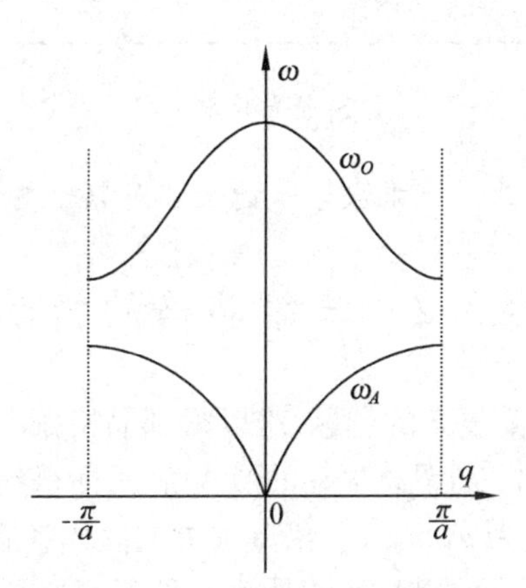

图 3.4　一维双原子晶格的频谱

这说明,对于长声学波,相邻原子的位移相同,原胞内的不同原子以相同的振幅和位相作整体运动. 因此,可以说,长声学波描述的是原胞的刚性运动,或者说,长声学波代表了原胞质心的运动.

对于光学格波,由(3.16)式得

$$\frac{B}{A}=\frac{\beta_1+\beta_2-M\omega_O{}^2}{\beta_1+\beta_2 e^{-iqa}}.$$

对于长光学波，即 $q\to 0$ 时，由(3.21)式得

$$\omega_O^2\to\frac{(\beta_1+\beta_2)(m+M)}{mM}.$$

于是有

$$\frac{B}{A}\to-\frac{M}{m},\text{或}\ AM+Bm=0.$$

这说明，对于长光学波，原胞中不同原子作相对振动，质量大的振幅小，质量小的振幅大，保持质心不动. 也就是说，长光学波是保持原胞质心不动的一种振动模式.

图3.5示出了长波极限条件下，原子的位移情况.

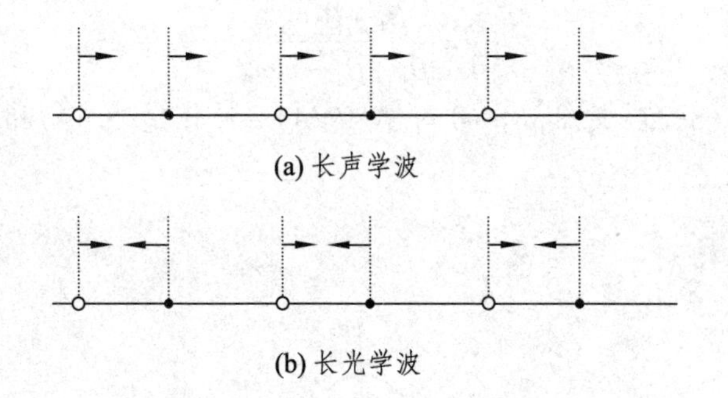

图3.5　一维双原子链长波时原子的位移

§3.2　三维晶格的振动

三维晶格振动是极其复杂的问题，难以得到晶格振动的近似解. 但我们仍可对比一维复式格子，得出三维晶格振动的形式解，进而得到晶格振动的普遍规律.

设晶体原胞的基矢为 $\boldsymbol{a}_1$、$\boldsymbol{a}_2$、$\boldsymbol{a}_3$；沿基矢方向晶体各有 N_1、N_2、N_3 个原胞，即晶体一共有 $N=N_1N_2N_3$ 个原胞；晶体是由 n 种不同原子构成，原子的质量分别为 m_1、m_2、$\cdots m_n$；每个原胞中 n 个不同原子平衡位置的相对坐标为 $\boldsymbol{r}_1$、$\boldsymbol{r}_2$、$\cdots$、$\boldsymbol{r}_n$. 设顶点的位置矢量为

$$\boldsymbol{R}_l=l_1\boldsymbol{a}_1+l_2\boldsymbol{a}_2+l_3\boldsymbol{a}_3$$

的原胞中 n 个原子在 t 时刻偏离其平衡位置的位移为

$$\boldsymbol{u}\binom{l}{1},\ \boldsymbol{u}\binom{l}{2},\ \cdots,\boldsymbol{u}\binom{l}{n},$$

第 p 个原子在 α(若直角坐标,$\alpha = x,y,z$)方向的运动方程则为

$$m_p \ddot{u}_\alpha\binom{l}{p} = \cdots. \tag{3.28}$$

在简谐近似下,上式的右端是位移的线性代数式. 方程解的形式可设为

$$\boldsymbol{u}\binom{l}{p} = \boldsymbol{A}_p{}' \mathrm{e}^{i[(\boldsymbol{R}_l + \boldsymbol{r}_p)\cdot\boldsymbol{q} - \omega t]} = \boldsymbol{A}_p \mathrm{e}^{i(\boldsymbol{q}\cdot\boldsymbol{R}_l - \omega t)}, \tag{3.29}$$

因为 $\boldsymbol{q}$ 一定,$\boldsymbol{q}\cdot\boldsymbol{r}_p$ 相位是定值,相位因子

$$\mathrm{e}^{i\boldsymbol{q}\cdot\boldsymbol{r}_p}$$

已归并到振幅 $\boldsymbol{A}_p$ 中. (3.29)式的分量表示为

$$u_\alpha\binom{l}{p} = A_{p\alpha}\mathrm{e}^{i(\boldsymbol{q}\cdot\boldsymbol{R}_l - \omega t)}. \tag{3.30}$$

因为振幅 $A_{p\alpha}$一共有 $3n$ 个,所以将(3.30)式代入(3.28)式,一共得到 $3n$ 个线性齐次联立方程

$$-m_p\omega^2 A_{p\alpha} = \cdots. \tag{3.31}$$

由 $A_{p\alpha}$有非零解的条件,即其系数行列式等于零,可解出 $3n$ 个 ω 的实根. 在 $3n$ 个实根中,其中有三个,当波矢 $q\to 0$ 时

$$\omega_{Ai} = v_{Ai}(\boldsymbol{q})q,\ (i=1,2,3),$$

其中 $v_{Ai}(\boldsymbol{q})$是 $\boldsymbol{q}$ 方向传播的弹性波的速度,是一常数. 此时 $A_{1\alpha} = A_{2\alpha} = \cdots = A_{n\alpha}$,即原胞作刚性运动,原胞中原子的相对位置不变. 这三支格波称为声学波. 其余的$(3n-3)$支格波的频率比声学波的最高频率还高,称之为光学波.

根据周期性边界条件的限制

$$\left.\begin{aligned}
\boldsymbol{u}\binom{l}{p} &= \boldsymbol{u}\binom{l_1,l_2,l_3}{p} = \boldsymbol{u}\binom{l_1+N_1,l_2,l_3}{p},\\
\boldsymbol{u}\binom{l}{p} &= \boldsymbol{u}\binom{l_1,l_2,l_3}{p} = \boldsymbol{u}\binom{l_1,l_2+N_2,l_3}{p},\\
\boldsymbol{u}\binom{l}{p} &= \boldsymbol{u}\binom{l_1,l_2,l_3}{p} = \boldsymbol{u}\binom{l_1,l_2,l_3+N_3}{p},
\end{aligned}\right\} \tag{3.32}$$

可得

$$\left.\begin{aligned}
\mathrm{e}^{i(\boldsymbol{q}\cdot\boldsymbol{R}_l - \omega t)} &= \mathrm{e}^{i(\boldsymbol{q}\cdot\boldsymbol{R}_l + \boldsymbol{q}\cdot N_1\boldsymbol{a}_1 - \omega t)},\\
\mathrm{e}^{i(\boldsymbol{q}\cdot\boldsymbol{R}_l - \omega t)} &= \mathrm{e}^{i(\boldsymbol{q}\cdot\boldsymbol{R}_l + \boldsymbol{q}\cdot N_2\boldsymbol{a}_2 - \omega t)},\\
\mathrm{e}^{i(\boldsymbol{q}\cdot\boldsymbol{R}_l - \omega t)} &= \mathrm{e}^{i(\boldsymbol{q}\cdot\boldsymbol{R}_l + \boldsymbol{q}\cdot N_3\boldsymbol{a}_3 - \omega t)}.
\end{aligned}\right\}. \tag{3.33}$$

由以上三式可知,当

$$\left.\begin{aligned} \boldsymbol{q}\cdot N_1\boldsymbol{a}_1=2\pi h_1,\\ \boldsymbol{q}\cdot N_2\boldsymbol{a}_2=2\pi h_2,\\ \boldsymbol{q}\cdot N_3\boldsymbol{a}_3=2\pi h_3,\end{aligned}\right\} \tag{3.34}$$

h_1、h_2、h_3 为整数时,(3.33)式才能成立. 由(3.34)可知,波矢 $\boldsymbol{q}$ 具有倒格矢的量纲,容易得出

$$\boldsymbol{q}=\frac{h_1}{N_1}\boldsymbol{b}_1+\frac{h_2}{N_2}\boldsymbol{b}_2+\frac{h_3}{N_3}\boldsymbol{b}_3, \tag{3.35}$$

其中 $\boldsymbol{b}_1$、$\boldsymbol{b}_2$ 和 $\boldsymbol{b}_3$ 是倒格基矢. 从(3.35)式可知,三维格波的波矢也不是连续的,而是分离的,其中 $\boldsymbol{b}_1/N_1$、$\boldsymbol{b}_2/N_2$,$\boldsymbol{b}_3/N_3$ 是波矢的基矢,波矢的点阵具有周期性,最小的重复单元的体积为

$$\frac{\boldsymbol{b}_1}{N_1}\cdot\left(\frac{\boldsymbol{b}_2}{N_2}\times\frac{\boldsymbol{b}_3}{N_3}\right)=\frac{\Omega^*}{N}=\frac{(2\pi)^3}{N\Omega}=\frac{(2\pi)^3}{V_c},$$

其中 Ω^*,Ω 和 V_c 分别为倒格原胞体积,正格原胞体积和晶体体积. 一个重复单元对应一个波矢点,波矢空间单位体积内的波矢数目,即波矢密度为

$$\frac{1}{\dfrac{(2\pi)^3}{V_c}}=\frac{V_c}{(2\pi)^3}. \tag{3.36}$$

我们注意到,若波矢 $\boldsymbol{q}$ 增加一个倒格矢

$$\boldsymbol{K}_m=m_1\boldsymbol{b}_1+m_2\boldsymbol{b}_2+m_3\boldsymbol{b}_3,m_1、m_2、m_3\text{ 为整数},$$

原子的位移(3.29)或(3.30)式的形式保持不变,即也会得到类同于式(3.31)的联立方程,同样会得到与(3.31)式完全相同的 $3n$ 个 ω 的实根. 为了保持格波解的单值性,通常将波矢 $\boldsymbol{q}$ 的取值限制在一个倒格原胞范围内. 此区间称为简约布里渊区(在第五章将对布里渊区作详细论述). 因此,波矢可取的数目为

$$\Omega^*\cdot\frac{V_c}{(2\pi)^3}=\frac{\Omega^*N\Omega}{(2\pi)^3}=N.$$

对于每一个波矢 $\boldsymbol{q}$,对应 3 个声学波,$(3n-3)$个光学波,所以晶格振动的模式数目为

$$N\times3+N\times(3n-3)=3nN.$$

nN 是原子总数,$3nN$ 是所有原子的自由度数之和. 综合以上两点,我们又一次得出:

①晶格振动的波矢数目等于晶体的原胞数.

②格波振动模式数目等于晶体中所有原子的自由度数之和.

图 3.6 示出了实验测得的金刚石的振动谱,具体测量方法将在 §3.4 节中介绍. 金刚石是复式格子,一个原胞中有两个原子,应有 6 支格波,3 支声学波,3

支光学波. 沿[100]方向和[111]方向的频谱中,光学波和声学波的两支横波都是简并的,所以只测出四条频谱曲线. 最高的一支是光学纵波,稍低的是光学横波,再低的是声学纵波,最低的是声学横波. 沿[110]方向,横波模式没有简并.

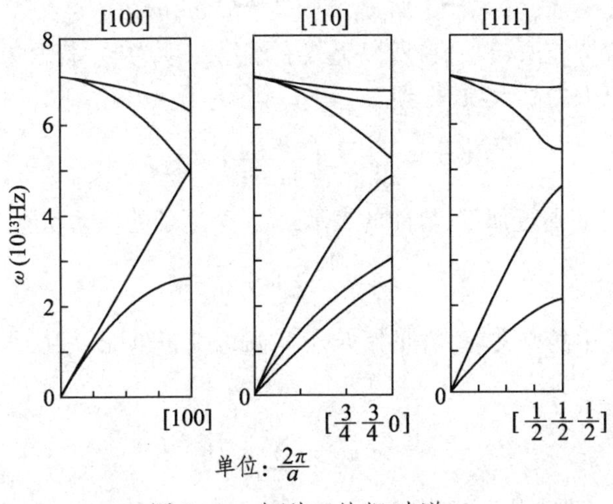

图 3.6　金刚石的振动谱

晶格振动谱的实验测定是对晶格振动理论的最有力的验证. 上边我们曾提到,波恩—卡门条件是晶格振动理论的前提条件. 实验得到的振动频谱与理论相符的事实说明,玻恩—卡门周期边界条件是合理的.

§3.3　简正振动　声子

一、简正振动

上一节三维晶格的运动方程及其解,都是比拟一维晶格进行讨论的. 运动方程之所以能化成线性齐次方程组,是简谐近似的结果,即忽略原子相互作用的非线性项得到的. 本节对三维晶格的简谐近似作一讨论.

在第二章我们已经讨论过,当原子处于平衡位置时,原子间的相互作用势能

$$U_0 = \frac{1}{2}\sum_i \sum_j{}' \left(-\frac{A}{r_{ij}^m} + \frac{B}{r_{ij}^n}\right)$$

为最小. 既然晶体势能是任意两原子间距离 r_{ij} 的函数,它们之间距离发生变化,势能也发生变化. 也就是说,相互作用势能是原子偏离平衡位置位移的函数. 设 N 个原子的位移矢量分别为(u_1,u_2,u_3),(u_4,u_5,u_6),$\cdots$,$(u_{3N-2},u_{3N-1},u_{3N})$,原子相互作用势能是这些位移分量的函数,变量一共 $3N$ 个,即

$$U = U(u_1, u_2, \cdots, u_{3N}).$$

将上式在平衡位置展成级数

$$U = U_0 + \sum_{i=1}^{3N}\left(\frac{\partial U}{\partial u_i}\right)_0 u_i + \frac{1}{2}\sum_{i,j=1}^{3N}\left(\frac{\partial^2 U}{\partial u_i \partial u_j}\right)_0 u_i u_j + \cdots. \tag{3.37}$$

因在平衡位置势能取极小值,所以上式右端第二项为零. 若取 U_0 为能量零点,并略去二次以上的高次项,得到

$$U = \frac{1}{2}\sum_{i,j=1}^{3N}\left(\frac{\partial^2 U}{\partial u_i \partial u_j}\right)_0 u_i u_j . \tag{3.38}$$

(3.38)式就是简谐近似下,势能的表示式. N 个原子的振动动能

$$T = \frac{1}{2}\sum_{i=1}^{3N} m_i \dot{u}_i^2 . \tag{3.39}$$

为了消去势能中的交叉项,仿照分析力学,选取简正坐标 Q_j. Q_j 与原子位移分量的关系为

$$\sqrt{m_i}u_i = \sum_{j=1}^{3N} a_{ij} Q_j . \tag{3.40}$$

在简正坐标中,势能和动能化成

$$U = \frac{1}{2}\sum_{i=1}^{3N} \omega_i^2 Q_i^2 , \tag{3.41}$$

$$T = \frac{1}{2}\sum_{i=1}^{3N} \dot{Q}_i^2 . \tag{3.42}$$

振动系统的哈密顿量则为

$$H = \frac{1}{2}\sum_{i=1}^{3N} \dot{Q}_i^2 + \frac{1}{2}\sum_{i=1}^{N} \omega_i^2 Q_i^2 . \tag{3.43}$$

将上式代入正则方程

$$\dot{Q}_i = \frac{\partial H}{\partial \dot{Q}_i} = P_i \tag{3.44}$$

$$\dot{P}_i = -\frac{\partial H}{\partial Q_i} \tag{3.45}$$

得到

$$\ddot{Q}_i + \omega_i^2 Q_i = 0, i = 1, 2, \cdots, 3N. \tag{3.46}$$

上式是标准的简谐振子的振动方程. 这说明,晶体内原子在平衡位置附近的振动可近似看成是 $3N$ 个独立的谐振子的振动. 需要指出,ω_i 不是什么别的频率,而就是晶格振动频率. 当只有频率为 ω_α 的模式振动时,(3.46)式的解为

$$Q_\alpha = A\sin(\omega_\alpha t + \varphi).$$

将上式代入(3. 40)式,得到

$$u_i = \frac{a_{i\alpha}}{\sqrt{m_i}} A\sin(\omega_\alpha t + \varphi), i = 1, 2, \cdots, 3N. \tag{3.47}$$

上式表明,每一个原子都以相同的频率作振动,这是最基本最简单的振动方式,称为格波的简正振动. 原子的振动,或者说格波振动一般是 $3N$ 个简正振动模式的线性迭加.

下边我们以一维简单晶格为例,来说明它的晶格振动等价于 N 个谐振子的振动,谐振子的振动频率就是晶格的振动频率.

(3. 5)式是波矢为 q 的格波引起的第 n 个原子的位移. 格波不同引起的原子位移一般也不同. 为明确起见,(3. 5)式应记为

$$u_{nq} = A_q e^{i(qna - \omega_q t)}.$$

A_q 一般是一个复数,即包含一个相位因子. 但我们总可以通过选择时间的零点,使 A_q 成为实数. 为简单起见,我们设所有格波的振幅 A_q 都为实数. 第 n 个原子的总位移应为所有格波引起的位移的迭加

$$u_n = \sum_q A_q e^{i(qna - \omega_q t)}.$$

上式的共轭

$$\begin{aligned} u_n^* &= \sum_q A_q^* e^{-i(qnq - \omega_q t)} = \sum_{q<0} A_q^* e^{-i(qna - \omega_q t)} + \sum_{q\geqslant 0} A_q^* e^{-i(qna - \omega_q t)} \\ &= \sum_{q>0} A_{-q}^* e^{i(qna + \omega_{-q} t)} + \sum_{q\leqslant 0} A_{-q}^* e^{i(qna + \omega_{-q} t)} \\ &= \sum_q A_{-q}^* e^{i(qna + \omega_{-q} t)}. \end{aligned}$$

因为频率 ω 在波矢 q 空间内具有反演对称性,所以上式化成

$$u_n^* = \sum_q A_{-q}^* e^{i(qna + \omega_q t)}.$$

第 n 个原子的实位移

$$x_n = \frac{u_n + u_n^*}{2} = \sum_q \left(\frac{A_q e^{-i\omega_q t} + A_{-q}^* e^{i\omega_q t}}{2}\right) e^{iqna}.$$

将上式改写成

$$\sqrt{m} x_n = \sum_q \frac{e^{iqna}}{\sqrt{N}} \left(\sqrt{Nm}\left(\frac{A_q e^{-i\omega_q t} + A_{-q}^* e^{i\omega_q t}}{2}\right)\right). \tag{3.48}$$

令

$$Q(q) = \sqrt{Nm}\left(\frac{A_q e^{-i\omega_q t} + A_{-q}^* e^{i\omega_q t}}{2}\right), \tag{3.49}$$

则有

$$Q(-q)=Q^*(q), \tag{3.50}$$

(3.48)式则化为

$$\sqrt{m}x_n = \sum_q \frac{1}{\sqrt{N}}e^{iqna}Q(q). \tag{3.51}$$

由(3.51)与(3.40)两式的比较,使人想到,$Q(q)$是否可作简正坐标?下边我们将具体证明(3.49)式即是简正坐标,因为它能将晶格振动的势能和动能化成平方和的形式.

晶格的动能

$$\begin{aligned}T&=\frac{1}{2}m\sum_n \dot{x}_n^2=\frac{1}{2N}\sum_n\left[\sum_q \dot{Q}(q)e^{iqna}\right]\left[\sum_{q'}\dot{Q}(q')e^{iq'na}\right]\\&=\frac{1}{2}\sum_{q,q'}\dot{Q}(q)\dot{Q}(q')\left[\frac{1}{N}\sum_n e^{i(q+q')na}\right].\end{aligned} \tag{3.52}$$

当$q'=-q$时,

$$\frac{1}{N}\sum_n e^{i(q+q')na}=1.$$

当$q'\neq -q$时,

$$q+q'=\frac{2\pi l}{Na},\ l\text{为整数},$$

$$\frac{1}{N}\sum_{n=1}^{N}e^{i(q+q')na}=\frac{1}{N}\sum_{n=1}^{N}(e^{i2\pi l/N})^n=\frac{1}{N}\frac{e^{i2\pi l/N}(1-e^{i2\pi l})}{1-e^{i2\pi l/N}}=0.$$

所以有通式

$$\frac{1}{N}\sum_n e^{i(q+q')na}=\delta_{q',-q}. \tag{3.53}$$

将(3.53)式代入(3.52)式得

$$T=\frac{1}{2}\sum_q \dot{Q}(q)\dot{Q}(-q)=\frac{1}{2}\sum_q|\dot{Q}(q)|^2. \tag{3.54}$$

晶格的势能

$$\begin{aligned}U&=\frac{1}{2}\beta\sum_n(x_n-x_{n-1})^2\\&=\frac{1}{2}\beta\sum_n\frac{1}{Nm}\left[\sum_q Q(q)e^{iqna}(1-e^{-iqa})\right]\left[\sum_{q'}Q(q')e^{iq'n\alpha}(1-e^{-iq'a})\right]\\&=\frac{\beta}{2m}\sum_{q,q'}Q(q)(1-e^{-iqa})Q(q')(1-e^{-iq'a})\left(\frac{1}{N}\sum_n e^{i(q+q')na}\right)\\&=\frac{\beta}{2m}\sum_q Q(q)(1-e^{-iqa})Q(-q)(1-e^{iqa})\end{aligned}$$

$$=\frac{1}{2}\sum_{q}\frac{2\beta}{m}(1-\cos qa)\,|Q(q)|^2$$
$$=\frac{1}{2}\sum_{q}\omega_q^2|Q(q)|^2, \tag{3.55}$$

其中

$$\omega_q^2=\frac{2\beta}{m}(1-\cos qa)$$

正是一维简单格子的色散关系. 在(3.54)和(3.55)两式中已将晶格的动能和势能都化成了平方和的形式,这说明(3.49)式确实为简正坐标.

由(3.54)和(3.55)两式得到晶格振动的哈密顿量

$$H=\frac{1}{2}\sum_{q}\left[\dot{Q}(q)\dot{Q}(-q)+\omega_q^2Q(q)Q(-q)\right].$$

将上式代入正则方程(3.44)和(3.45)两式,得到

$$\ddot{Q}(-q)+\omega_q^2Q(-q)=0$$

虽然 $Q(q)$ 与 $Q(-q)$ 是相互独立的简正坐标,但上式与其共轭

$$\ddot{Q}(q)+\omega_q^2Q(q)=0 \tag{3.56}$$

是完全等价的, 因为波矢 q 的取值区间和方程的个数都是相同的,

$$q=\frac{2\pi l}{Na},\ -\frac{N}{2}<l<\frac{N}{2}$$

(3.56)式是标准的谐振子的振动方程,这说明,一维简单晶格的 N 个原子的振动等价于 N 个谐振子的振动. 同理, 由 N 个原子构成的三维晶体,晶格的振动等价于 $3N$ 个谐振子的振动. 由此推论出,这些谐振子振动能量的总和也就是晶格的振动能。

二、晶格振动能　声子

(3.46)式是谐振子的运动方程,频率为 ω_i 的谐振子的振动能

$$\varepsilon_i=\left(n_i+\frac{1}{2}\right)\hbar\omega_i\ . \tag{3.57}$$

晶格振动等价于 $3N$ 个独立谐振子的振动,因此,晶格振动能是这些谐振子振动能量的总和

$$E=\sum_{i=1}^{3N}\left(n_i+\frac{1}{2}\right)\hbar\omega_i,n_i=0,1,2,\cdots \tag{3.58}$$

(3.58)式说明,晶格的振动能量是量子化的,能量的增减是以 $\hbar\omega$ 为计量的. 人们为了便于问题的分析,赋予 $\hbar\omega$ 一个假想的携带者—声子,即声子是晶格振动

能量的量子.虽然声子是假想粒子,但理论和实验都已证明,其他粒子(比如电子,光子)与晶格相互作用时,恰似它们与能量为 $\hbar\omega$,动量为 $\hbar\boldsymbol{q}$ 的粒子作用一样.因此,人们称声子为准粒子,$\hbar\boldsymbol{q}$ 为声子的准动量.需要指出的是,声子是虚设粒子,它并不携带真实的动量.以一维简单原子链为例,波矢为 q 的格波的总动量

$$P(q) = m\frac{\mathrm{d}}{\mathrm{d}t}\sum_{n=1}^{N}u_n = -i\omega mA\mathrm{e}^{-i\omega t}\sum_{n=1}^{N}\mathrm{e}^{iqna}. \tag{3.59}$$

将

$$q = \frac{2\pi l}{Na}$$

代入上式得

$$\begin{aligned} P(q) &= -i\omega mA\mathrm{e}^{-i\omega t}\sum_{n=1}^{N}\mathrm{e}^{i\frac{2\pi nl}{N}} \\ &= -i\omega mA\mathrm{e}^{-i\omega t}\frac{\mathrm{e}^{i\frac{2\pi l}{N}}(1-\mathrm{e}^{i2\pi l})}{1-\mathrm{e}^{i\frac{2\pi l}{N}}} = 0. \end{aligned}$$

若认为格波的动量是由声子所携带,上式表明声子不携带物理动量.

声子的另一个性质是声子的等价性.由(3.29)式可知,用 $\boldsymbol{q}+\boldsymbol{K}_m$ 取代波矢 $\boldsymbol{q}$,格波的解无任何变化.这说明波矢为 $\boldsymbol{q}$ 的声子与波矢为 $\boldsymbol{q}+\boldsymbol{K}_m$ 的声子是等价的.

由(3.57)式可知,对于频率为 ω_i 的谐振子,其能量部分 $n_i\hbar\omega_i$,恰为 n_i 个声子所携带.晶体温度的高低是晶格振动能量高低的反映.温度高,晶体的振动能高.振动能高取决于两点:①声子数目多,②能量大的声子数目多.现在的问题是,温度一定,对于频率为 ω 的谐振子,其平均声子数为多少?利用玻耳兹曼统计理论,可求出温度 T 时,频率为 ω 的谐振子(或简正振动)的平均声子数目

$$n(\omega) = \frac{\sum_{n=0}^{\infty}n\mathrm{e}^{-n\hbar\omega/k_BT}}{\sum_{n=0}^{\infty}\mathrm{e}^{-n\hbar\omega/k_BT}}.$$

令

$$x = \frac{\hbar\omega}{k_BT},$$

平均声子数化为

$$n(\omega) = \frac{\sum_{n=0}^{\infty}n\mathrm{e}^{-nx}}{\sum_{n=0}^{\infty}\mathrm{e}^{-nx}} = -\frac{\mathrm{d}}{\mathrm{d}x}\ln\left(\sum_{n=0}^{\infty}\mathrm{e}^{-nx}\right)$$

$$= -\frac{\mathrm{d}}{\mathrm{d}x}\ln\left(\frac{1}{1-\mathrm{e}^{-x}}\right) = \frac{1}{\mathrm{e}^{x}-1}$$

$$= \frac{1}{\mathrm{e}^{\hbar\omega/k_B T}-1}. \tag{3.60}$$

从上式可以看出,当 $T=0\mathrm{K}$ 时,$n(\omega)=0$,这说明 $T>0\mathrm{K}$ 时才有声子;当温度很高时,

$$\mathrm{e}^{\hbar\omega/k_B T} \approx 1 + \frac{\hbar\omega}{k_B T},$$

$$n(\omega) \approx \frac{k_B T}{\hbar\omega}.$$

由此可见,在高温时,平均声子数与温度成正比,与频率成反比. 显然温度一定,频率低的格波的声子数比频率高的格波的声子数要多. 在甚低温时绝大部分声子的能量小于 $10k_B T$.

§3.4　晶格振动谱的实验测定方法

晶格振动谱能以实验方法测定出来,是晶格振动理论和实验科学的伟大成就. 晶格振动谱的实验测定,对于人们认识原子的微观运动、揭示固体宏观性质的微观本质都是有力的工具.

目前晶格振动谱的实验测定方法,主要有两类,一类是光子散射方法,一类是中子散射方法. 它们的原理是相同的. 我们先介绍光子散射方法.

一、光子散射

固体在红外波段(10 ~ 100μm)有红外吸收峰,这是光子与晶格振动相互作用的结果. 长光学横波具有电磁性,与红外光子能发生电磁耦合,是光子与格波相互作用的例子. 晶体的光致折变效应也是格波与光波相互作用的例子.

格波与光波相互作用、相互交换能量的过程,可理解为光子与声子的碰撞过程,碰撞的结果,导致了光子的散射. 设入射光子的频率和波矢分别为 Ω 和 $\boldsymbol{k}$,与频率为 ω 波矢为 $\boldsymbol{q}$ 的声子碰撞后,光子的频率和波矢分别变成 Ω' 及 $\boldsymbol{k}'$. 碰撞过程中,能量守恒和准动量守恒.

对于吸收声子过程,有

$$\hbar\Omega + \hbar\omega = \hbar\Omega', \tag{3.61}$$

$$\hbar\boldsymbol{k} + \hbar\boldsymbol{q} = \hbar\boldsymbol{k}'. \tag{3.62}$$

对于产生(又称发射)声子过程,有

$$\hbar\Omega = \hbar\Omega' + \hbar\omega \ , \tag{3.63}$$

$$\hbar\boldsymbol{k} = \hbar\boldsymbol{k}' + \hbar\boldsymbol{q} \ . \tag{3.64}$$

将常数 $\hbar$ 去掉,以上四式可化成以下两式

$$|\Omega - \Omega'| = \omega \ , \tag{3.65}$$

$$|\boldsymbol{k} - \boldsymbol{k}'| = |\boldsymbol{q}| \ . \tag{3.66}$$

当入射光的频率 Ω 及波矢 $\boldsymbol{k}$ 一定,在不同方向($\boldsymbol{k}'$的方向)测出散射光的频率 Ω',由 Ω 与 Ω'的差值求出声子频率 ω,再由 $\boldsymbol{k}$ 与 $\boldsymbol{k}'$的方向及大小求出声子波矢 $\boldsymbol{q}$ 的大小及方向,即可求出晶格振动频谱.

如果要测定长声学格波的部分频谱,实验还可具体得到进一步简化.光波的频率与晶体折射率、波矢的关系为

$$\Omega = \frac{c}{n}k, \tag{3.67}$$

其中 c 是真空中的光速,n 是晶体折射率.长声学波声子的频率与波矢的关系为

$$\omega = v_A q, \tag{3.68}$$

其中 v_A 是晶体中的声速.由于长声学波矢 q 小于光子的波矢 k,而且晶体中的光速 c/n 远大于声速 v_A,所以关系式 $\omega \ll \Omega$ 是成立的.于是(3.61)和(3.63)式可近似化成 $\hbar\Omega \approx \hbar\Omega'$,即光子可近似视为弹性散射,将 $\Omega = \Omega'$代入(3.67)式可得 $k = k'$,即准动量守恒示意图 3.7 中三角形近似为等腰三角形,声子波矢的模可由下式求得

$$q = 2k\sin\frac{\theta}{2} \approx k\theta. \tag{3.69}$$

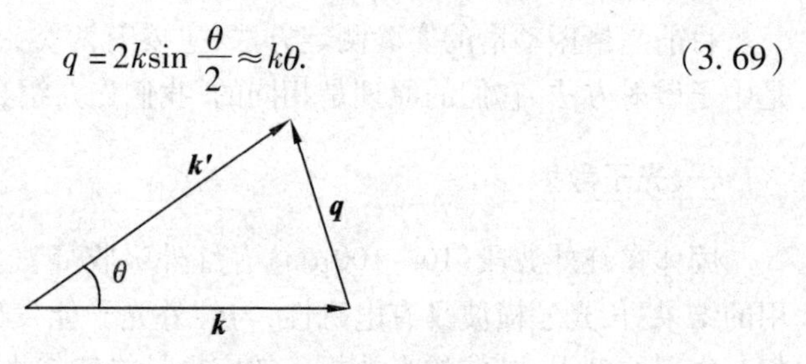

图 3.7　光子散射

波矢 $\boldsymbol{q}$ 的方向由光子入射方向与散射方向决定,即由($\boldsymbol{k}' - \boldsymbol{k}$)的方向决定.测定时,保持散射光检测方向与光的入射方向组成的平面不变,测出一系列散射角 θ_1、θ_2、θ_3…,由(3.68)和(3.69)两式即可确定出传播方向($k' - \boldsymbol{k}$)上长声学波的部分频谱

$$\omega = \omega(q) \ . \tag{3.70}$$

通常称长声学声子导致的光子散射为光子的布里渊散射.

光子也可以与光学波声子相互作用,称这类光子的散射为光子的喇曼散射.

喇曼散射中所用的红外光的波长在$10^{-3}\sim10^{-6}$m范围,对于原子尺寸来说,该范围仍属长波长范围. 与红外光相互作用的格波的波长也应同数量级. 因此喇曼散射是光子与长光学波声子的相互碰撞.

正如上边所述,不论是布里渊散射方法,还是喇曼散射方法,它们只能测定出较小波矢范围的格波频谱. 为了能测出更大波矢范围内的振动谱,就得采用更大波矢的光子. X光的波长范围为$10^{-7}\sim10^{-11}$m,可以用来测定相当大波矢范围内的振动谱. 但是,当波矢变大时,(3.69)式不再适用,此时与弹性散射有较大偏离. 由(3.66)式只能测定出声子波矢的模,声子频率的测定还需依赖于(3.65)式. 但是要精确测定X光在散射前后的频率差,是一件较困难的工作. 中子散射的实验方法能克服X光散射的这一困难.

二、中子散射

因为中子不携带电荷,所以它只与原子核相互作用. 原子核的尺寸远小于原子的尺寸,因此中子的散射几率较小. 要使探测器能探测到足够的散射中子,必须提高入射中子流密度. 虽然中子方法已开展了几十年,但只是在近代采用高通量的中子反应堆后,中子散射方法才成为测定晶格振动谱的最重要的手段.

设中子的质量为m,入射中子的动量为$\boldsymbol{P}$,散射后中子的动量为$\boldsymbol{P}'$. 由散射过程中能量守恒,得

$$\frac{P^2}{2m}\pm\hbar\omega=\frac{P'^2}{2m}. \tag{3.71}$$

由动量守恒得

$$\boldsymbol{P}\pm\hbar(\boldsymbol{q}+\boldsymbol{K}_m)=\boldsymbol{P}' \tag{3.72}$$

以上两式中+号对应吸收一个声子的过程,－号对应发射一个声子的过程. 动量守恒中我们利用了波矢$\boldsymbol{q}$与波矢$\boldsymbol{q}+\boldsymbol{K}_m$的两声子是等价的条件. 对于$\boldsymbol{K}_m=0$,称为正常散射过程. 对于$\boldsymbol{K}_m\neq0$,称为倒逆散射过程或U过程. 对于U过程,通常是对应$|\boldsymbol{P}/\hbar|$与$|\boldsymbol{P}'/\hbar|$较大,$\boldsymbol{P}$与$\boldsymbol{P}'$的夹角,即散射角较大的散射. 对于正常散射过程,由(3.71)和(3.72)两式分别得

$$\omega=\frac{1}{2m\hbar}|P^2-P'^2|, \tag{3.73}$$

$$|\boldsymbol{q}|=\frac{1}{\hbar}|\boldsymbol{P}-\boldsymbol{P}'|. \tag{3.74}$$

由(3.74)式求出波矢的模,由$\boldsymbol{P}$与$\boldsymbol{P}'$的夹角求出波矢的方向,再由(3.73)式求出频率,即可确定出某方向上的振动谱$\omega(q)$. 图3.8为90K下钠晶体[110]方向的振动谱. 最高的一支是声学纵波,以下两支是声学横波.

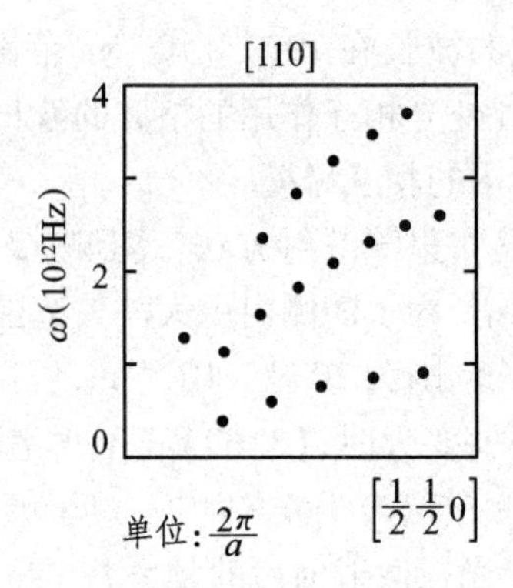

图 3.8　钠金属 90K 时[110]方向的振动谱

§3.5　长波近似

研究长波近似具有重要意义，它能揭示固体宏观性质的微观本质. 比如，对长声学格波，其长波极限就是弹性波，即弹性波与声学格波在长波条件下，它们是必然的统一. 再如，离子晶体会出现宏观极化，是长光学纵波振动模中离子的相对位移引起的. 还有，有些晶体在某一温度时会产生自发极化，这是长光学横波振动模式消失的结果. 我们先讨论长声学波.

一、长声学波

以一维双原子链为例，当 $q\to 0$ 时，即对于长波极限，声学波色散关系(3.20)式简化为

$$\omega^2=\frac{\beta_1\beta_2 q^2 a^2}{(m+M)(\beta_1+\beta_2)}. \tag{3.75}$$

由(3.16)式得

$$\frac{B}{A}=\frac{\beta_1+\beta_2-M\omega^2}{\beta_1+\beta_2\mathrm{e}^{-iqa}}. \tag{3.76}$$

由(3.12)式得

$$\begin{aligned}M\frac{\mathrm{d}^2u_{2n}}{\mathrm{d}t^2}&=\beta_1\left(\frac{B}{A}-1\right)u_{2n}-\beta_2\left(1-\frac{B}{A}\mathrm{e}^{-iqa}\right)u_{2n}\\&=\left[\frac{B}{A}(\beta_1+\beta_2\mathrm{e}^{-iqa})-(\beta_1+\beta_2)\right]u_{2n}.\end{aligned}$$

将(3.76)和(3.75)两式先后代入上式得到

$$\frac{\mathrm{d}^2 u_{2n}}{\mathrm{d}t^2} = -\frac{\beta_1\beta_2 q^2 a^2}{(m+M)(\beta_1+\beta_2)}u_{2n}\ . \tag{3.77}$$

由(3.17)式得到

$$\frac{A}{B} = \frac{\beta_1+\beta_2-m\omega^2}{\beta_1+\beta_2\mathrm{e}^{iqa}}. \tag{3.78}$$

由(3.13)式得

$$m\frac{\mathrm{d}^2 u_{2n+1}}{\mathrm{d}t^2} = \left[\frac{A}{B}(\beta_1+\beta_2\mathrm{e}^{iqa})-(\beta_1+\beta_2)\right]u_{2n+1}.$$

将(3.78)和(3.75)两式先后代入上式，得到

$$\frac{\mathrm{d}^2 u_{2n+1}}{\mathrm{d}t^2} = -\frac{\beta_1\beta_2 q^2 a^2}{(m+M)(\beta_1+\beta_2)}u_{2n+1}\ . \tag{3.79}$$

对于 l 为有限整数的情况，由(3.14)和(3.15)两式得

$$\frac{u_{2n+l}}{u_{2n+1}} = \mathrm{e}^{iq(l-1)a/2},\quad l\text{ 为奇数时;}$$

$$\frac{u_{2n+l}}{u_{2n+1}} = \frac{A}{B}\mathrm{e}^{iqla/2},\quad l\text{ 为偶数时.}$$

由(3.75)两式可知，$q\to 0$ 时，$\omega\to 0$，所以由(3.78)式得

$$\lim_{q\to 0}\frac{A}{B} = 1.$$

因此，当 l 为有限整数时，不论 l 为奇数或偶数，都有

$$\lim_{q\to 0}\frac{u_{2n+l}}{u_{2n+1}} = 1\ . \tag{3.80}$$

上式说明，在长声学波条件下，(3.77)和(3.79)两式实际上可视为一个方程，它们的一般表达式是

$$\frac{\mathrm{d}^2 u_{2n+l}}{\mathrm{d}t^2} = -\frac{\beta_1\beta_2 q^2 a^2}{(m+M)(\beta_1+\beta_2)}u_{2n+l}\ . \tag{3.81}$$

从(3.80)还可以看出，邻近(在半波长范围内)的若干原子以相同的振幅、相同的位相集体运动. 固体弹性理论中所说的宏观的质点运动正是由这些原子整体的运动所构成，这些原子偏离平衡位置的位移 u_{2n+l}，即是宏观上的质点位移 u.

从宏观上看，原子的位置可视为准连续的，原子的分离坐标可视为连续坐标 x，所以有

$$u_{2n+l} = A\mathrm{e}^{i(qx-\omega t)} = u.$$

于是(3.81)式化成

$$\frac{\partial^2 u}{\partial t^2}=\frac{\beta_1\beta_2 a^2}{(m+M)(\beta_1+\beta_2)}\frac{\partial^2 u}{\partial x^2}=v_A^2\frac{\partial^2 u}{\partial x^2}. \tag{3.82}$$

上式即为宏观弹性波的波动方程,其中

$$v_A=a\sqrt{\frac{\beta_1\beta_2}{(m+M)(\beta_1+\beta_2)}}$$

是用微观参数表示的弹性波的波速.

由以上分析可以看出,对于长声学波,微观原子的运动与宏观弹性波的波动是必然的统一,也就是说,长声学波就是弹性波.

二、长光学波

在讨论一维双原子链时,我们看到,对于长光学波,原胞内的不同原子作相对振动.为简单起见,仍考虑由正负离子构成的一维晶格.如图3.9所示,在半波长范围内,正负离子各向相反的方向运动.由于正负离子相对运动,电荷不再均匀分布,出现了以波长为周期的正负电荷集中的区域.由于波长很大,使晶体呈现出宏观上的极化现象.离子晶体的宏观极化产生一个宏观极化电场 $\boldsymbol{E}$.作用在某离子上的电场当然不包括该离子本身产生的电场.若作用在该离子的电场称为有效电场 $\boldsymbol{E}_{eff}$,则 $\boldsymbol{E}_{eff}$ 等于宏观电场 $\boldsymbol{E}$ 减去该离子本身产生的电场.对于立方晶格,洛伦兹提出了求解有效场的一个方法,由理论分析得到

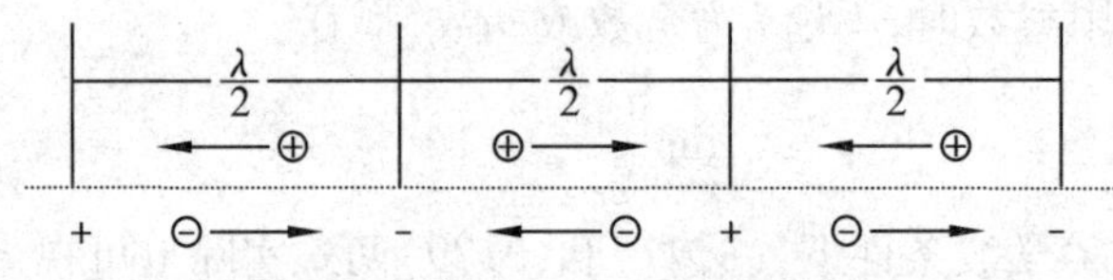

图3.9　离子晶体的宏观极化

$$\boldsymbol{E}_{eff}=\boldsymbol{E}+\frac{1}{3\varepsilon_0}\boldsymbol{P}, \tag{3.83}$$

其中 $\boldsymbol{P}$ 是宏观极化强度.离子晶体的极化有两部分贡献构成,一部分是正负离子的相对位移产生的电偶极矩,这种极化称为离子位移极化,极化强度记作 $\boldsymbol{P}_a$;另一部分是离子本身的电子云在有效电场作用下,其中心不再与原子核重合,而是逆电场方向发生一定的位移.也就是说,在有效电场作用下,离子本身也成了电偶极子.称这部分的极化为电子位移极化,极化强度记作 $\boldsymbol{P}_e$.先讨论离子位移极化.典型的离子晶体(如 NaCl)的正负离子是交替等距分布的.如图3.10所示,设质量为 M 和 m 的正负离子,平衡位置的距离为 a,离子序号如图所示.若序号为 $2n-1$ 的离子到序号为 $2n+1$ 的离子取作一个原胞,则 $2n-1$ 和 $2n+1$

序号的离子对此原胞的贡献都是$\frac{1}{2}$. 为了计算偶极矩,再把序号为 $2n$ 的离子设想分成相等的两部分,则此原胞内有两个电偶极矩

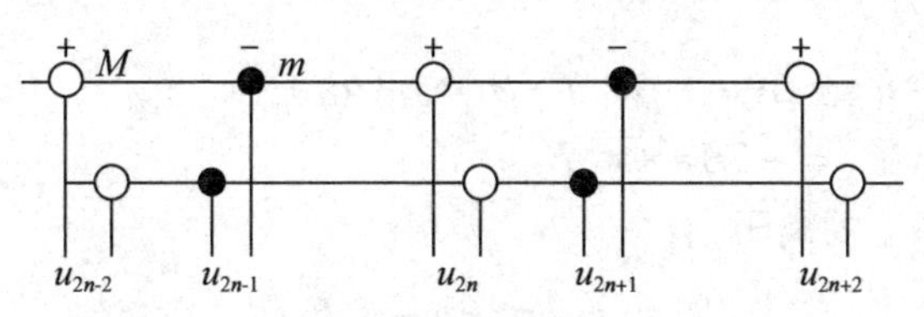

图 3.10　一维离子晶格的离子位移

$$\boldsymbol{p}_{2n-1,2n}=\frac{1}{2}q^{*}(a\boldsymbol{i}+\boldsymbol{u}_{2n}-\boldsymbol{u}_{2n-1}),$$

$$\boldsymbol{p}_{2n+1,2n}=\frac{1}{2}q^{*}(-a\boldsymbol{i}+\boldsymbol{u}_{2n}-\boldsymbol{u}_{2n+1}),$$

其中 q^{*} 是离子的有效电荷量. 一个原胞内的离子位移偶极矩为

$$\boldsymbol{p}_{a}=\frac{1}{2}q^{*}(2\boldsymbol{u}_{2n}-\boldsymbol{u}_{2n-1}-\boldsymbol{u}_{2n+1}).$$

对于长光学波,在相当大的范围内,同种原子的位移相同,我们记 $\boldsymbol{u}_{+}$ 和 $\boldsymbol{u}_{-}$ 分别为正负离子的位移,则上式化成

$$\boldsymbol{p}_{a}=q^{*}(\boldsymbol{u}_{+}-\boldsymbol{u}_{-}).$$

于是,离子位移极化强度

$$\boldsymbol{P}_{a}=\frac{1}{\Omega}q^{*}(\boldsymbol{u}_{+}-\boldsymbol{u}_{-}).\tag{3.84}$$

再讨论电子位移极化. 一个原胞内正负离子受到有效电场的作用,产生的电子位移偶极矩为

$$\boldsymbol{p}_{e}=\alpha_{+}\boldsymbol{E}_{eff}+\alpha_{-}\boldsymbol{E}_{eff},$$

其中 α_{+} 和 α_{-}. 分别为正负离子的电子位移极化率. 于是,电子位移极化强度

$$\boldsymbol{P}_{e}=\frac{\alpha}{\Omega}\boldsymbol{E}_{eff},\tag{3.85}$$

其中 $\alpha=\alpha_{+}+\alpha_{-}$. 总的极化强度为

$$\boldsymbol{P}=\boldsymbol{P}_{a}+\boldsymbol{P}_{e}=\frac{q^{*}}{\Omega}(\boldsymbol{u}_{+}-\boldsymbol{u}_{-})+\frac{\alpha}{\Omega}\boldsymbol{E}_{eff}.\tag{3.86}$$

在以上几式中,Ω 为原胞体积. 将(3.83)式代入上式,得到

$$\boldsymbol{P}=\frac{1}{\Omega}\frac{1}{1-\frac{\alpha}{3\varepsilon_{0}\Omega}}[q^{*}\boldsymbol{u}+\alpha\boldsymbol{E}],\tag{3.87}$$

其中 $\boldsymbol{u}=\boldsymbol{u}_+-\boldsymbol{u}_-$.

再考虑离子的运动方程. 由于离子等间距分布,所以相邻两离子间的恢复力系数都相等. 设恢复力系数为 β,只考虑近邻离子的作用,对于序号为 $2n$ 的离子,其运动方程为

$$\begin{aligned} M\ddot{\boldsymbol{u}}_+ &= \beta(\boldsymbol{u}_- - \boldsymbol{u}_+) - \beta(\boldsymbol{u}_+ - \boldsymbol{u}_-) + q^*\boldsymbol{E}_{eff} \\ &= -2\beta\boldsymbol{u} + q^*\boldsymbol{E}_{eff}. \end{aligned} \tag{3.88}$$

对于序号为 $2n+1$ 的离子,有

$$m\ddot{\boldsymbol{u}}_- = 2\beta\boldsymbol{u} - q^*\boldsymbol{E}_{eff}. \tag{3.89}$$

(3.88)乘以 m,减去(3.89)式乘以 M,得到

$$\mu\ddot{\boldsymbol{u}} = -2\beta\boldsymbol{u} + q^*\boldsymbol{E}_{eff} = \left(-2\beta + \frac{\dfrac{(q^*)^2}{3\varepsilon_0\Omega}}{1-\dfrac{\alpha}{3\varepsilon_0\Omega}}\right)\boldsymbol{u} + \left(\frac{q^*}{1-\dfrac{\alpha}{3\varepsilon_0\Omega}}\right)\boldsymbol{E}, \tag{3.90}$$

其中 μ 为折合质量

$$\mu = \frac{mM}{m+M}.$$

再引入位移变量

$$\boldsymbol{W} = \sqrt{\frac{\mu}{\Omega}}\boldsymbol{u}, \tag{3.91}$$

则(3.90)和(3.87)两式化成

$$\ddot{\boldsymbol{W}} = b_{11}\boldsymbol{W} + b_{12}\boldsymbol{E}, \tag{3.92}$$

$$\boldsymbol{P} = b_{21}\boldsymbol{W} + b_{22}\boldsymbol{E}, \tag{3.93}$$

其中

$$b_{11} = \frac{-2\beta}{\mu} + \frac{\dfrac{(q^*)^2}{3\mu\varepsilon_0\Omega}}{1-\dfrac{\alpha}{3\varepsilon_0\Omega}}, \tag{3.94}$$

$$b_{12} = b_{21} = \frac{\dfrac{q^*}{(\mu\Omega)^{1/2}}}{1-\dfrac{\alpha}{3\varepsilon_0\Omega}}, \tag{3.95}$$

$$b_{22} = \frac{\alpha}{\Omega - \dfrac{\alpha}{3\varepsilon_0}}. \tag{3.96}$$

(3.92)和(3.93)两式称为黄昆方程,是黄昆在 1951 年求得的. 需要指出的是,

虽然(3.92)和(3.93)两式是由一维晶格求得的,但它具有普遍意义. 从方程可以看出,格波与宏观极化电场相互耦合在一起. 这种耦合波到底具有哪些特性呢? 下边我们对这一问题进行讨论.

我们把格波的纵向位移和横向位移分开,即令 $\boldsymbol{W}=\boldsymbol{W}_L+\boldsymbol{W}_T$. 由弹性理论可知,横波是等容波,它不引起晶体体积的压缩或膨胀,其散度为零

$$\nabla\cdot\boldsymbol{W}_T=0,\ \nabla\cdot\boldsymbol{W}_L\neq 0. \tag{3.97}$$

纵波是无旋波,其旋度为零

$$\nabla\times\boldsymbol{W}_L=0,\ \nabla\times\boldsymbol{W}_T\neq 0. \tag{3.98}$$

晶体内无自由电荷,得

$$\nabla\cdot\boldsymbol{D}=\nabla\cdot(\varepsilon_0\boldsymbol{E}+\boldsymbol{P})=0. \tag{3.99}$$

我们将电场 $\boldsymbol{E}$ 分成有旋场 $\boldsymbol{E}_T$ 和无旋场 $\boldsymbol{E}_L$ 两部分

$$\boldsymbol{E}=\boldsymbol{E}_L+\boldsymbol{E}_T, \tag{3.100}$$

将(3.93)式代入(3.99)式,得

$$\nabla\cdot[b_{21}\boldsymbol{W}_L+(\varepsilon_0+b_{22})\boldsymbol{E}_L]=0.$$

由于 $\boldsymbol{W}_L$ 和 $\boldsymbol{E}_L$ 又是无旋的,所以有

$$\boldsymbol{E}_L=-\frac{b_{21}}{\varepsilon_0+b_{22}}\boldsymbol{W}_L+\boldsymbol{C}.$$

考虑到 $\boldsymbol{E}_L$ 是位移 $\boldsymbol{W}_L$ 引起的,因此常数 $\boldsymbol{C}$ 为零. 由此得到

$$\boldsymbol{E}_L=-\frac{b_{21}}{\varepsilon_0+b_{22}}\boldsymbol{W}_L. \tag{3.101}$$

由(3.92)式得

$$\ddot{\boldsymbol{W}}_L+\ddot{\boldsymbol{W}}_T=b_{11}\boldsymbol{W}_L+b_{11}\boldsymbol{W}_T-\frac{b_{12}^2}{\varepsilon_0+b_{22}}\boldsymbol{W}_L+b_{12}\boldsymbol{E}_T,$$

其中已利用了(3.101)式. 将上式的有旋场和无旋场分开,得到

$$\ddot{\boldsymbol{W}}_L=\left(b_{11}-\frac{b_{12}^2}{\varepsilon_0+b_{22}}\right)\boldsymbol{W}_L, \tag{3.102}$$

$$\ddot{\boldsymbol{W}}_T=b_{11}\boldsymbol{W}_T+b_{12}\boldsymbol{E}_T. \tag{3.103}$$

由麦克斯韦电磁波理论可知,横波电场 $\boldsymbol{E}_T$ 是电磁波,一般它比无旋电场 $\boldsymbol{E}_L$ 小得多. 若忽略掉电磁场,(3.103)式变成

$$\ddot{\boldsymbol{W}}_T=b_{11}\boldsymbol{W}_T. \tag{3.104}$$

(3.102)和(3.104)两式都是简谐振动方程,由(3.104)式得横波振动频率

$$\omega_{TO}^2=-b_{11}. \tag{3.105}$$

由(3.102)式得到纵波振动频率

$$\omega_{LO}^2 = -b_{11} + \frac{b_{12}^2}{\varepsilon_0 + b_{22}} = \omega_{TO}^2 + \frac{b_{12}^2}{\varepsilon_0 + b_{22}}. \tag{3.106}$$

黄昆方程中的系数含有难以确定的微观参数 β, q^* 和 α，但这些参数可由晶体的宏观常数来求出. 对于极端情况，$\ddot{W}=0$ 的软模，对应正负离子发生稳定位移，离子到达一新的平衡位置，形成了稳定的极化电场. 此时(3.92)式变成

$$\boldsymbol{W} = -\frac{b_{12}}{b_{11}}\boldsymbol{E} = \frac{b_{12}}{\omega_{TO}^2}\boldsymbol{E}. \tag{3.107}$$

将上式代入(3.93)式得

$$\boldsymbol{P} = \left(b_{22} + \frac{b_{12}^2}{\omega_{TO}^2}\right)\boldsymbol{E}.$$

将上式与

$$\boldsymbol{P} = \varepsilon_0(\varepsilon_s - 1)\boldsymbol{E}$$

比较得

$$b_{22} + \frac{b_{12}^2}{\omega_{TO}^2} = \varepsilon_0(\varepsilon_s - 1), \tag{3.108}$$

其中ε_s 是离子晶体的相对静电介电常数. 对于另一极限情况，即对于光频振动，由于离子的惯性已跟不上如此高频的振动，其位移 $\boldsymbol{W}=0$. 由(3.93)式得

$$\boldsymbol{P} = b_{22}\boldsymbol{E} = \varepsilon_0(\varepsilon_\infty - 1)\boldsymbol{E},$$

其中ε_∞ 为高频下测定的相对介电常数. 由上式得出

$$b_{22} = \varepsilon_0(\varepsilon_\infty - 1). \tag{3.109}$$

由(3.108)和(3.109)两式得

$$b_{12}^2 = [\varepsilon_0(\varepsilon_s - \varepsilon_\infty)]\omega_{TO}^2. \tag{3.110}$$

将(3.109)和(3.110)两式代入(3.106)式，得到

$$\frac{\omega_{LO}^2}{\omega_{TO}^2} = \frac{\varepsilon_s}{\varepsilon_\infty}. \tag{3.111}$$

上式是非常著名的 LST(Lyddane－Sachs－Teller)关系. 由此关系可得两个重要结论：

1)因为$\varepsilon_s > \varepsilon_\infty$，所以有 $\omega_{LO} > \omega_{TO}$. 这一点也容易理解，由图3.9可知，离子的位移引起极化电场，电场的方向是阻滞离子位移的，即宏观电场对离子位移起到了一个排斥力的作用，相当于弹簧振子系统中弹簧变硬，有效的恢复力系数变大，使纵波频率提高.

2)有些晶体在某一温度下，其介电常数ε_s 突然变得很大，即$\varepsilon_s \to \infty$，即产生所谓的自发极化. 原子都具有一定质量，其振动频率不可能无限大，即 ω_{LO} 不可能趋于无穷. 由(3.111)式可知，$\varepsilon_s \to \infty$，只能对应 $\omega_{TO} \to 0$. 因为 $\omega \propto \beta^{1/2}$，$\omega_{TO} \to$

0,说明此振动模对应的恢复力系数β消失.由于恢复力消失,发生位移的离子回不到原来平衡位置,到达另一个新平衡的位置,即晶体结构发生了改变.在这一新结构中,正负离子存在固定位移偶极矩,即产生了所谓的自发极化.$\beta \to 0$,相当于弹簧振子系统中的弹簧丧失了弹性,即弹簧变软.人们称$\omega_{TO} \to 0$的振动模式为铁电软模,因为这一现象是在研究铁电材料时发现的.

若不忽略掉电磁场,由(3.103)式可知长光学横波与电磁场相耦合,即长光学横波具有电磁性质.称长光学横波声子为电磁声子,相应地,称长光学纵波声子为极化声子.

§3.6　晶格振动热容理论

一、热容理论

由热力学已知,定容热容量定义是$C_V = (\partial E/\partial T)_V$.对于固体,按与温度的关系,内能$E$由两部分构成:一部分内能与温度无关,另一部分内能与温度有关.第二章中,原子在平衡位置时的相互作用势能在简谐近似下与温度无关,这一部分内能对热容量无贡献.对热容有贡献的是依赖温度的内能.绝缘体与温度有关的内能就是晶格振动能量.对于金属,与温度有关的内能由两部分构成:一部分是晶格振动能,另一部分是价电子的热动能.当温度不太低时,电子对热容的贡献可忽略,详细内容在第六章中介绍.在此只讨论晶格振动对热容的贡献.

按照经典的能量均分定理,每个自由度的平均能量是k_BT,一半是平均动能,一半是平均势能,k_B是玻耳兹曼常数.若固体有N个原子,总的自由度为$3N$,总的能量为$3Nk_BT$.热容量为$3Nk_B$,是一个与温度无关的常数.这一结论称作杜隆—珀替定律.在高温下,固体热容的实验值与该定律相当符合.但在低温时,实验值与此定律相去甚远.在甚低温度下,绝缘体的热容量变得很小,$C_V \propto T^3$.这说明,在低温下,经典理论已不再适用.爱因斯坦第一次将量子理论应用到固体热容问题上,理论与实验得到了相当好的符合,克服了经典理论的困难.

由(3.60)式可知,频率为ω_i的谐振子的平均声子数目

$$n(\omega_i) = \frac{1}{e^{\hbar\omega_i/k_BT} - 1}.$$

这些声子携带的能量为

$$E_i = \frac{\hbar\omega_i}{e^{\hbar\omega_i/k_BT} - 1}.$$

N 个原子构成的晶体,晶格振动等价于 $3N$ 个谐振子的振动. 总的热振动能为

$$E = \sum_{i=1}^{3N} \frac{\hbar\omega_i}{e^{\hbar\omega_i/k_BT} - 1}. \tag{3.112}$$

由一维的色散曲线可知,由于波矢 q 是准连续的,就每支格波而言,频率也是准连续的,所以(3.112)式的加式可用积分来表示. 今引入模式密度 $D(\omega)$ 的定义:单位频率区间的格波振动模式数目称为模式密度. 显然 $D(\omega)$ 满足下式

$$\int_0^{\omega_m} D(\omega)\,d\omega = 3N, \tag{3.113}$$

其中 ω_m 是最高频率,又称截止频率. 因为频率是波矢的函数,我们可在波矢空间内求出模式密度的表达式. 因为同一个波矢可对应不同的几支格波. 我们先考虑其中的一支. 在此情况下,ω 到 $\omega + d\omega$ 区间的波矢数目就等于此区间的模式数目. 如图 3.11 所示,我们在波矢空间内取两个等频面 ω 和 $\omega + d\omega$. 在两等频面间取一体积元 $dq_\perp dS$,$dq_\perp$ 是等频面间垂直距离,dS 是体积元在等频面上的面积. 由(3.36)式可知. 此体积元内的波矢数目,也即模式数目

$$dZ' = \frac{V_c}{(2\pi)^3} dq_\perp dS . \tag{3.114}$$

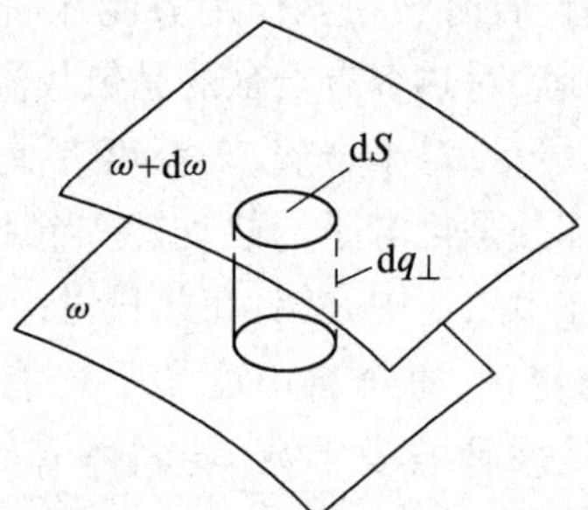

图 3.11　波矢空间内一支格波的等频面

根据梯度的定义可知

$$d\omega = |\nabla_q \omega| dq_\perp.$$

将上式代入(3.114)式,并对两等频面间体积进行积分,得到两等频面间的模式数目

$$dZ = \frac{V_c}{(2\pi)^3} \int \frac{dS d\omega}{|\nabla_q \omega|} . \tag{3.115}$$

记这支格波的模式密度为$d(\omega)$,则由上式得

$$d(\omega) = \frac{V_c}{(2\pi)^3} \int \frac{dS}{|\nabla_q \omega|} , \tag{3.116}$$

其中积分要限于一等频面. 将 $3n$ 支格波都考虑在内,总的模式密度

$$D(\omega) = \frac{V_c}{(2\pi)^3}\sum_{\alpha=1}^{3n}\int_{S_\alpha}\frac{\mathrm{d}S}{|\nabla_q\omega_\alpha|}, \tag{3.117}$$

其中 ω_α 是第 α 支格波的频谱. S_α 是第 α 支格波的等频面.

当然,对于简单情况,人们可直接由定义来求模式密度.

有了模式密度,(3.112)式便化成

$$E = \int_0^{\omega_m}\frac{\hbar\omega D(\omega)\mathrm{d}\omega}{\mathrm{e}^{\hbar\omega/k_BT}-1}, \tag{3.118}$$

热容量的表达式即可求得

$$C_V = \int_0^{\omega_m}k_B\left(\frac{\hbar\omega}{k_BT}\right)^2\frac{\mathrm{e}^{\hbar\omega/k_BT}D(\omega)\mathrm{d}\omega}{(\mathrm{e}^{\hbar\omega/k_BT}-1)^2}. \tag{3.119}$$

由上式可知,求热容量的关键在于求解模式密度. 对于实际的晶体,目前还很难得出三维的色散关系 $\omega_\alpha(\boldsymbol{q})$. 因此,模式密度的精确求解便成了一大困难. 为了迴避这一困难,在求固体热容时,人们通常采用近似方法. 下边介绍的爱因斯坦模型和德拜(P. Debye)模型是最成功的两个近似方法.

二、爱因斯坦模型

爱因斯坦采用了一个极其简单的假定,但其结果却与实验符合较好. 爱因斯坦假定晶体中所有原子都以相同的频率作振动. 这一假定,实际是忽略了谐振子之间的差异,认为 $3N$ 个谐振子是全同的. 在此情况下,晶体的热振动能可由(3.112)式直接得出

$$E = 3N\frac{\hbar\omega}{\mathrm{e}^{\hbar\omega/k_BT}-1}. \tag{3.120}$$

热容量则为

$$C_V = \frac{\partial E}{\partial T} = 3Nk_Bf_E\left(\frac{\hbar\omega}{k_BT}\right), \tag{3.121}$$

其中

$$f_E\left(\frac{\hbar\omega}{k_BT}\right) = \left(\frac{\hbar\omega}{k_BT}\right)^2\frac{\mathrm{e}^{\hbar\omega/k_BT}}{(\mathrm{e}^{\hbar\omega/k_BT}-1)^2}$$

称为爱因斯坦热容函数. 再引入爱因斯坦温度 Θ_E,其定义式为 $k_B\Theta_E = \hbar\omega$. 于是(3.121)式化成

$$C_V = 3Nk_B\left(\frac{\Theta_E}{T}\right)^2\frac{\mathrm{e}^{\Theta_E/T}}{(\mathrm{e}^{\Theta_E/T}-1)^2}. \tag{3.122}$$

Θ_E 是由理论曲线与实验曲线尽可能地拟合来确定. 对大多数的固体材料,Θ_E

在 100～300K 范围内. 图 3. 12 是金刚石热容的实验值与爱因斯坦理论曲线的比较. 从比较可以看出,爱因斯坦的理论取得了很大的成功.

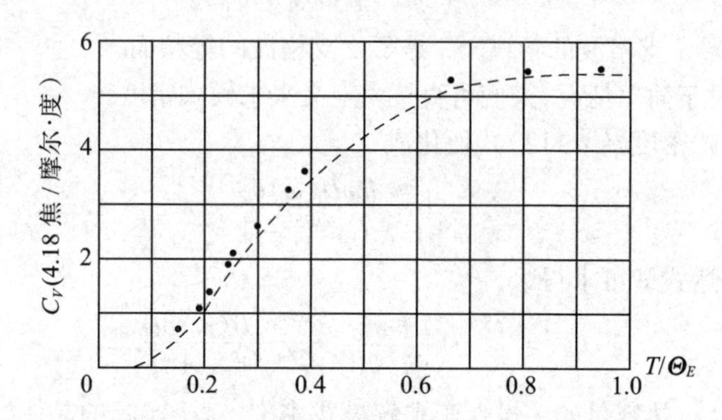

图 3.12　金刚石热容的实验值与爱因斯坦理论曲线的比较

当温度较高时.

$$\frac{e^{\Theta_E/T}}{(e^{\Theta_E/T}-1)^2}=\frac{1}{(e^{\Theta_E/2T}-e^{-\Theta_E/2T})^2}=\frac{1}{\left(\frac{\Theta_E}{2T}+\frac{\Theta_E}{2T}\right)^2}=\left(\frac{T}{\Theta_E}\right)^2.$$

将上式代入(3. 122)式,得

$$C_V=3Nk_B.$$

可见在高温情况下,爱因斯坦的热容理论与杜隆—珀替定律一致.

当温度很低时,

$$e^{\Theta_E/T}\gg 1,$$

所以(3. 122)式化成

$$C_V=3Nk_B\left(\frac{\Theta_E}{T}\right)^2 e^{-\Theta_E/T}. \tag{3. 123}$$

当温度很低时,绝缘体的热容以 T^3 趋于零,但(3. 123)式表明,爱因斯坦热容比 T^3 更快地趋于零,这与实验偏差较大. 造成这一偏差的根源就在于爱因斯坦模型过于简单,它忽视了各格波对热容贡献的差异. 按照爱因斯坦温度的定义可估计出爱因斯坦频率 $\omega_E=k_B\Theta_E/\hbar$ 大约 10^{13} H_Z,相当于光学支频率. 由(3. 60)式可知,频率为 ω 的一个格波的平均热振动能

$$\overline{E}=n(\omega)\hbar\omega=\frac{\hbar\omega}{e^{\hbar\omega/k_BT}-1} \tag{3. 124}$$

按照上式可绘出格波的振动能与频率的关系曲线. 从图 3. 13 可以看出,格波的频率越高,其热振动能越小. 爱因斯坦考虑的格波的频率很高,其热振动能很小,

对热容量的贡献本来不大,当温度很低时,就更微不足道了. 其本质上的原因就在于,当温度一定,频率越高的格波,其平均声子数越少. 具体计算表明,在甚低温度下,频率 $\omega \leqslant 10k_BT/\hbar$ 的格波的振动能占整个晶格振动能的99%以上. 这些格波的频率很低,属于长声学格波. 也就是说,在甚低温下,晶体的热容量主要由长声学格波来决定. 爱因斯坦把所有的格波都视为光学波,实际上是没考虑长声学波在甚低温时对热容的主要贡献,自然会导致其理论热容在甚低温下与实验热容偏差很大. 这也说明,要在甚低温下使理论与实验相符,应主要考虑长声学格波的贡献.

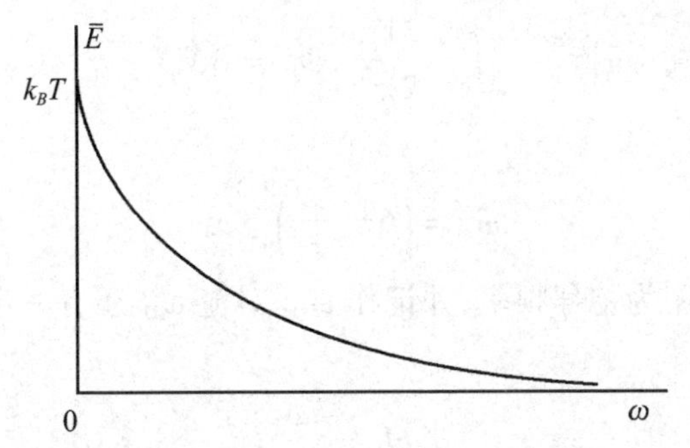

图3.13　格波的振动能与频率的关系曲线

三、德拜模型

我们已经弄清楚,在甚低温下,决定晶体热容的主要是长声学波. 在长波近似一节中我们已论证过,长声学波就是弹性波. 德拜热容模型的基本思想是:把格波作为弹性波来处理. 不难预料,在甚低温下,德拜热容理论应与实验相符. 因为从(3.124)可知,在甚低温下,不仅光学波(如果晶体是复式格子的话)对热容的贡献可以忽略,而且频率高(短波长)的声学波对热容的贡献也可忽略,决定晶体热容的主要是长声学波,即弹性波.

为简单计,设固体介质是各向同性的,由弹性波的色散关系 $\omega = vq$ 可知,在三维波矢空间内,弹性波的等频面是一个球面,频率梯度的模

$$|\nabla_q\omega| = v\left|\nabla_q\sqrt{q_x^2+q_y^2+q_z^2}\right| = v. \tag{3.125}$$

由上式和(3.116)式可求得一支格波的模式密度

$$d(\omega) = \frac{V_c}{(2\pi)^3}\frac{1}{v}\int \mathrm{d}S = \frac{V_c}{(2\pi)^3 v}4\pi q^2 = \frac{V_c\omega^2}{2\pi^2 v^3}. \tag{3.126}$$

考虑到弹性波有三支格波,一支纵波,两支横波,所以总的模式密度

$$D(\omega) = \frac{3V_c\omega^2}{2\pi^2 v_p^3}, \tag{3.127}$$

式中

$$\frac{3}{v_p^3}=\left(\frac{1}{v_L^3}+\frac{2}{v_T^3}\right),\tag{3.128}$$

其中 v_L 为纵波声速，v_T 是横波声速. 由于是各向同性介质，两横波是简并的，即两横波速度相等. 将(3.127)式代入(3.119)式，得到

$$C_v=\frac{3V_c}{2\pi^2 v_p^3}\int_0^{\omega_m}k_B\left(\frac{\hbar\omega}{k_BT}\right)^2\frac{e^{\hbar\omega/k_BT}\omega^2 d\omega}{(e^{\hbar\omega/k_BT}-1)^2},\tag{3.129}$$

其中截止频率 ω_m 由(3.113)式求出，即由

$$\int_0^{\omega_m}\frac{3V_c\omega^2}{2\pi^2 v_p^3}d\omega=3N$$

求出. 由此得到

$$\omega_m=\left(6\pi^2\frac{N}{V_c}\right)^{1/3}v_p\ .\tag{3.130}$$

有时称上式的频率为德拜频率，并记作 ω_D. 对应 ω_D 还有一个德拜温度 Θ_D，其定义为

$$\Theta_D=\frac{\hbar\omega_D}{k_B}.\tag{3.131}$$

由以上两式可知，原子浓度高、声速大的固体，其德拜温度就高. 金刚石的弹性劲度常数是一般固体材料的10倍，其声速很大，再加上它碳原子密度高，其德拜温度高达2230K. 而一般固体材料的德拜温度大都在200～400K.

作变量变换

$$x=\frac{\hbar\omega}{k_BT},$$

(3.129)式化成

$$C_V=\frac{3V_c k_B^4T^3}{2\pi^2\hbar^3 v_p^3}\int_0^{\Theta_D/T}\frac{e^x x^4 dx}{(e^x-1)^2}.\tag{3.132}$$

当温度较高时，$k_BT\gg\hbar\omega$，x 是小量，上式中的积分函数

$$\frac{e^x x^4}{(e^x-1)^2}=\frac{x^4}{(e^{x/2}-e^{-x/2})^2}\approx\frac{x^4}{\left(\frac{x}{2}+\frac{x}{2}\right)^2}=x^2.$$

容易求得高温热容

$$C_V=3Nk_B.$$

从上式可知，德拜模型的高温热容与经典理论是一致的.

当温度甚低时，(3.132)式的积分上限可取为∞. 为了便于积分，将被积函数展成级数

$$\frac{e^x x^4}{(e^x-1)^2}=\frac{x^4}{e^x(1-e^{-x})^2}=x^4e^{-x}(1-e^{-x})^{-2}$$

$$=x^4e^{-x}(1+2e^{-x}+3e^{-2x}+\cdots)=x^4\sum_{n=1}^{\infty}ne^{-nx}.$$

其中利用了$\frac{1}{1-y}=1+y+y^2+y^3+y^4+\cdots,\left(\frac{1}{1-y}\right)'=\left(\frac{1}{1-y}\right)^2,y=e^{-x}$.

于是,积分 $\int_0^{\infty}\frac{e^x x^4 dx}{(e^x-1)^2}=\sum_{n=1}^{\infty}\int_0^{\infty}ne^{-nx}x^4dx=4!\sum_{n=1}^{\infty}\frac{1}{n^4}=\frac{4}{15}\pi^4$.

将上式代入(3.132)式,得到

$$C_V=\frac{12\pi^4Nk_B}{5}\left(\frac{T}{\Theta_D}\right)^3. \tag{3.133}$$

德拜理论在甚低温下与实验是相符的,温度越低,符合程度越好.在甚低温下,热容与T^3成正比的规律称为德拜定律.图3.14示出了金属铜热容的实验值与德拜理论的比较,其中$C_{V\infty}$是热容的高温值,即经典值.

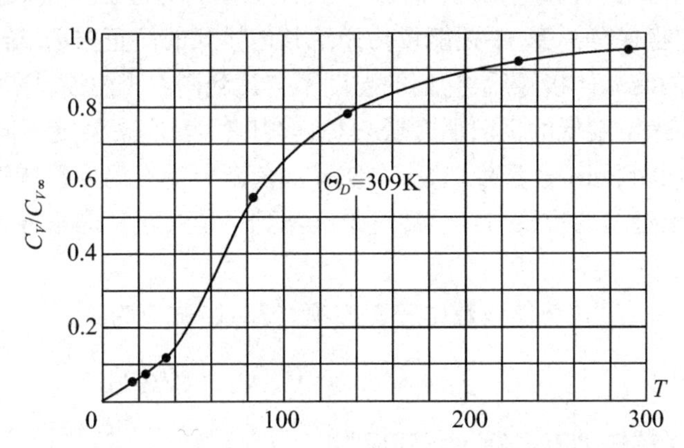

图3.14　铜热容的实验数据与德拜理论值的比较

在德拜模型中,德拜温度是一个重要参量.Θ_D都是间接由实验来确定,方法有二:一是实验确定声速v_p,由(3.130)和(3.131)确定Θ_D;二是测出材料的热容量,再由(3.133)确定Θ_D.如表3.1所示,在低温下,两种方法确定的Θ_D非常接近.由(3.130)和(3.131)两式看,德拜温度Θ_D应是一个常数,应与温度无关.但事实上却不然.由实验测出C_V在不同温度下的实验值,然后代入(3.132)式左端,再求Θ_D,结果发现,Θ_D与温度有关.Θ_D理论值与实验值有偏差是容易理解的.原因在于德拜模型仍过于简化:①它忽略了晶体的各向异性;②它忽略了光学波和高频声学波对热容的贡献.光学波和高频声学波是色散波,它们的关系式比弹性波的要复杂得多.

表 3.1　　几种晶体的德拜温度(K)

晶格	T	由热容求得的 Θ_D	由弹性常数求得的 Θ_D
NaCl	10	308	320
KCl	3	230	246
Ag	4	225	216
Zn	4	308	305

§3.7　晶格振动的非简谐效应

一、非简谐效应

在讨论晶格振动时,我们曾取简谐近似,把晶格振动等效成 $3N$(N 是原子数目)个简正振动. 而且我们知道,这 $3N$ 个简正振动是相互独立的,即一旦一种模式被激发,它将保持不变,不把能量传递给其他模式的简正振动. 若果真如此,把温度不相同的两晶体接触后,它们的温度不会达到同一个温度,原来温度高的仍旧那么高,原来温度低的仍旧那么低. 但事实却不然,原来温度不同的两晶体接触后,最终要达到同一个温度. 这一事实又如何解释呢? 温度保持不变的结论是晶格振动简谐近似的推论. 自然,温度最终达到平衡必定是晶格振动的非简谐效应所致.

若保留(3.37)式势能级数中三次方项,(3.41)式应为

$$U = \frac{1}{2}\sum_{i=1}^{N}\omega_i^2 Q_i^2 + \varphi(Q_1, Q_2, \cdots Q_{3N}),$$

相应的谐振子的振动方程(3.46)式应为

$$\ddot{Q}_i + \omega_i^2 Q_i + f(Q_1, Q_2, \cdots, Q_{3N}) = 0.$$

上式说明,若考虑势能展式中三次方项的非简谐项的贡献,简正振动就不是严格独立的,而是 $3N$ 个简正振动之间存在耦合,存在着能量的交换. 格波间存在能量的交换,用声子模型来说,就是各类声子间会交换能量,或更形象地说,各类声子间会发生碰撞. 两温度不同的物体接触后,由于温度高的物体内不仅声子浓度高,而且能量大的声子也多,声子以碰撞的方式向温度低的物体里扩散. 正是通过声子的碰撞机制,两物体最终达到热平衡,温度相等. 这就是说,没有声子的碰撞,就没有热平衡可言;但没有非简谐效应,就不会发生声子碰撞. 所以热传导是一个典型的非简谐效应.

二、热传导

两个声子通过碰撞，产生第三个声子，或者是一个声子能劈裂为两个声子. 声子在碰撞过程中遵从能量守恒定律和准动量守恒定律

$$\hbar\omega_1 \pm \hbar\omega_2 = \hbar\omega_3, \tag{3.134}$$

$$\hbar\boldsymbol{q}_1 \pm \hbar\boldsymbol{q}_2 = \hbar\boldsymbol{q}_3, \tag{3.135}$$

其中 + 号对应两个声子碰撞后，产生了一个新声子；或者说，一个声子吸收了另一个声子，变成了能量高的声子. − 号对应一个声子劈裂成两个声子. 容易看出，劈裂过程其实就是吸收过程的逆过程. 例，$\hbar\omega_1$ 的声子若劈裂成 $\hbar\omega_2$ 的声子和 $\hbar\omega_3$ 的声子，其逆过程是 $\hbar\omega_2$ 声子吸收 $\hbar\omega_3$ 的声子变成了 $\hbar\omega_1$ 声子. 我们曾提到，波矢为 $\boldsymbol{q}$ 的声子和波矢为 $\boldsymbol{q}+\boldsymbol{K}_m$ 的声子是等价的. 因此，准动量守恒更普遍的形式应为

$$\hbar\boldsymbol{q}_1 \pm \hbar\boldsymbol{q}_2 = \hbar\boldsymbol{q}_3 + \hbar\boldsymbol{K}_m. \tag{3.136}$$

$\boldsymbol{K}_m=0$ 为正常散射过程，$\boldsymbol{K}_m\neq 0$ 为倒逆散射过程. 如图 3.15 所示，当 $\boldsymbol{q}_1$、$\boldsymbol{q}_2$ 数值较大，其夹角又较小时，$\boldsymbol{q}_1+\boldsymbol{q}_2$ 可能会超出第一布里渊区，与格波解一一对应的波矢应为能落在第一布里渊区内的波矢 $\boldsymbol{q}_3=\boldsymbol{q}_1+\boldsymbol{q}_2-\boldsymbol{K}_m$. 正常散射不改变热流的基本方向，但倒逆散射过程则不然，它与热流的方向是相背的，即对热传导起了一个阻滞作用. 倒逆过程是热阻的一个重要机制.

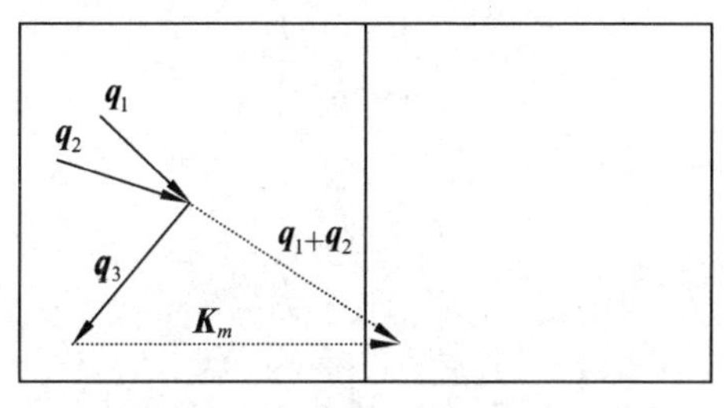

图 3.15　声子的倒逆过程

如果晶体内存在温度梯度$\dfrac{\mathrm{d}T}{\mathrm{d}x}$，则在晶体内将有能流流过，能流密度 Q 为

$$Q = -k\frac{\mathrm{d}T}{\mathrm{d}x}, \tag{3.137}$$

其中 k 是晶体的热导系数. 可以把声子系统想象成声子气体. 当晶体内存在温度梯度时，高温区声子浓度高、能量大的声子数也多，这些声子将以碰撞的方式向低温区扩散，把高温区的热能传递到低温区域. 与气体扩散相类比，可直接得到声子的热导系数

$$k=\frac{1}{3}C_V\bar{v}\ \ \bar{\lambda},\tag{3.138}$$

其中 C_V 是单位体积的定容热容量，$\bar{v}$ 是声子的平均速度，$\bar{\lambda}$ 是声子的平均自由程. 如果采用德拜模型，声子的平均速度为

$$\bar{v}\ =\ \frac{\sum_i\int_0^{\omega_m}n(\omega)v_i\mathrm{d}_i(\omega)\mathrm{d}\omega}{\int_0^{\omega_m}n(\omega)D(\omega)\mathrm{d}\omega}=\frac{\frac{1}{v_L^2}+\frac{2}{v_T^2}}{\frac{3}{v_p^3}}=\frac{\frac{1}{v_L^2}+\frac{2}{v_T^2}}{\frac{1}{v_L^3}+\frac{2}{v_T^3}}.\tag{3.139}$$

可见，对于德拜模型，声子的平均速度是一常数. 所以，热导系数与温度的关系完全取决于热容量和平均自由程与温度的依赖关系. 由关系式

$$\bar{\lambda}=\frac{\bar{v}}{\bar{Z}}$$

可知，平均自由程反比于单位时间内的平均碰撞次数 $\bar{Z}$. 声子间单位时间内的平均碰撞次数，与声子的浓度 $\bar{n}$ 成正比. 因此

$$\bar{\lambda}\propto\frac{1}{\bar{n}}.$$

对于德拜模型，声子浓度

$$\bar{n}\ =\ \frac{1}{V_c}\int_0^{\omega_m}n(\omega)D(\omega)\mathrm{d}\omega\ =\ \frac{3(k_BT)^3}{2\pi^2v_p^3\hbar^3}\int_0^{\Theta_D/T}\frac{x^2\mathrm{d}x}{\mathrm{e}^x-1}.\tag{3.140}$$

高温时

$$\bar{n}=\frac{3k_B^3\Theta_D^2T}{4\pi^2\hbar^3v_p^3}.$$

低温时

$$\bar{n}=AT^3,$$

其中

$$A\ =\ \frac{3k_B^3}{2\pi^2\hbar^3v_p^3}\int_0^{\infty}\frac{x^2dx}{\mathrm{e}^x-1}.$$

所以，高温时

$$\bar{\lambda}\propto\frac{1}{T},$$

甚低温时

$$\bar{\lambda}\propto\frac{1}{T^3}.$$

因为高温时，晶体的热容量是常数，所以高温时的晶体的热导系数

$$k\propto\frac{1}{T}.$$

对于甚低温情况,由于 $\overline{\lambda} \propto T^{-3}$,所以随着 $T \to 0$,平均自由程 $\overline{\lambda}$ 要趋于∞. 但是,声子的平均自由程不可能无限大. 若不考虑杂质和晶体缺陷对声子的散射,声子的平均自由程不会超过晶体尺寸,即声子的平均自由程由晶体尺寸决定. 因此,在甚低温时,晶体的热导系数 $k \propto T^3$. 图 3.16 给出了热导系数 k 与温度的关系曲线. 实测的热导系数与温度的依赖关系与理论分析基本上是一致的.

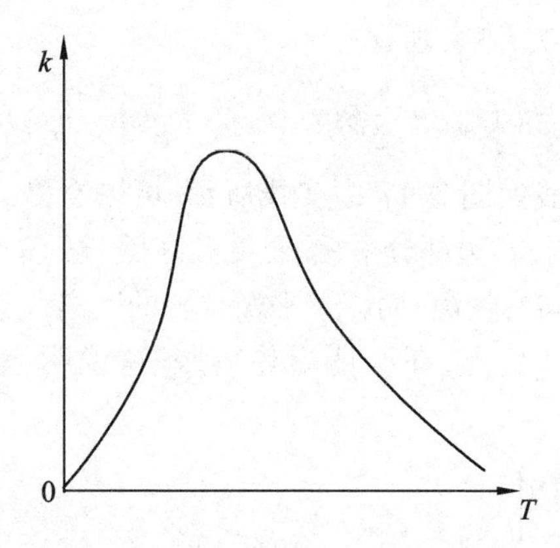

图 3.16　热导系数与温度的关系

三、热膨胀

固体受热时体积膨胀,这是普遍的物理现象. 固体体积变大,一定是原子平衡位置间的距离增大. 温度升高时,原子平衡位置间的距离为什么要增大呢？现在我们对这一问题进行讨论.

设相邻两原子间的距离为 r,平衡位置间的距离为 r_0,互作用势能在平衡位置的展开式为

$$U = U(r_0) + \left(\frac{\mathrm{d}U}{\mathrm{d}r}\right)_{r_0}(r - r_0) + \frac{1}{2}\left(\frac{\mathrm{d}^2 U}{\mathrm{d}r^2}\right)_{r_0}(r - r_0)^2 + \frac{1}{6}\left(\frac{\mathrm{d}^3 U}{\mathrm{d}r^3}\right)_{r_0}(r - r_0)^3 + \cdots, \tag{3.141}$$

上式右端的第二项为零,于是上式又可化成

$$U = U(r_0) + \frac{1}{2}\beta(r - r_0)^2 - \frac{1}{3}\eta(r - r_0)^3 + \cdots, \tag{3.142}$$

其中

$$\beta = \left(\frac{\mathrm{d}^2 U}{\mathrm{d}r^2}\right)_{r_0}, \ -\eta = \frac{1}{2}\left(\frac{\mathrm{d}^3 U}{\mathrm{d}r^3}\right)_{r_0}.$$

若忽略非简谐项,互作用势化为

$$U = U(r_0) + \frac{1}{2}\beta(r - r_0)^2. \tag{3.143}$$

(3.143)式是如图3.17中虚线所示的抛物线.由于此抛物线以r_0为对称,虽然温度升高后,两原子的相对振幅$|r - r_0|$增大,但其平衡位置间的距离仍为r_0.这说明,若只计及简谐近似,固体是不会膨胀的.

若将势能取到三次方项,则有

$$U = U(r_0) + \frac{1}{2}\beta(r - r_0)^2 - \frac{1}{3}\eta(r - r_0)^3. \tag{3.144}$$

(3.144)式的势能曲线如图3.17中实线所示.可以看出,这是一条不对称的曲线,r_0的左边部分陡峭,右边部分平缓.温度升高后,原子间相对位移的振幅$|r - r_0|$增大,其平均位置向右偏离,两原子平衡位置的距离大于r_0.原子平衡位置间的距离增大,物体体积变大,即所谓受热膨胀.这说明,热膨胀是一种非简谐效应.

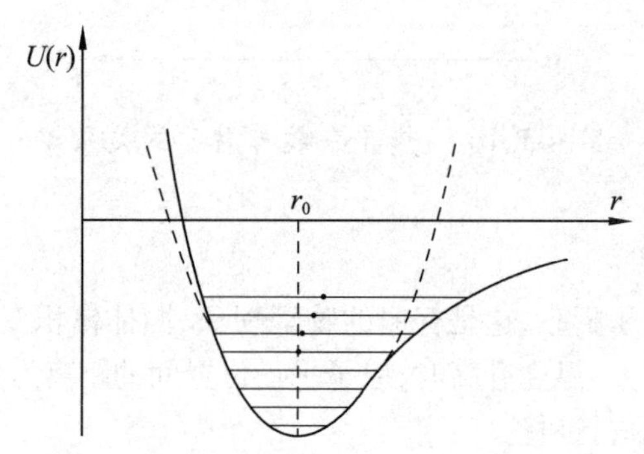

图3.17　两原子间互作用势能曲线

下边我们利用玻耳兹曼统计理论,具体求求线膨胀系数.首先计算一下热膨胀引起的两原子平衡位置间距离的平均增量$(\bar{r} - r_0)$,其中$\bar{r}$是温度T时两原子平衡位置间的距离,r_0为某一选定温度下两原子平衡位置间的距离.令$x = r - r_0$,则平均增量

$$\bar{x} = \frac{\int_{-\infty}^{\infty} x\mathrm{e}^{-U/k_BT}\mathrm{d}x}{\int_{-\infty}^{\infty} \mathrm{e}^{-U/k_BT}\mathrm{d}x}. \tag{3.145}$$

将(3.144)代入上式,得到

$$\bar{x} = \frac{\eta k_B T}{\beta^2}. \tag{3.146}$$

运算中利用了条件

$$\frac{1}{3}\eta x^3 \ll \frac{1}{2}\beta x^2,$$

$$e^{\left(-\frac{1}{2}\beta x^2+\frac{1}{3}\eta x^3\right)/k_BT} \approx e^{-\beta x^2/2k_BT}\left(1+\frac{1}{3}\eta x^3/k_BT\right). \tag{3.147}$$

由线膨胀系数的定义,得到

$$\alpha_L = \frac{1}{r_0}\frac{d\bar{x}}{dT} = \frac{\eta k_B}{r_0\beta^2}. \tag{3.148}$$

可见,在只计及势能级数中的三次方情况下,线膨胀系数是一个与温度无关的常数. 同时还看出,若 $\eta=0$,线膨胀系数 α_L 也为零,固体不发生热膨胀. 这又一次证明,原子间的非简谐效应是热膨胀的根源.

§3.8　晶体的热力学函数

在第二章中,在不考虑原子振动情况下,我们曾得出晶体的状态方程

$$P = -\frac{\partial U}{\partial V},$$

其中 U 是原子间的互作用势能. 现在的问题是,在考虑晶格振动后,晶体的状态方程又是什么形式呢?

由热力学理论可知,若能求出晶体的自由能 $F(T,V)$,就可由

$$P = -\frac{\partial F}{\partial V}$$

求出晶体的状态方程. 我们将自由能分成两部分,一部分自由能记为 F_1,F_1 与晶格振动无关,只与晶体的体积有关. F_1 就是第二章中原子间的互作用势能. 自由能的另一部分记作 F_2,它由晶格热振动决定. 由统计理论可知,若能求得晶格振动的配分函数 Z,由下式

$$F_2 = -k_BT\ln Z \tag{3.149}$$

即可求得热振动自由能. 对于简谐近似,晶格振动等价于 $3N$ 个线性谐振子的振动. 对于频率为ω_i的谐振子,其能量$\varepsilon_i=\left(n_i+\frac{1}{2}\right)\hbar\omega_i$ 可有若干种选择,其配分函数

$$Z_i = \sum_{n_i=0}^{\infty} e^{-\left(n_i+\frac{1}{2}\right)\hbar\omega_i/k_BT} = \frac{e^{-\hbar\omega_i/2k_BT}}{1-e^{-\hbar\omega_i/k_BT}}. \tag{3.150}$$

由于各谐振子是相互独立的,所以总的配分函数

$$Z=\prod_i Z_i=\prod_i \frac{\mathrm{e}^{-\hbar\omega_i/2k_BT}}{1-\mathrm{e}^{-\hbar\omega_i/k_BT}}.\tag{3.151}$$

将上式代入(3.149)式，得到

$$F_2=-k_BT\sum_i\left\{-\frac{\hbar\omega_i}{2k_BT}-\ln(1-\mathrm{e}^{-\hbar\omega_i/k_BT})\right\}.\tag{3.152}$$

于是我们得到晶体自由能的表达式

$$F=U(V)+\sum_i\left\{\frac{1}{2}\hbar\omega_i+k_BT\ln(1-\mathrm{e}^{-\hbar\omega_i/k_BT})\right\}.\tag{3.153}$$

我们假定，把非简谐效应考虑在内时，上式也近似成立. 考虑到非简谐效应，当温度变化时，原子平衡位置间的距离也发生变化. 以一维简单格子为例，当温度升高时，由于受热膨胀，晶格常数 a 变大，(3.3)式的恢复力常数

$$\beta=\left(\frac{\mathrm{d}^2U}{\mathrm{d}r^2}\right)_a$$

成为晶格常数的函数，进而导致(3.7)式的频率

$$\omega=2\left(\frac{\beta}{m}\right)^{1/2}\left|\sin\left(\frac{qa}{2}\right)\right|$$

也是晶格常数的函数. 这就是说，若计及热膨胀，晶格振动频率是晶体体积的函数. 所以，晶体的状态方程应为

$$\begin{aligned}P&=-\frac{\partial F}{\partial V}=-\frac{\partial U}{\partial V}-\sum_i\left\{\frac{1}{2}\hbar+\frac{\hbar}{\mathrm{e}^{\hbar\omega_i/k_BT}-1}\right\}\frac{\mathrm{d}\omega_i}{\mathrm{d}V}\\&=-\frac{\partial U}{\partial V}-\frac{1}{V}\sum_i\left\{\frac{1}{2}\hbar\omega_i+\frac{\hbar\omega_i}{\mathrm{e}^{\hbar\omega_i/k_BT}-1}\right\}\frac{\mathrm{d}\ln\omega_i}{\mathrm{d}\ln V}.\end{aligned}\tag{3.154}$$

设

$$\frac{\mathrm{d}\ln\omega_i}{\mathrm{d}\ln V}=-\gamma\tag{3.155}$$

是一个与频率 ω_i 无关的常数，称为格林爱森(Grüneisen)常数；再考虑到

$$\frac{1}{2}\hbar\omega_i+\frac{\hbar\omega_i}{\mathrm{e}^{\hbar\omega_i/k_BT}-1}$$

是频率为 ω_i 的谐振子的平均能量，所以(3.154)式化成

$$P=-\frac{\mathrm{d}U}{\mathrm{d}V}+\gamma\frac{\overline{E}}{V},\tag{3.156}$$

其中 $\overline{E}$ 是包括零点振动能的晶格的总振动能. 对大多数固体而言，尽管温度变化范围可能较大，但体积的变化并不大，将 $\mathrm{d}U/\mathrm{d}V$ 在平衡体积 V_0 附近展开，并只保留 $\Delta V=V-V_0$ 的线性项，得到

$$\frac{\mathrm{d}U}{\mathrm{d}V}=\left(\frac{\mathrm{d}^2U}{\mathrm{d}V^2}\right)_{V_0}\Delta V=K\frac{\Delta V}{V},$$

其中 K 为第二章中讲到的晶体体积弹性模量. 将上式代入(3.156)式,得到

$$P=-K\frac{\Delta V}{V_0}+\gamma\frac{\overline{E}}{V_0}. \tag{3.157}$$

上式右端第一项是体积形变引起的晶体内部的压强,晶体受压时,$\Delta V<0$,晶体内压强增加;第二项是由于晶格热振动导致的晶体内部的压强,称为热压强. 可以估算出来,在室温下,晶格振动导致的热压强大约 10^3 个大气压. 通常条件下,晶体处在一个大气压的作用下,由内外压强必定平衡,可以推知晶体内总的压强是一个大气压. 一个大气压与 10^3 个大气压相比,可以忽略掉,于是(3.157)式化成

$$\frac{\Delta V}{V_0}=\frac{\gamma}{K}\frac{\overline{E}}{V_0}.$$

将上式两边对温度 T 求微商,得

$$\alpha_V=\frac{\gamma}{K}\frac{C_V}{V_0}, \tag{3.158}$$

其中 α_V 是晶体的体膨胀系数. 上式表明,热膨胀系数与格林爱森常数成正比. 上一节我们已讲到,热膨胀是非简谐效应. α_V 可作为检验非简谐效应大小的尺度,同样,γ 也可用作检验非简谐效应的尺度. 实验测定,对大多数晶体,γ 值一般在 1 ~ 3 范围内. γ 小,晶格热振动的非简谐效应小,γ 大,非简谐效应大. γ 决不为零,$\gamma=0$,只能对应简谐近似. 以一维简单晶格为例,设原子链对应的横截面积为 S,则其体积为 $V=NaS$. 而色散关系为

$$\omega=2\sqrt{\frac{\beta}{m}}\left|\sin\left(\frac{qa}{2}\right)\right|,$$

其中

$$q=\frac{2\pi l}{Na},\ \frac{1}{2}qa=\frac{\pi l}{N}\text{与体积无关.}$$

将 ω 和 V 代入(3.155)式,得

$$\gamma=-\frac{\mathrm{dln}\omega}{\mathrm{dln}V}=-\frac{\frac{1}{2}\mathrm{dln}\beta}{\mathrm{dln}a}=-\frac{a\,\mathrm{d}\beta}{2\beta\mathrm{d}a}=-\frac{a}{2\beta}\left(\frac{\mathrm{d}^3U}{\mathrm{d}r^3}\right)_a. \tag{3.159}$$

若取简谐近似,即取

$$\left(\frac{\mathrm{d}^3U}{\mathrm{d}r^3}\right)_a=0$$

则有 $\gamma=0$,

另外,当晶体体积膨胀时,$\mathrm{d}a>0$,即原子间的平衡距离增大. 原子相距越远,恢复力系数越小,当距离很远时,原子间不存在相互作用,力系数为零,这说明 $\mathrm{d}a>0$ 时,$\mathrm{d}\beta<0$. 反之,当体积缩小时,$\mathrm{d}a<0$,$\mathrm{d}\beta>0$. 由(3.159)式可知,格林乃森常数恒大于零. 也就是说,(3.155)式中加一负号的目的是为了保证 γ 为正值. 上一节中 η 的定义式中加一负号也是同样的目的.

§3.9 应力 应变 胡克定律

一、应力

当固体受到外力作用时,固体中的质点偏离原平衡位置;与此同时,固体内部产生一种弹性恢复力. 外力撤消后,质点能恢复到原平衡位置的性质,称为固体的弹性. 这里所说的质点,在宏观上是极微小的,而在微观上却包含了许许多多的原子. 固体的弹性是原子间相互作用的宏观反映.

所谓应力,是指固体受到外力时,内部产生的抵抗形变的弹性恢复力. 设想在固体中有一面积为 $\triangle S$ 的截面,根据牛顿第三定律,截面两边的质点相互作用,两方的作用力大小相等方向相反. 由于力是矢量,$\triangle S$ 的方位取向不同,作用力大小方向也不同. 设 $\triangle S$ 某一面受到作用力为 $\triangle \boldsymbol{T}_n$, 我们称极限

$$\lim_{\Delta S\to 0}\frac{\Delta \boldsymbol{T}_n}{\Delta S}=\boldsymbol{T}_n$$

为 ΔS 趋于零这一点外法线为 n 截面上的应力. 在直角坐标中,在 (x,y,z) 这上点, $+x$ 为外法线的面积元上的应力为

$$\boldsymbol{T}_x=T_{xx}\boldsymbol{i}+T_{yx}\boldsymbol{j}+T_{zx}\boldsymbol{k}, \tag{3.160}$$

$+y$ 和 $+z$ 为外法线的面积元上的应力分别为

$$\boldsymbol{T}_y=T_{xy}\boldsymbol{i}+T_{yy}\boldsymbol{j}+T_{zy}\boldsymbol{k}, \tag{3.161}$$

$$\boldsymbol{T}_z=T_{xz}\boldsymbol{i}+T_{yz}\boldsymbol{j}+T_{zz}\boldsymbol{k}. \tag{3.162}$$

T_{xx}、T_{yy}、T_{zz} 分别垂直于所取截面,称之为正应力;其他应力分量均处于所取截面,称为切应力.

下边会看到,过 (x,y,z) 点的任一取向面积元上的应力,可由 $\boldsymbol{T}_x$、$\boldsymbol{T}_y$、$\boldsymbol{T}_z$ 来求出,即 $\boldsymbol{T}_x$、$\boldsymbol{T}_y$、$\boldsymbol{T}_z$ 三个应力向量可以确定 (x,y,z) 点的应力状态. 由于 $\boldsymbol{T}_x$、$\boldsymbol{T}_y$、$\boldsymbol{T}_z$ 各有三个分量,因此某点的应力状态对应 9 个应力分量. 用矩阵表示

$$[T]=\begin{bmatrix} T_{xx} & T_{xy} & T_{xz} \\ T_{yx} & T_{yy} & T_{yz} \\ T_{zx} & T_{zy} & T_{zz} \end{bmatrix}, \tag{3.163}$$

可见应力是一个二阶张量.

设在(x,y,z)处有一任意取向的面积元,其外法线与x、y、z轴的夹角分别为α、β、γ,则该面积元外法线单位矢量

$$\boldsymbol{n} = \cos\alpha\boldsymbol{i} + \cos\beta\boldsymbol{j} + \cos\gamma\boldsymbol{k} \tag{3.164}$$

该面积元上的应力

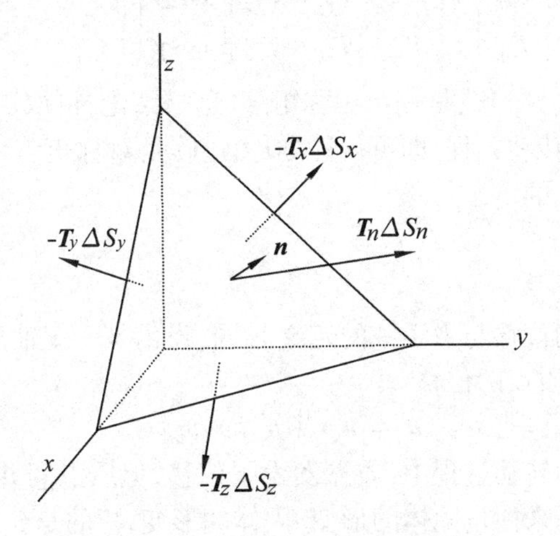

图 3.18 四面体体积元受到的应力

$$\boldsymbol{T}_n = T_{xn}\boldsymbol{i} + T_{yn}\boldsymbol{j} + T_{zn}\boldsymbol{k}. \tag{3.165}$$

今取如图 3.18 所示的四面体体积元,x 方向上的合力为

$$T_{xn}\Delta S_n - T_{xx}\Delta S_x - T_{xy}\Delta S_y - T_{xz}\Delta S_z = \rho\Delta V a_x,$$

其中ρ为质量密度,a_x为x方向的加速度. 当$\Delta S\to 0$时,ΔS为二级小量,ΔV是三级小量,所以上式简化成

$$T_{xn}\Delta S_n - T_{xx}\Delta S_x - T_{xy}\Delta S_y - T_{xz}\Delta S_z = 0,$$

利用关系式

$$\Delta S_x = \Delta S_n\cos\alpha,$$

$$\Delta S_y = \Delta S_n\cos\beta,$$

$$\Delta S_z = \Delta S_n\cos\gamma,$$

我们求得

$$T_{xn} = T_{xx}\cos\alpha + T_{xy}\cos\beta + T_{xz}\cos\gamma, \tag{3.166}$$

在求解中,我们没考虑重力的原因有二,一是重力为恒力,不是固体中原子间的作用力;当所讨论的固体尺寸不太大时,重力对应力的影响不大. 二是重力与体积有关,当所取体积无限小时,重力一项可以忽略.

将图 3.18 中y、z方向的合力求出来,得到

$$T_{yn} = T_{yx}\cos\alpha + T_{yy}\cos\beta + T_{yz}\cos\gamma, \tag{3.167}$$

$$T_{zn} = T_{zx}\cos\alpha + T_{zy}\cos\beta + T_{zz}\cos\gamma . \tag{3.168}$$

将以上三式用矩阵表示,则有

$$\begin{bmatrix} T_{xn} \\ T_{yn} \\ T_{zn} \end{bmatrix} = \begin{bmatrix} T_{xx} & T_{xy} & T_{xz} \\ T_{yx} & T_{yy} & T_{yz} \\ T_{zx} & T_{zy} & T_{zz} \end{bmatrix} \begin{bmatrix} \cos\alpha \\ \cos\beta \\ \cos\gamma \end{bmatrix}. \tag{3.169}$$

需要指出的是,(3.163)式是一个对称矩阵.这一结论,可取一体积元,比如为立方体积元,列出其转动方程,即可得证.应力矩阵是对称矩阵表明,9 个应力分量中只有 6 个是独立的.

二、应变

固体中质点的位移与力学中的定义相同,设沿 x、y、z 轴质点的位移分量分别为 u_x、u_y、u_z,则质点的位移

$$\boldsymbol{u} = u_x\boldsymbol{i} + u_y\boldsymbol{j} + u_z\boldsymbol{k}.$$

固体在平动和转动过程中,质点发生了位移,但质点间并未发生位移.这说明位移本身不能用来衡量固体的形变.固体的形变,指的是介质间发生的相对位移,称之为应变.

如图 3.19 所示,在固体中取 xy 平面,P 为任一点,$PA=\Delta x$,$PB=\Delta y$,PA 平行 x 轴,PB 平行于 y 轴.由于形变,P、A、B 三点分别移到 P'、A'、B'.线段在长度方向上的相对伸长(或缩短)量称之为正应变,PA 的正应变

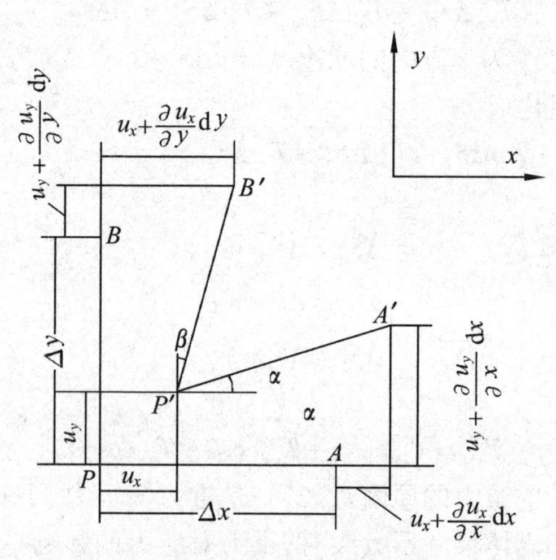

图 3.19　固体的形变

$$S_{xx}=\lim_{\Delta x\to 0}\frac{\left(u_x+\frac{\partial u_x}{\partial x}\Delta x\right)-u_x}{\Delta x}=\frac{\partial u_x}{\partial x}. \tag{3.170}$$

同样,PB 线段的正应变

$$S_{yy}=\frac{\partial u_y}{\partial y}. \tag{3.171}$$

从图 3.19 可知,PA、PB 线段发生正应变的同时,其方向也发生了变化,PA 转过的角度

$$\alpha=\lim_{\Delta x\to 0}\frac{\left(u_y+\frac{\partial u_y}{\partial x}\Delta x\right)-u_y}{\Delta x}=\frac{\partial u_y}{\partial x}. \tag{3.172}$$

PB 转过的角度

$$\beta=\frac{\partial u_x}{\partial y}. \tag{3.173}$$

我们称 PA 与 PB 线段的偏转角之和为切应变,并定义

$$S_{xy}=S_{yx}=\frac{1}{2}(\alpha+\beta)=\frac{1}{2}\left(\frac{\partial u_y}{\partial x}+\frac{\partial u_x}{\partial y}\right). \tag{3.174}$$

对于 yz 和 xz 平面,可求得

$$S_{zz}=\frac{\partial u_z}{\partial z}, \tag{3.175}$$

$$S_{yz}=S_{zy}=\frac{1}{2}\left(\frac{\partial u_y}{\partial z}+\frac{\partial u_z}{\partial y}\right), \tag{3.176}$$

$$S_{zx}=S_{xz}=\frac{1}{2}\left(\frac{\partial u_z}{\partial x}+\frac{\partial u_x}{\partial z}\right). \tag{3.177}$$

由以上可知,某一点的应变也有 9 个分量,用矩阵表示,则为

$$[S]=\begin{bmatrix} S_{xx} & S_{xy} & S_{xz} \\ S_{yx} & S_{yy} & S_{yz} \\ S_{zx} & S_{zy} & S_{zz} \end{bmatrix}. \tag{3.178}$$

由于应变矩阵是个对称矩阵,所以只有 6 个应变分量是独立的.

三、胡克定律

应力和应变都只有 6 个独立分量,如果把双下标按下列对应关系换成单下标

xx	1
yy	2
zz	3
yz, zy	4
zx, xz	5
xy, yx	6,

并规定

$$2S_{yz}=2S_{zy}=S_4=\frac{\partial u_y}{\partial z}+\frac{\partial u_z}{\partial y}$$

$$2S_{zx}=2S_{xz}=S_5=\frac{\partial u_z}{\partial x}+\frac{\partial u_x}{\partial z}$$

$$2S_{xy}=2S_{yx}=S_6=\frac{\partial u_x}{\partial y}+\frac{\partial u_y}{\partial x},$$

则与应力和应变有关的许多公式可进一步得到简化,运算中,应力和应变可用六元列阵表示,

$$[S]=\begin{bmatrix}S_1\\S_2\\S_3\\S_4\\S_5\\S_6\end{bmatrix},\tag{3.179}$$

$$[T]=\begin{bmatrix}T_1\\T_2\\T_3\\T_4\\T_5\\T_6\end{bmatrix}.\tag{3.180}$$

胡克定律指出,在弹性形变下,应力与应变存在线性关系,其数学表达式为

$$\boldsymbol{T}=\boldsymbol{c}:\boldsymbol{S},\tag{3.181}$$

$$\boldsymbol{S}=\boldsymbol{s}:\boldsymbol{T}.\tag{3.182}$$

写成分量形式,则为

$$T_I = c_{IJ} S_J,$$
$$S_I = s_{IJ} T_J,$$
$$I, J = 1, 2, \cdots, 6.$$

其中 $\boldsymbol{c}$、$\boldsymbol{s}$ 分别为弹性劲度常数张量和顺度常数张量，劲度常数

$$[c] = \begin{bmatrix} c_{11} & c_{12} & c_{13} & c_{14} & c_{15} & c_{16} \\ c_{21} & c_{22} & c_{23} & c_{24} & c_{25} & c_{26} \\ c_{31} & c_{32} & c_{33} & c_{34} & c_{35} & c_{36} \\ c_{41} & c_{42} & c_{43} & c_{44} & c_{45} & c_{46} \\ c_{51} & c_{52} & c_{53} & c_{54} & c_{55} & c_{56} \\ c_{61} & c_{62} & c_{63} & c_{64} & c_{65} & c_{66} \end{bmatrix}.$$

弹性劲度常数矩阵是对称矩阵，因此独立常数的个数最多为 21，对称性越高，晶体的独立常数越少. 立方晶体只有两个独立弹性常数，c_{11} 和 c_{12}.

从(3.181)和(3.182)两式可以看出，劲度常数张量与顺度常数张量是互逆的，即

$$[s] = [c]^{-1}. \tag{3.183}$$

§3.10　弹性动力学方程　弹性波

一、弹性动力学方程

图 3.20 画出了体积元 $\Delta x \Delta y \Delta z$ 在 x 方向受到的作用力. 当体积元无限小时，由于应力不会突变，相对两面的受力方向正相反. 比如外法线为正 x 方向的 $\Delta y \Delta z$ 面受到前面原子的拉伸力，则外法线为 $-x$ 方向的 $\Delta y \Delta z$ 面受到后面原子的拉伸力. 由图 3.20 可以求出体积元在 x 方向运动的运动方程

$$\begin{aligned} &[T_{xx}(x+\Delta x) - T_{xx}(x)]\Delta y \Delta z + [T_{xy}(y+\Delta y) \\ &- T_{xy}(y)]\Delta z \Delta x + [T_{xz}(z+\Delta z) - T_{xz}(z)]\Delta x \Delta y \\ &= \rho \Delta x \Delta y \Delta z \frac{\partial^2 u_x}{\partial t^2}. \end{aligned}$$

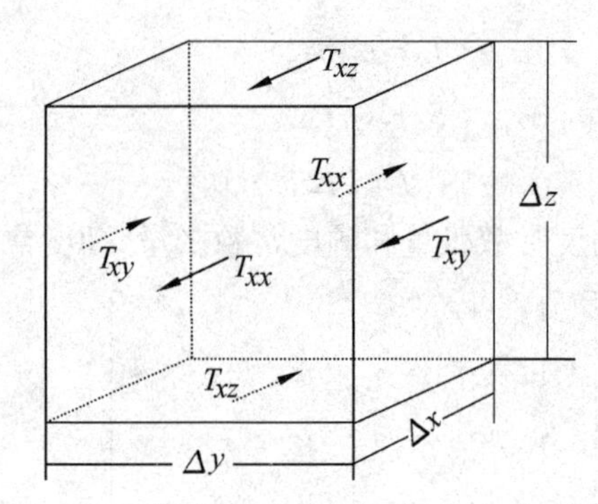

图 3.20　体积元 $\Delta x\Delta y\Delta z$ 在 x 方向受的力

当体积元趋于一点时,上式化成

$$\frac{\partial T_1}{\partial x}+\frac{\partial T_6}{\partial y}+\frac{\partial T_5}{\partial z}=\rho\frac{\partial^2 u_x}{\partial t^2}. \tag{3.184}$$

同样可由 y 方向和 z 方向的运动方程求得

$$\frac{\partial T_6}{\partial x}+\frac{\partial T_2}{\partial y}+\frac{\partial T_4}{\partial z}=\rho\frac{\partial^2 u_y}{\partial t^2}, \tag{3.185}$$

$$\frac{\partial T_5}{\partial x}+\frac{\partial T_4}{\partial y}+\frac{\partial T_3}{\partial z}=\rho\frac{\partial^2 u_z}{\partial t^2}. \tag{3.186}$$

通常称(3.184)、(3.185)和(3.186)为弹性动力学方程.

二、弹性波

用张量算符表示弹性动力学方程,则有

$$\nabla\cdot \boldsymbol{T}=\rho\frac{\partial^2 \boldsymbol{u}}{\partial t^2}, \tag{3.187}$$

其中

$$\nabla\cdot=\begin{bmatrix}\frac{\partial}{\partial x} & 0 & 0 & 0 & \frac{\partial}{\partial z} & \frac{\partial}{\partial y}\\ 0 & \frac{\partial}{\partial y} & 0 & \frac{\partial}{\partial z} & 0 & \frac{\partial}{\partial x}\\ 0 & 0 & \frac{\partial}{\partial z} & \frac{\partial}{\partial y} & \frac{\partial}{\partial x} & 0\end{bmatrix}. \tag{3.188}$$

由(3.187)式对时间求导数得

$$\nabla\cdot\frac{\partial \boldsymbol{T}}{\partial t}=\rho\frac{\partial^2 \boldsymbol{V}}{\partial t^2}, \tag{3.189}$$

其中　$\boldsymbol{V}=\partial\boldsymbol{u}/\partial t$ 是质点位移速度. 由(3.179)和(3.181)两式可得

$$\frac{\partial \boldsymbol{T}}{\partial t}=\boldsymbol{c}:\nabla_s \boldsymbol{V}, \tag{3.190}$$

其中

$$\nabla_s=\begin{bmatrix} \frac{\partial}{\partial x} & 0 & 0 \\ 0 & \frac{\partial}{\partial y} & 0 \\ 0 & 0 & \frac{\partial}{\partial z} \\ 0 & \frac{\partial}{\partial z} & \frac{\partial}{\partial y} \\ \frac{\partial}{\partial z} & 0 & \frac{\partial}{\partial x} \\ \frac{\partial}{\partial y} & \frac{\partial}{\partial x} & 0 \end{bmatrix}. \tag{3.191}$$

将(3.190)代入(3.189),得到

$$\nabla\cdot \boldsymbol{c}:\nabla_s \boldsymbol{V}=\rho\frac{\partial^2 \boldsymbol{V}}{\partial t^2}. \tag{3.192}$$

写成分量形式,则为

$$\nabla_{iK}c_{KL}\nabla_{Lj}V_j=\rho\frac{\partial^2 V_i}{\partial t^2}, \tag{3.193}$$

其中 $i,j=x,y,z;K,L=1,2,\cdots 6$. 设弹性波的传播方向单位矢量

$$\boldsymbol{I}=l_x\boldsymbol{i}+l_y\boldsymbol{j}+l_z\boldsymbol{k}, \tag{3.194}$$

波矢为 k 的弹性波含有因子

$$\mathrm{e}^{i(\omega t-k\boldsymbol{I}\cdot\boldsymbol{r})}.$$

因此,∇_{iK}和∇_{Lj}分别用以下两式替代

$$[\nabla_{iK}]\rightarrow -ik\begin{bmatrix} l_x & 0 & 0 & 0 & l_z & l_y \\ 0 & l_y & 0 & l_z & 0 & l_x \\ 0 & 0 & l_z & l_y & l_x & 0 \end{bmatrix},$$

$$[\nabla_{Lj}]\rightarrow -ik\begin{bmatrix} l_x & 0 & 0 \\ 0 & l_y & 0 \\ 0 & 0 & l_z \\ 0 & l_z & l_y \\ l_z & 0 & l_x \\ l_y & l_x & 0 \end{bmatrix}.$$

最后得到

$$\Gamma_{ij}V_j=\frac{\rho\omega^2}{k^2}V_i. \tag{3.195}$$

将上式右端移到左端,并写成矩阵形式,得

$$\begin{bmatrix} \Gamma_{11}-c & \Gamma_{12} & \Gamma_{13} \\ \Gamma_{12} & \Gamma_{22}-c & \Gamma_{23} \\ \Gamma_{13} & \Gamma_{23} & \Gamma_{33}-c \end{bmatrix}\begin{bmatrix} V_x \\ V_y \\ V_z \end{bmatrix}=0\ . \tag{3.196}$$

(3. 195)或(3. 196)式称为克利斯托夫(Christoffel)方程,其中

$$\Gamma_{11}=c_{11}l_x^2+c_{66}l_y{}^2+c_{55}l_z{}^2+2c_{56}l_yl_z+2c_{15}l_zl_x+2c_{16}l_xl_y,$$
$$\Gamma_{22}=c_{66}l_x^2+c_{22}l_y^2+c_{44}l_z^2+2c_{24}l_yl_z+2c_{46}l_zl_x+2c_{26}l_xl_y,$$
$$\Gamma_{33}=c_{55}l_x^2+c_{44}l_y^2+c_{33}l_z^2+2c_{34}l_yl_z+2c_{35}l_zl_x+2c_{45}l_xl_y,$$
$$\Gamma_{12}=c_{16}l_x^2+c_{26}l_y^2+c_{45}l_z^2 +(c_{46}+c_{25})l_yl_z+(c_{14}+c_{56})l_zl_x+(c_{12}+c_{66})l_xl_y,$$
$$\Gamma_{13}=c_{15}l_x^2+c_{46}l_y^2+c_{35}l_z^2+(c_{45}+c_{36})l_yl_z +(c_{13}+c_{55})l_zl_x+(c_{14}+c_{56})l_xl_y,$$
$$\Gamma_{23}=c_{56}l_x^2+c_{24}l_y^2+c_{34}l_z^2+(c_{44}+c_{23})l_yl_z +(c_{36}+c_{45})l_zl_x+(c_{25}+c_{46})l_xl_y,$$

称为克利斯托夫模量,

$$c=\rho\left(\frac{\omega}{k}\right)^2 \tag{3.197}$$

称为有效弹性常数. 要使(3. 196)式成立,质点速度系数的行列式必须为零,即

$$\begin{vmatrix} \Gamma_{11}-c & \Gamma_{12} & \Gamma_{13} \\ \Gamma_{12} & \Gamma_{22}-c & \Gamma_{23} \\ \Gamma_{13} & \Gamma_{23} & \Gamma_{33}-c \end{vmatrix}=0. \tag{3.198}$$

由此式,一般可求出三个有效弹性常数 c_i,它们对应三个不同的弹性波,它们的传播速度分别为

$$v_i=\sqrt{\frac{c_i}{\rho}}.\tag{3.199}$$

对于立方晶体,(3.198)式简化成

$$\begin{vmatrix} c_{11}l_x^2+c_{44}(l_y^2+l_z^2)-c & (c_{12}+c_{44})l_xl_y & (c_{12}+c_{44})l_xl_z \\ (c_{12}+c_{44})l_xl_y & c_{11}l_y^2+c_{44}(l_z^2+l_x^2)-c & (c_{12}+c_{44})l_yl_z \\ (c_{12}+c_{44})l_xl_z & (c_{12}+c_{44})l_yl_z & c_{11}l_z^2+c_{44}(l_x^2+l_y^2)-c \end{vmatrix}=0.\tag{3.200}$$

当弹性波沿晶轴传播时,比如沿[100]方向传播时,上式化成

$$\begin{vmatrix} c_{11}-c & 0 & 0 \\ 0 & c_{44}-c & 0 \\ 0 & 0 & c_{44}-c \end{vmatrix}=0 .$$

方程的三个根分别是 $c_1=c_{11},c_2=c_{44},c_3=c_{44}$. 三个弹性波的波速分别为

$$v_1=\sqrt{\frac{c_{11}}{\rho}},\ v_2=v_3=\sqrt{\frac{c_{44}}{\rho}}.$$

将 c_1 代入(3.196)式,得到 $V_x\neq0,V_y=V_z=0$,这是一个纵波,因为传播方向与质点位移方向一致. 将 c_2 或 c_3 代入(3.196)式,得到三种情况

$$V_x=0,V_y\neq0,V_z=0;$$

$$V_x=0,V_y=0,V_z\neq0;$$

$$V_x=0,V_y\neq0,V_z\neq0.$$

这三种组合都属于质点位移与传播方向垂直的情况,都是切变波,即横波. 对于第三种情况,由于 y、z 方向的质点位移同时存在,其合位移往往是椭圆偏振的.

对于沿[110]方向传播的弹性波,$l_x=l_y=\sqrt{2}/2,l_z=0$,由(3.200)式可得

$$c_1=\frac{c_{11}+c_{12}+2c_{44}}{2},c_2=\frac{c_{11}-c_{12}}{2},c_3=c_{44}.$$

相应的传播速度为

$$v_1=\sqrt{\frac{c_{11}+c_{12}+2c_{44}}{2\rho}},\ v_2=\sqrt{\frac{c_{11}-c_{12}}{2\rho}},\ v_3=\sqrt{\frac{c_{44}}{\rho}}.$$

将 c_1 代入(3.196)式得到,$V_x=V_y\neq0,\ V_z=0$;这是个纵波. 将 c_2 代入(3.196)式得到 $V_x=-V_y,V_z=0$;这是个横波,因为质点合位移的方向与[110]垂直. 将 c_3 代(3.196)式得到,$V_x=V_y=0,V_z\neq0$;这是个横波.

从以上讨论可以看出,某方向传播的弹性波,一般有三个模式,如[110]方向,一个纵波,两个横波. 但有时两横波是简并的,如[100]方向,对应 c_2 和 c_3 的

横波即为此种情况.

需要指出的是,在某一方向上虽有三种模式的波动,但对于对称性差的晶体,这些弹性波往往不是纯纵波和纯横波,一般是纵波和横波的耦合形式,称为准纵波或准横波.

§3.11 固体声表面波

1885年,英国物理学家瑞利(J. W. Rayleigh)从理论上证明,在各向同性均匀固体表面存在一种沿表面传播,能量集中于表面附近的弹性波振动模式.后人称这一振动模式为声表面波,又称为瑞利波.

为了获得对固体表面波动的理解,我们先引进无旋波和等容波的概念.

一、无旋波、等容波

由(3.172)和(3.173)已知,当固体发生形变时,原来分别平行于 x 轴和 y 轴的线段元在 xy 平面里的偏转角分别表示为

$$\alpha = \frac{\partial u_y}{\partial x},$$

$$\beta = \frac{\partial u_x}{\partial y}.$$

α 是线段 PA 绕 z 轴的转角,$-\beta$ 是线段 PB 绕 z 轴的转角.弹性体局部绕 z 轴的平均转角为

$$\theta_z = \frac{1}{2}(\alpha - \beta) = \frac{1}{2}\left(\frac{\partial u_y}{\partial x} - \frac{\partial u_x}{\partial y}\right).$$

在 yz 和 xz 平面里,同样可得

$$\theta_x = \frac{1}{2}\left(\frac{\partial u_z}{\partial y} - \frac{\partial u_y}{\partial z}\right),$$

$$\theta_y = \frac{1}{2}\left(\frac{\partial u_x}{\partial z} - \frac{\partial u_z}{\partial x}\right).$$

由质点位移矢量

$$\boldsymbol{u} = u_x\boldsymbol{i} + u_y\boldsymbol{j} + u_z\boldsymbol{k}$$

的旋度

$$\nabla\times\boldsymbol{u} = \left(\frac{\partial u_z}{\partial y} - \frac{\partial u_y}{\partial z}\right)\boldsymbol{i} + \left(\frac{\partial u_x}{\partial z} - \frac{\partial u_z}{\partial x}\right)\boldsymbol{j} + \left(\frac{\partial u_y}{\partial x} - \frac{\partial u_x}{\partial y}\right)\boldsymbol{k}$$

$$=2\theta_x \boldsymbol{i}+2\theta_y \boldsymbol{j}+2\theta_z \boldsymbol{k}$$

可知，若 $\theta_x=\theta_y=\theta_z=0$，则质点位移的旋度为零. 人们称质点位移旋度为零的形变为无旋形变，对应的弹性波为无旋波.

一平行六面体体积元形变前的体积为 $\Delta x\Delta y\Delta z$，形变后的体积变成

$$\left(\Delta x+\frac{\partial u_x}{\partial x}\Delta x\right)\left(\Delta y+\frac{\partial u_y}{\partial y}\Delta y\right)\left(\Delta z+\frac{\partial u_z}{\partial z}\Delta y\right).$$

形变前后该体积元的体积变化率

$$e=\frac{\left(\Delta x+\frac{\partial u_x}{\partial x}\Delta x\right)\left(\Delta y+\frac{\partial u_y}{\partial y}\Delta y\right)\left(\Delta z+\frac{\partial u_z}{\partial z}\Delta z\right)-\Delta z\Delta y\Delta z}{\Delta x\Delta y\Delta z}$$

$$=\frac{\partial u_x}{\partial x}+\frac{\partial u_y}{\partial y}+\frac{\partial u_z}{\partial z}+\frac{\partial u_x}{\partial x}\cdot\frac{\partial u_y}{\partial y}+\frac{\partial u_y}{\partial y}\cdot\frac{\partial u_z}{\partial z}+\frac{\partial u_z}{\partial z}\cdot\frac{\partial u_x}{\partial x}+\frac{\partial u_x}{\partial x}\cdot\frac{\partial u_y}{\partial y}\cdot\frac{\partial u_z}{\partial z}.$$

弹性体的应变一般小于 10^{-3}，若忽略掉二级三级小量，则弹性体的体积变化率

$$e=\frac{\partial u_x}{\partial x}+\frac{\partial u_y}{\partial y}+\frac{\partial u_z}{\partial z}. \tag{3.201}$$

从上式可知，弹性体的体积变化率等于三个正应变之和，所以人们又称体积变化率为体积应变或体积膨胀率. 因此，人们称体积应变为零的弹性波为等容波.

无旋波和等容波是弹性波的两个独立波动模式. 可以证明，纯纵波是无旋波，纯切变波是等容波. 一般弹性波是无旋波和等容波的线性组合.

二、各向同性体的弹性动力学方程

对于各向同性弹性体，其弹性劲度常数张量和弹性顺度常数张量分别为

$$[c]=\begin{bmatrix} c_{11} & c_{12} & c_{12} & 0 & 0 & 0 \\ c_{12} & c_{11} & c_{12} & 0 & 0 & 0 \\ c_{12} & c_{12} & c_{11} & 0 & 0 & 0 \\ 0 & 0 & 0 & c_{44} & 0 & 0 \\ 0 & 0 & 0 & 0 & c_{44} & 0 \\ 0 & 0 & 0 & 0 & 0 & c_{44} \end{bmatrix},$$

$$[s]=\begin{bmatrix} s_{11} & s_{12} & s_{12} & 0 & 0 & 0 \\ s_{12} & s_{11} & s_{12} & 0 & 0 & 0 \\ s_{12} & s_{12} & s_{11} & 0 & 0 & 0 \\ 0 & 0 & 0 & s_{44} & 0 & 0 \\ 0 & 0 & 0 & 0 & s_{44} & 0 \\ 0 & 0 & 0 & 0 & 0 & s_{44} \end{bmatrix},$$

其中 $c_{12}=c_{11}-2c_{44}$，$c_{12}=s_{11}-s_{44}/2$，即独立常数各为 2 个. 工程技术上常采用另外三个常数:杨氏模量 Y、切变模量 G 和泊松比 σ,它们与弹性劲度常数和弹性顺度常数的关系分别是

$$Y=\frac{1}{s_{11}},$$

$$G=c_{44}=\frac{1}{s_{44}},$$

$$\sigma=-\frac{s_{12}}{s_{11}},$$

其中泊松比式右端加一负号，是为了使得泊松比 σ 是正值,因为 s_{12} 是一负值，它对应着弹性体长度伸或缩时,其横向(宽和厚)必定缩或伸. 弹性劲度常数 c_{11} 和 c_{12} 与杨氏模量 Y 和泊松比 σ 的关系分别是

$$c_{11}=\frac{s_{11}+s_{12}}{(s_{11}-s_{12})(s_{11}+2s_{12})}=\frac{(1-\sigma)Y}{(1+\sigma)(1-2\sigma)},$$

$$c_{12}=\frac{-s_{12}}{(s_{11}-s_{12})(s_{11}+2s_{12})}=\frac{\sigma Y}{(1+\sigma)(1-2\sigma)}.$$

将应力与应变的关系式

$$T_1=c_{11}S_1+c_{12}S_2+c_{12}S_3,$$
$$T_2=c_{12}S_1+c_{11}S_2+c_{12}S_3,$$
$$T_3=c_{12}S_1+c_{12}S_2+c_{11}S_3,$$
$$T_4=c_{44}S_{44},$$
$$T_5=c_{44}S_5,$$
$$T_6=c_{44}S_6,$$

代入动力学方程(3.184)、(3.185)和(3.186)三式,得到

$$\frac{\partial^2 u_x}{\partial t^2}=\frac{Y}{2(1+\sigma)\rho}\left(\frac{1}{1-2\sigma}\cdot\frac{\partial e}{\partial x}+\nabla^2 u_x\right), \tag{3.202}$$

$$\frac{\partial^2 u_y}{\partial t^2}=\frac{Y}{2(1+\sigma)\rho}\left(\frac{1}{1-2\sigma}\cdot\frac{\partial e}{\partial y}+\nabla^2 u_y\right), \tag{3.203}$$

$$\frac{\partial^2 u_z}{\partial t^2}=\frac{Y}{2(1+\sigma)\rho}\left(\frac{1}{1-2\sigma}\cdot\frac{\partial e}{\partial z}+\nabla^2 u_z\right),\tag{3.204}$$

对于无旋波，以上三式化为

$$\frac{\partial^2 u_x}{\partial t^2}=c_l^2\nabla^2 u_x,\tag{3.205}$$

$$\frac{\partial^2 u_y}{\partial t^2}=c_l^2\nabla^2 u_y,\tag{3.206}$$

$$\frac{\partial^2 u_z}{\partial t^2}=c_l^2\nabla^2 u_z,\tag{3.207}$$

其中

$$c_l=\sqrt{\frac{Y(1-\sigma)}{(1+\sigma)(1-2\sigma)\rho}},\tag{3.208}$$

是无旋波传播的速度. 在(3.205)、(3.206)和(3.207)三式的推导中应用了无旋波的关系式

$$\frac{\partial u_y}{\partial x}=\frac{\partial u_x}{\partial y},$$

$$\frac{\partial u_z}{\partial y}=\frac{\partial u_y}{\partial z},$$

$$\frac{\partial u_x}{\partial z}=\frac{\partial u_z}{\partial x}.$$

对于等容波，(3.202)、(3.203)和(3.204)三式分别化为

$$\frac{\partial^2 u_x}{\partial t^2}=c_t^2\nabla^2 u_x,\tag{3.209}$$

$$\frac{\partial^2 u_y}{\partial t^2}=c_t^2\nabla^2 u_y,\tag{3.210}$$

$$\frac{\partial^2 u_z}{\partial t^2}=c_t^2\nabla^2 u_z,\tag{3.211}$$

其中

$$c_t=\sqrt{\frac{Y}{2(1+\sigma)\rho}}=\sqrt{\frac{G}{\rho}},\tag{3.212}$$

是等容波的传播速度. 由于弹性体的泊松比 σ 一般小于 0.5，因此，可以估算出，无旋波的速度比等容波的速度大得多.

三、各向同性体的表面波

如图 3.21 所示，将直角坐标原点取在弹性体表平面上，坐标 z 轴指向弹性

体的厚度方向并垂直于表平面. 为了求得弹性体表面波动模式,为简单计,设此波动的质点位移在 y 方向是均匀的,波动沿 x 方向传播,位移分量分别为

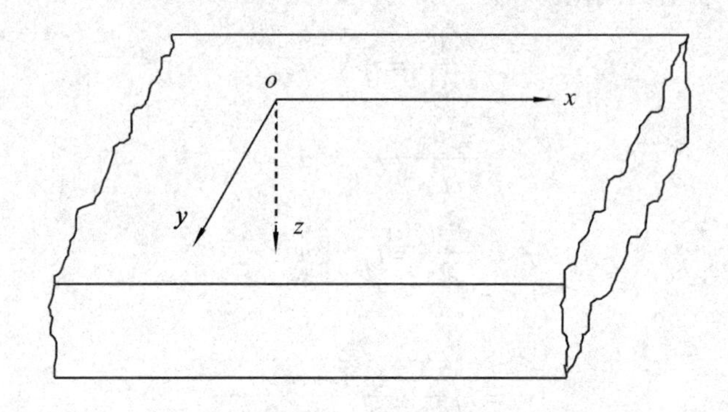

图 3.21　弹性体表面坐标

$$u_x = Af(z)e^{i(\omega t - kx)}, \tag{3.213}$$

$$u_y = Bg(z)e^{i(\omega t - kx)}, \tag{3.214}$$

$$u_z = Ch(z)e^{i(\omega t - kx)}, \tag{3.215}$$

其中 A、B 和 C 是常数,$f(z)$、$g(z)$ 和 $h(z)$ 为坐标 z 的待定函数. 从以上三式可知, 该弹性波不是平面波. 不过它们应该是无旋波和等容波的线性叠加, 即

$$u_x = u_{xl} + u_{xt}, \tag{3.216}$$

$$u_y = u_{yl} + u_{yt}, \tag{3.217}$$

$$u_z = u_{zl} + u_{zt}, \tag{3.218}$$

其中

$$u_{xl} = A_1 f_1(z)e^{i(\omega t - kx)}, \tag{3.219}$$

$$u_{yl} = B_1 g_1(z)e^{i(\omega t - kx)}, \tag{3.220}$$

$$u_{zl} = C_1 h_1(z)e^{i(\omega t - kx)}, \tag{3.221}$$

$$u_{xt} = A_2 f_2(z)e^{i(\omega t - kx)}, \tag{3.222}$$

$$u_{yt} = B_2 g_2(z)e^{i(\omega t - kx)}, \tag{3.223}$$

$$u_{zt} = C_2 h_2(z)e^{i(\omega t - kx)}, \tag{3.224}$$

将(3.202)、(3.203)和(3.204)三式中的无旋部分与等容部分分开, 得到

$$\frac{\partial^2 u_{xl}}{\partial t^2} = c_l^2 \nabla^2 u_{xl}, \tag{3.225}$$

$$\frac{\partial^2 u_{yl}}{\partial t^2} = c_l^2 \nabla^2 u_{yl}, \tag{3.226}$$

$$\frac{\partial^2 u_{zl}}{\partial t^2}=c_l^2\nabla^2 u_{zl},\tag{3.227}$$

$$\frac{\partial^2 u_{xt}}{\partial t^2}=c_t^2\nabla^2 u_{xt},\tag{3.228}$$

$$\frac{\partial^2 u_{yt}}{\partial t^2}=c_t^2\nabla^2 u_{yt},\tag{3.229}$$

$$\frac{\partial^2 u_{zt}}{\partial t^2}=c_t^2\nabla^2 u_{zt},\tag{3.230}$$

由(3.225)式得到

$$-\omega^2 f_1(z)=-k^2c_l^2 f_1(z)+c_l^2\frac{d^2f_1}{dz^2},$$

即

$$\frac{d^2f_1}{dz^2}=\alpha^2 f_1(z),\tag{3.231}$$

其中

$$\alpha^2=k^2-\frac{\omega^2}{c_l^2}\tag{3.232}$$

(3.231)式的通解为

$$f_1(z)=A_1'\mathrm{e}^{-\alpha z}+A_1''\mathrm{e}^{\alpha z}.$$

因为，$z\to\infty$ 时，质点位移不可能无穷大，所以上式中 $A_1''=0$，即 $f_1(z)=A_1'\mathrm{e}^{-\alpha z}$. 于是，得到

$$u_{xl}=A_1\mathrm{e}^{-\alpha z}\mathrm{e}^{i(\omega t-kx)},\tag{3.233}$$

同理

$$u_{yl}=B_1\mathrm{e}^{-\alpha z}\mathrm{e}^{i(\omega t-kx)},\tag{3.234}$$

$$u_{zl}=C_1\mathrm{e}^{-\alpha z}\mathrm{e}^{i(\omega t-kx)},\tag{3.235}$$

由无旋波位移矢量的旋度为零，可得到

$$\frac{\partial u_{zl}}{\partial y}-\frac{\partial u_{yl}}{\partial z}=B_1\alpha\mathrm{e}^{i(\omega t-kx)}=0,$$

$$\frac{\partial u_{xl}}{\partial z}-\frac{\partial u_{zl}}{\partial x}=A_1\alpha\mathrm{e}^{-\alpha z}\mathrm{e}^{i(\omega t-kx)}+C_1ik\mathrm{e}^{-\alpha z}\mathrm{e}^{i(\omega t-kx)}=0,$$

$$\frac{\partial u_{yl}}{\partial x}-\frac{\partial u_{xl}}{\partial y}=-ikB_1\mathrm{e}^{-\alpha z}\mathrm{e}^{i(\omega t-kx)}=0.$$

由以上三式又进一步得到

$$u_{xl}=A_1\mathrm{e}^{-\alpha z}\mathrm{e}^{i(\omega t-kx)},\tag{3.236}$$

$$u_{yl}=0, \tag{3.237}$$

$$u_{zl}=-\frac{i\alpha A_1}{k}\mathrm{e}^{-\alpha z}\mathrm{e}^{i(\omega t-kx)}. \tag{3.238}$$

对于等容波，同样可得到

$$u_{xt}=A_2\mathrm{e}^{-\beta z}\mathrm{e}^{i(\omega t-kx)}, \tag{3.239}$$

$$u_{yt}=B_2\mathrm{e}^{-\beta z}\mathrm{e}^{i(\omega t-kx)}, \tag{3.240}$$

$$u_{zt}=C_2\mathrm{e}^{-\beta z}\mathrm{e}^{i(\omega t-kx)}, \tag{3.241}$$

$$\beta^2=k^2-\frac{\omega^2}{c_t^2}, \tag{3.242}$$

由等容波的体积应变率

$$e=-A_2ik\mathrm{e}^{-\beta z}\mathrm{e}^{i(\omega t-kx)}-c_2\beta\mathrm{e}^{-\beta z}\mathrm{e}^{i(\omega t-kx)}=0$$

又将(3.241)式化成

$$u_{zt}=-\frac{iA_2k}{\beta}\mathrm{e}^{-\beta z}\mathrm{e}^{i(\omega t-kx)}. \tag{3.243}$$

再利用 $z=0$ 处是自由表面的边界条件

$$T_{zz}=T_3=0,T_{yz}=T_4=0,T_{xz}=T_5=0,$$

得到

$$A_1\left(\alpha-\frac{c_{12}}{c_{11}}k^2\right)+A_2k^2\left(1-\frac{c_{12}}{c_{11}}\right)=0, \tag{3.244}$$

$$B_2\beta=0 \tag{3.245}$$

$$A_12\alpha\beta+A_2(\beta^2+k^2)=0. \tag{3.246}$$

由(3.237)和(3.245)两式可知，当质点位移在 y 方向是均匀时,位移只剩与 y 垂直的两个分量不为零,而且,这两个位移分量的相位差为 $\pi/2$. (3.244)、(3.245)和(3.246)三式是将(3.236)、(3.238)、(3.239)和(3.243)代入了(3.216)、(3.217)和(3.218)三式,再将(3.216)、(3.217)和(3.218)三式代入自由边界条件

$$T_3=c_{12}S_1+c_{12}S_2+c_{33}S_3=c_{12}\frac{\partial u_x}{\partial x}+c_{12}\frac{\partial u_y}{\partial y}+c_{33}\frac{\partial u_z}{\partial z}=0,$$

$$T_4=c_{44}S_4=c_{44}\left(\frac{\partial u_y}{\partial z}+\frac{\partial u_z}{\partial y}\right)=0,$$

$$T_5=c_{44}S_5=c_{44}\left(\frac{\partial u_x}{\partial z}+\frac{\partial u_z}{\partial x}\right)=0,$$

得到的.

因为(3.244)和(3.246)两式中 A_1 和 A_2 不为零,所以由其系数行列式的值

必定为零这一条件得

$$\left(\alpha^2-\frac{c_{12}}{c_{11}}k^2\right)(\beta^2+k^2)=2\alpha\beta k^2\left(1-\frac{c_{12}}{c_{11}}\right).$$

对上式两边取平方得

$$\left(\alpha^2-\frac{c_{12}}{c_{11}}k^2\right)(\beta^2+k^2)=4\alpha^2\beta^2k^4\left(1-\frac{c_{12}}{c_{11}}\right)^2. \tag{3.247}$$

将所讨论的波动的传播速度

$$c_R=\frac{\omega}{k},$$

及(3.232)和(3.242)两式代入(3.247)式得

$$\left[\frac{\omega^2}{c_R^2}\left(1-\frac{c_{12}}{c_{11}}\right)-\frac{\omega^2}{c_l^2}\right]^2\left[\frac{2\omega^2}{c_R^2}-\frac{\omega^2}{c_t^2}\right]^2=4\left(\frac{\omega^2}{c_R^2}-\frac{\omega^2}{c_l^2}\right)\left(\frac{\omega^2}{c_R^2}-\frac{\omega^2}{c_t^2}\right)\frac{\omega^4}{c_R^4}\left(1-\frac{c_{12}}{c_{11}}\right)^2. \tag{3.248}$$

(3.248)式是一复杂的高次方方程. 但人们注意到,对于各向同性体,仅有两个独立的弹性常数 c_{11} 和 c_{12},无旋波的的速度 c_l、等容波的速度 c_t及瑞利波速度 c_R均依赖于这两个弹性常数. 也就是说,若知道某材料的弹性常数 c_{11} 和 c_{12},则由(3.248)式即可求出该材料的瑞利波速度 c_R. 现在的问题是,材料千差万别,c_{11}和 c_{12}能有什么规律可用吗?人们期望同类性质的材料其弹性常数能有相近的关系可以利用. 表3.2列出了部分多晶金属(各向同性材料)的 c_{11}、c_{44}及利用关系式 $c_{12}=c_{11}-2c_{44}$导出的 c_{12}.

表3.2　　几种金属材料的弹性常数　　单位:$10^{10}\,\mathrm{N/m^2}$

金属	c_{11}	c_{44}	c_{12}
铝	11.1	2.5	6.1
镍	32.4	8.0	16.4
钛	16.59	4.4	7.79
钨	58.1	13.4	31.3

从表3.2可以看出,这四类金属有近似的关系:$c_{12}/c_{11}\approx\frac{1}{2}$. 再利用各向同性体弹性常数间的换算关系

$$\frac{1}{c_{44}}=\frac{2}{c_{11}-c_{12}}=s_{44}=2(s_{11}-s_{12}),$$

$$c_{11}=\frac{s_{11}+s_{12}}{(s_{11}-s_{12})(s_{11}+2s_{12})},$$

可得到这四种金属的泊松比 $\sigma=\frac{1}{3}$，进而由(3.208)和(3.212)两式得到 $c_l^2=4c_t^2$. 若令$\frac{c_R^2}{c_t^2}=\lambda^2$，则又得到$\frac{c_R^2}{c_l^2}=\frac{\lambda^2}{4}$. 将关系式

$$\frac{c_{12}}{c_{11}}=\frac{1}{2},\omega^2=k^2c_R^2,\frac{\omega^2}{c_t^2}=k^2\lambda^2,\frac{\omega^2}{c_l^2}=\frac{k^2\lambda^2}{4}$$

代入(3.248)式,得到一个关于 λ^2 的一元三次方程

$$(\lambda^2)^3-8(\lambda^2)^2+20(\lambda^2)-12=0. \tag{3.249}$$

由于

$$\beta^2=k^2-\frac{\omega^2}{c_t^2}=\frac{\omega^2}{c_R^2}\left(1-\frac{c_R^2}{c_t^2}\right)=\frac{\omega^2}{c_R^2}(1-\lambda^2)$$

必须大于零,所以 λ^2 必须小于1. 解(3.249)式,得到满足此条件的解是

$$\lambda^2=-\frac{1}{3}(46+6\sqrt{57})^{\frac{1}{3}}-\frac{4}{3(46+6\sqrt{57})^{\frac{1}{3}}}+\frac{8}{3}=0.8696.$$

瑞利波的传播速度与切变波传播速度的比值,则为

$$\frac{c_R}{c_t}=0.9325.$$

由上式可以看出,所选金属的瑞利波速度比切变波速度慢6.75%. 由 c_R^2 与 c_l^2 的比值和 c_R^2 与 c_t^2 的比值，又可得到

$$\alpha=\left(k^2-\frac{\omega^2}{c_l^2}\right)^{\frac{1}{2}}=k\left(1-\frac{c_R^2}{c_l^2}\right)^{\frac{1}{2}}=0.8846k,$$

$$\beta=\left(k^2-\frac{\omega^2}{c_t^2}\right)^{\frac{1}{2}}=k\left(1-\frac{c_R^2}{c_t^2}\right)^{\frac{1}{2}}=0.3611k.$$

再由(3.244)式得到 $A_2=-0.5652A_1$,于是我们得到质点位移的表达式

$$u_x=A_1\left(\mathrm{e}^{-0.8846kz}-0.5652\mathrm{e}^{-0.3611kz}\right)\mathrm{e}^{i(\omega t-kx)},$$

$$u_z=-iA_1\left(0.8846\mathrm{e}^{-0.8846kz}-1.5652\mathrm{e}^{-0.3611kz}\right)\mathrm{e}^{i(\omega t-kx)}.$$

质点位移的实部则为

$$u_x=A\left(\mathrm{e}^{-0.8846kz}-0.5652\mathrm{e}^{-0.3611kz}\right)\cos\left[k\left(0.9325\sqrt{\frac{G}{\rho}}t-x\right)\right], \tag{3.250}$$

$$u_z = A(0.8846\mathrm{e}^{-0.8846kz} - 1.5652\mathrm{e}^{-0.3611kz})\sin\left[k\left(0.9325\sqrt{\frac{G}{\rho}}t - x\right)\right]. \tag{3.251}$$

以上两式中

$$\sqrt{\frac{G}{\rho}} = c_t.$$

由(3.250)和(3.251)两式可知，t 和 x 一定，该波动在弹性体厚度方向的位移 u_z随 z 的变化不变号，但振幅随 z 的增大会越来越小；而平行于弹性体表面的位移 u_x随 z 的变化而变号，在 $z=0.174\lambda$（波长）处，$u_x=0$，在 $z=0.174\lambda$ 上下，u_x方向相反. 图 3.22 示出了 u_x和 u_z的振幅随弹性体厚度坐标 z 的变化关系. 从振幅曲线可以看出，在离开弹性体表面一个波长后，位移的幅度已变得很小. 这说明，(3.250)和(3.251)式描述的是一个在弹性体表面传播的波动，它的振动能量主要分布在离弹性体表面一个波长范围之内. 人们称此类模式的波动为表面波、声表面波或瑞利表面波（常简称瑞利波）. 表面波最突出的的特点是：波动的频率越高，波动所涉及区离弹性体表面的深度越浅. 由此可知，频率越高的表面波元件，其厚度越薄.

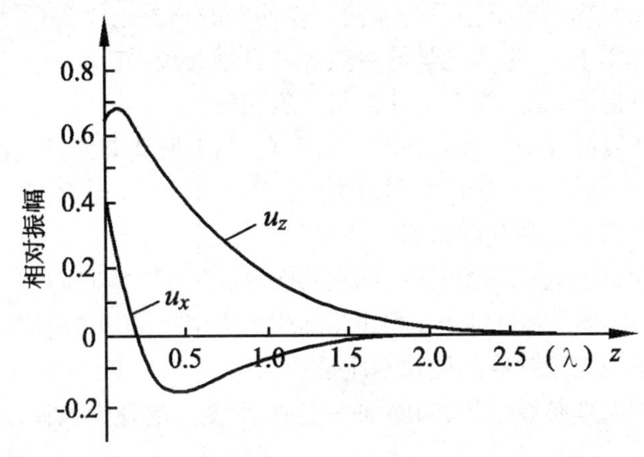

图 3.22　各向同性弹性体表面波的位移振幅与深度的关系

思　考　题

1. 相距为不是晶格常数倍数的两个同种原子，其最大振幅是否相同？

2. 引入玻恩—卡门条件的理由是什么？

3. 什么叫简正振动模式？简正振动数目、格波数目或格波振动模式数目是否是一回事？

4. 长光学支格波与长声学支格波本质上有何差别？

5. 晶体中声子数目是否守恒？

6. 温度一定，一个光学波的声子数目多呢，还是一个声学波的声子数目多？

7. 对同一个振动模式，温度高时的声子数目多呢，还是温度低时的声子数目多？

8. 高温时，频率为 ω_i 的格波的声子数目与温度有何关系？爱因斯坦模型和德拜模型的热容在高温下取得一致的根源是什么？

9. 从图 3.6 所示实验曲线，你能否判断哪一支格波的模式密度大？是光学纵波呢，还是声学纵波？

10. 喇曼散射方法中，光子会不会产生倒逆散射？

11. 长声学格波能否导致离子晶体的宏观极化？

12. 金刚石中的长光学纵波频率与同波矢的长光学横波频率是否相等？对 KCl 晶体，结论又是什么？

13. 何谓极化声子？何谓电磁声子？

14. 你认为简单晶格存在强烈的红外吸收吗？

15. 对于光学横波，$\omega \to 0$ 对应什么物理图像？

16. 爱因斯坦模型在低温下与实验存在偏差的根源是什么？

17. 在甚低温下，不考虑光学波对热容的贡献合理吗？

18. 在甚低温下，德拜模型为什么与实验相符？

19. 绝对零度时还有格波存在吗？若存在，格波间还有能量交换吗？

20. 温度很低时，声子的自由程很大，当 $T \to 0$ 时，$\overline{\lambda} \to \infty$，问 $T \to 0$ 时，对于无限长的晶体，是否成为热超导材料？

21. 石英晶体的热膨胀系数很小，问它的格林爱森常数有何特点？

22. 你认为固体的弹性强弱主要由排斥作用决定呢，还是吸引作用决定？

23. 固体呈现宏观弹性的微观本质是什么？

24. 你是如何理解弹性的，当施加一定力，形变大的弹性强呢，还是形变小的弹性强？

25. 拉伸一长棒，任一横截面上的应力是什么方向？压缩时，又是什么方向？

26. 固体中某面积元两边的应力有何关系？

27. 沿某立方晶体一晶轴取一细长棒作拉伸实验，忽略宽度和厚度的形变，由此实验能否测出弹性劲度常数 c_{11}？

28. 若把上题等价成弹簧的形变，弹簧受的力 $F = -kx$，k 与 c_{11} 有何关系？

29. 固体中的应力与理想流体中的压强有何关系？

30. 固体中的弹性波与理想流体中传播的波有何差异？为什么？

31. 由(3.248)式求解瑞利波波速 C_R 的过程,你有何体会和收获?

32. 你认为地震波有何特点?哪种波动模式破坏性最大?

习　题

1. 原子质量为 m,间距为 a,恢复力常数为 β 的一维简单晶格,频率为 ω 的格波为 $u_n = A\cos(\omega t - qna)$,求

(1)该波的总能量:

(2)每个原子的时间平均总能量.

2. 一维复式格子,原子质量都为 m,原子统一编号,任一个原子与两最近邻的间距不同,力常数不同,分别为 β_1 和 β_2,晶格常数为 a,求原子的运动方程及色散关系.

3. 由正负离子构成的一维原子链,离子间距为 a,质量都为 m,电荷交替变化,即第 n 个离子的电荷 $q = e(-1)^n$. 原子间的互作用势是两种作用势之和,其一,近邻两原子的短程作用,力系数为 β;其二,所有离子间的库仑作用:证明

(1)库仑力对力常数的贡献为

$$2(-1)^p \frac{\mathrm{e}^2}{p^3 a^3}.$$

(2)色散关系

$$\frac{\omega^2}{\omega_0^2} = \sin^2\left(\frac{1}{2}qa\right) + \sigma\sum_{p=1}^{\infty}(-1)^p(1-\cos qpa)p^{-3},$$

其中　$\omega_0^2 = \dfrac{4\beta}{m}$,　$\sigma = \dfrac{\mathrm{e}^2}{\beta a^3}$.

(3) $qa = \pi$, $\sigma \to 0.475$ 时,格波为软模.

4. 证明一维单原子链的运动方程,在长波近似下,可以化成弹性波方程

$$\frac{\partial^2 u}{\partial t^2} = v^2 \frac{\partial^2 u}{\partial x^2}.$$

5. 设有一长度为 L 的一价正负离子构成的一维晶格,正负离子间距为 a,正负离子的质量分别为 m_+ 和 m_-,近邻两离子的互作用势为

$$u(r) = -\frac{\mathrm{e}^2}{4\pi\varepsilon_0} + \frac{b}{r^n},$$

式中 e 为电子电荷,b 和 n 为参量常数,求

(1)参数 b 与 e、n 及 a 的关系.

(2)恢复力系数 β.

(3) $q = 0$ 时光学波的频率 ω_0.

(4)长声学波的速度 v_A.

(5)假设光学支格波为一常数,且 $\omega=\omega_0$,对光学支采用爱因斯坦近似,对声学支采用德拜近似,求晶格热容.

6. 在一维无限长的简单晶格中,若考虑原子间的长程作用力,第 n 个与第 $n+m$ 或第 $n-m$ 个原子间的恢复力系数为 β_m,试求格波的色散关系.

7. 利用德拜模型,求在绝对零度下,晶体中原子的均方位移.

8. 仍采用德拜模型,求出 $T\neq0$ 时原子的均方位移,并讨论高低温极限情况.

9. 求出一维简单晶格的模式密度 $D(\omega)$.

10. 设三维晶格一支光学波在 $q=0$ 附近,色散关系为$\omega(q)=\omega_0-Aq^2$,证明该长光学波的模式密度

$$D(\omega)=\frac{V_c}{4\pi^2}\frac{1}{A^{3/2}}(\omega_0-\omega)^{1/2},\ \omega<\omega_0.$$

11. 设固体的熔点 T_m 对应原子的振幅等于原子间距 a 的 10% 的振动,推证,对于简单晶格,接近熔点时原子的振动频率

$$\omega=\frac{2}{a}\left(\frac{50k_BT_m}{M}\right)^{1/2},$$

其中 M 是原子质量.

12. 设一长度为 L 的一维简单晶格,原子质量为 m,间距为 a,原子间的互作用势可表示成 $U(a+\delta)=-A\cos\left(\frac{\delta}{a}\right)$,试由简谐近似求

(1)色散关系;

(2)模式密度 $D(\omega)$;

(3)晶格热容(列出积分表达式).

13. 对一维简单格子,按德拜模型,求出晶格热容,并讨论高低温极限.

14. 对二维简单格子,按德拜模型,求出晶格热容,并讨论高低温极限.

15. 试用德拜模型,求 $T=0\mathrm{K}$ 时,晶格的零点振动能.

16. 对三维晶体,利用德拜模型,求

(1)高温时 $0\sim\omega_D$ 范围内的声子总数,并证明晶格热振动能与声子总数成正比.

(2)甚低温时 $0\sim\omega_D$ 范围内的声子总数,并证明晶格热容与声子总数成正比.

17. 按德拜近似,试证明高温时晶格热容

$$C_V=3Nk_B\left[1-\frac{1}{20}\left(\frac{\Theta_D}{T}\right)^2\right].$$

18. 晶体的自由能可写成

$$F = U(V) + F_2(T,V),$$

若 $F_2 = Tf\left(\frac{\Theta_D}{T}\right)$，求证

$$P = -\frac{\partial U}{\partial V} + \frac{\gamma}{V_0}\frac{\partial}{\partial\left(\frac{1}{T}\right)} f\left(\frac{\Theta_D}{T}\right),$$

式中 γ 为格林爱森常数.

19. 证明

$$\Theta_D \propto V_c^{\ -\gamma},$$

式中 γ 为格林爱森常数.

20. 证明

$$\frac{\mathrm{d}\ln\Theta_D}{\mathrm{d}P} = \frac{\alpha_V V_c}{C_V},$$

其中 P 为压强，α_V 为体膨胀系数.

21. 设某离子晶体中相邻两离子的互作用势能

$$U(r) = -\frac{\mathrm{e}^2}{4\pi\varepsilon_0 r} + \frac{b}{r^9},$$

b 为待定常数，平衡间距 $r_0 = 3\times10^{-10}\mathrm{m}$，求线膨胀系数 α_L.

22. 证明晶体自由能的经典极限为

$$F = U(V) + k_B T\sum_i \ln\left(\frac{\hbar\omega_i}{k_B T}\right).$$

23. 按照爱因斯坦模型，求出单原子晶体的熵，并求出高低温极限情况下的表达式.

24. 取一 $\Delta x\Delta y\Delta z$ 立方体积元，以相对两面中点连线为转轴，列出转动方程，证明应力矩阵是一个对称矩阵.

25. 六角晶体有 5 个独立的弹性劲度常数，$c_{11} = c_{22}$，$c_{23} = c_{13}$，$c_{55} = c_{44}$，$c_{66} = \frac{1}{2}(c_{11} - c_{12})$，$c_{33}$，其他常数为零. 取 a 轴与 x 重合，取 c 轴为 z 轴，弹性波在 xy 平面内（任意方向）传播，试求

（1）三个波速；

（2）对应三种模式的质点位移方向.

晶体的缺陷

原子绝对严格按晶格的周期性排列的晶体是不存在的,实际晶体中或多或少都存在缺陷. 晶体缺陷按几何形态分,有点缺陷、线缺陷和面缺陷. 金属延展性的大小,晶体生长的快慢都直接与缺陷有关. 点缺陷是原子热运动造成的,在平衡时,这些热缺陷的数目是一定的. 缺陷的扩散不仅受晶格周期性的约束,还会发生复合现象. 杂质原子的扩散系数比晶体原子自扩散系数大. 离子沿外电场方向的扩散便构成了离子导电.

§4.1 晶体缺陷的基本类型

晶体分单晶和多晶. 多晶体是由许许多多小晶粒构成,每个晶粒可看成是小单晶. 晶粒间界不仅原子排列混乱,而且是杂质聚集的地方. 晶粒间界是一种性质复杂的晶体缺陷. 本章只讨论单晶体的缺陷. 单晶体的缺陷种类很多,在此只介绍一些基本的缺陷类型.

一、点缺陷

晶格中的填隙原子、空位、俘获电子的空位、杂质原子等,称为点缺陷. 这些缺陷约占一个原子的尺寸,引起晶格周期性在一到几个原胞范围内发生紊乱.

1. 弗仑克尔(Frenkel)缺陷

正常格点上的原子,无时无刻不在作围绕平衡点的振动. 由于存在热振动的涨落,振幅大的原子就会摆脱平衡位置而进入原子间隙位置. 这种由一个正常原子同时产生一个填隙原子和一个空位的缺陷称为弗仑克尔缺陷,如图4.1所示. 可见弗仑克尔缺陷是成对产生的. 空位和填隙原子是原子的热振动引起的,所以空位和填隙原子又称为热缺陷.

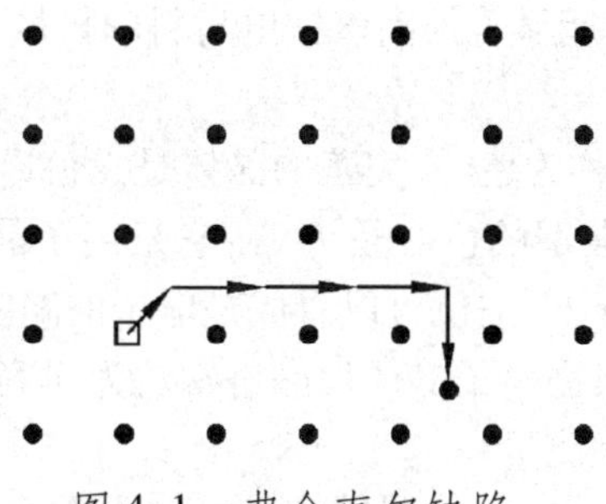

图 4.1　弗仑克尔缺陷

2. 肖特基(Schottky)缺陷

某格点上的原子,由于热振动的涨落,某时刻它的振幅变得很大,会将最近邻原子挤跑,而自己占据这一最近邻格点,在它原来的位置留下一个空位. 由于该原子把能量传递给了挤跑的原子,挤跑的原子也能将下一个原子挤跑,…,类似于一串小球的碰撞一样,如图 4.2 所示,最表面上的原子位移到一个新的位置. 晶体内这种不伴随填隙原子产生的空位,称作肖特基缺陷. 由于肖特基缺陷产生时,伴随表面原子的增多,所以肖特基缺陷数目较多时,晶体的质量密度会有所减小.

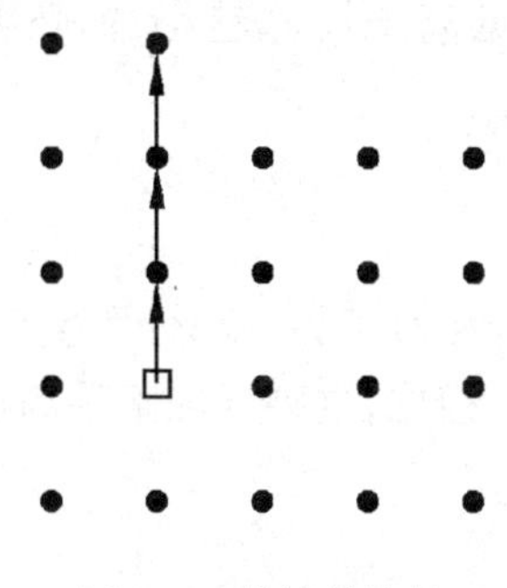

图4.2　肖特基缺陷

形成填隙原子时,原子挤入间隙位置所需的能量比产生肖特基空位所需能量要大,一般说来,当温度不太高时,肖特基缺陷的数目要比弗仑克尔缺陷的数目大得多.

3. 替位式杂质原子

在晶体生长、半导体材料及电子陶瓷材料制备中,常常有目的地加入少量的杂质原子,让其形成替位式杂质. 例如当在$Pb(Zr_xTi_{1-x})O_3$铁电陶瓷中加入 La、Nd、Bi 等“软性”添加物,这些原子占据 Pb 的位置,能提高该铁电材料的介电常数,降低该材料的机械品质因数;当添加 Fe、Co、Mn 等“硬性”添加物后,这些原子占据 Zr 或 Ti 的格点,能显著提高该铁电材料的机械品质因数.

4. 色心

能吸收光的点缺陷称为色心. 完善的晶体是无色透明的,众多的色心缺陷能使晶体呈现一定颜色. 典型的色心是 F 心,它是离子晶体中负离子空位束缚一个电子的组合. 在此情况下,空位可以看成是电子的陷阱. 为简单起见,势阱的宽度取为离子的尺寸,对典型离子晶体设晶格常数为 a,陷阱宽度为 $a/2$. 根据量子力学可知,该束缚电子的能量

$$E_n = \frac{\pi^2 \hbar^2 n^2}{8m\left(\frac{a}{4}\right)^2} = \frac{2\pi^2 \hbar^2 n^2}{ma^2},$$

其中 m 为电子质量,n 为整数,$n=1$ 时为基态,$n=2$ 为第一激发态. 电子从基态跃迁到第一激发态所吸收的能量

$$\hbar\omega = \frac{6\pi^2 \hbar^2}{ma^2},$$

式中 ω 为吸收的光子的角频率. 从上式可以推论出:吸收光的波长与晶格常数的平方成正比

$$\lambda \propto a^2.$$

这便是著名的莫罗关系. 可见离子尺寸越小,F 心吸收光的波长就越短,反之越长.

二、线缺陷

沿一平面,晶体的一部分相对于另一部分发生滑移时,在滑移部分与未滑移部分的交界处,晶格容易发生错位,这种线缺陷称为位错. 典型的位错有两种:一是刃位错,二是螺位错.

1. 刃位错

如图 4.3 所示,(a)是未滑动前的晶格,(b)是晶体的上半部沿 AB 晶面向右滑动,CD 是还未滑动的晶面;在滑动和未滑动的交界处,有半截晶面 EF,在晶体的下半部分没有与它相连的晶面;这半截晶面 F 顶端的原子链恰处在这半截原子面的刃上,所以称这条原子链为刃位错. EF 是晶体的挤压区与未挤压区的分界线,位错线 F 以下的原子间距变大,原子间有较强的吸引力,F 的左右晶格被挤压,原子间的排斥力增大.

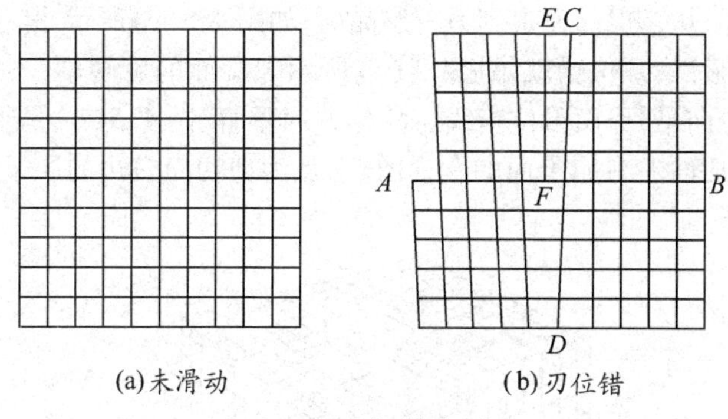

图 4.3　刃位错的形成

实际晶体的小角倾斜现象可以看成是由一系列刃位错排列所造成. 如图 4.4 所示,晶体是由倾斜角很小的两部分晶体结合而成. 为了使结合部的原子尽可能地规则排列,就得每隔一定距离多生长出一层原子面. 这些多生长出来的半截原子面的顶端原子链就是刃位错. 小角晶界上的刃位错相互平行. 人们曾用腐蚀法在锗单晶的小角晶界上观察到了刃位错.

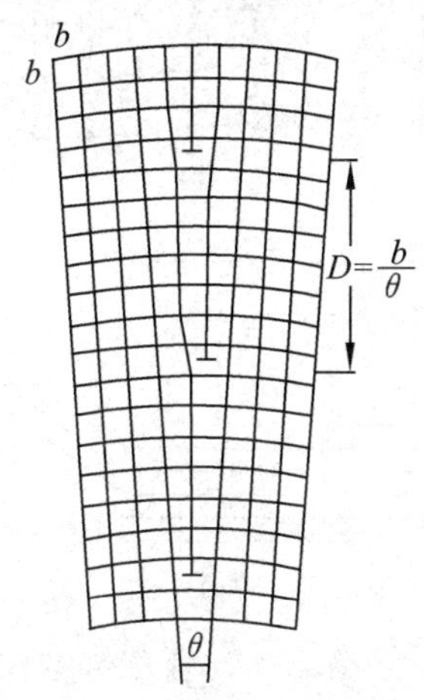

图 4.4　小角晶界的刃位错

2. 螺位错

如图 4.5(a)所示,设想把晶体沿 $ABCD$ 面切开,切开部分只到 BC 线,使切开的两部分晶体相对地滑移一个晶格后,然后再“粘牢”. 经过这样滑移后,除了 BC 线附近的部分原子外,其他绝大部分原子基本保持了原正常晶格的排列. BC 线附近其他原子的错位可能比 BC 原子链的错位大,但 BC 是错位和未错位的分界线,我们称 BC 原子链为螺位错. 如果绕螺位错环行,就会象走坡度很小无台阶的楼梯一样,从一层晶面走到另一层晶面,如图 4.5(c)所示.螺位错的名称就是由此而来.显然,螺位错就是图4.5(c)所示螺旋面的旋转轴.不难看出,螺位错线与滑移方向平行,而刃位错线与滑移方向垂直.图 4.5(b)是重叠在一起的图 4.5(a)剪切面左右原子面的左视图,黑点为剪切面右边的原子,白圈为剪切面左边的原子.

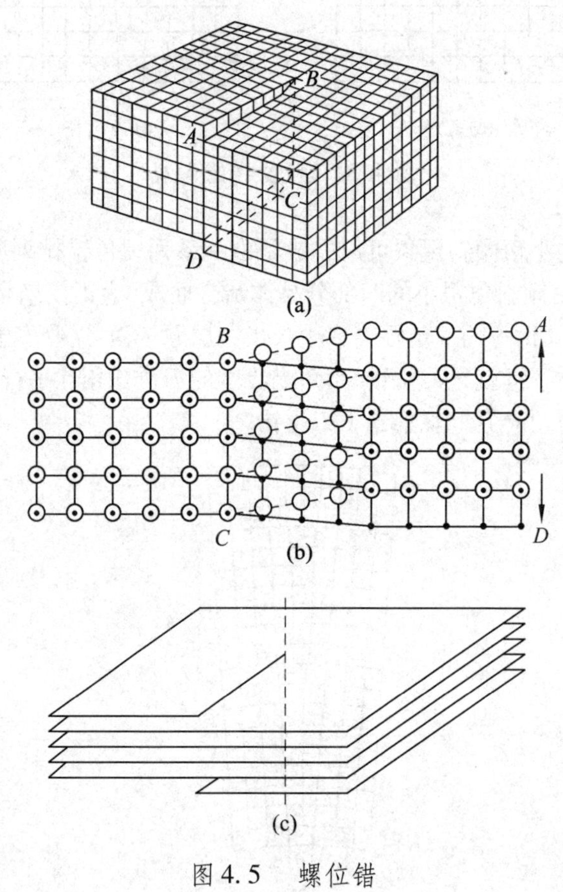

图 4.5　螺位错

三、面缺陷

金属晶体常采取立方密积结构形式,而立方密积是原子球以三层为一循环的堆积形式,若把这三层原子面分别用 A、B、C 表示,则晶面的排列形式是

$$\cdots ABCABCABCABC\cdots.$$

若某一晶面(比如 A)在晶体生长时丢失,原子面的排列形式成为

$$\cdots ABCABC\dot{B}CABCABC\cdots,$$

加·点的 B 晶面便成为错位的面缺陷.若从某一晶面开始,晶体两部分发生了

滑移，比如从某 C 晶面以后整体发生了滑移，C 变成 A，则晶面的排列形式可能变成

$$\cdots ABCAB\dot{A}BCABC\cdots,$$

加·点的 A 面成为错位的面缺陷.

这一类整个晶面发生错位的缺陷称为堆垛层错.

§4.2　位错缺陷的性质

一、位错的滑移

通过金相显微镜观察表明，当一金属晶体被拉伸时，拉伸力若超过弹性限度，晶体会产生如图 4.6 所示的沿某一族晶面发生滑移的现象. 而且结构相同的晶体，滑移方向和滑移面通常是相同的. 实验还表明，对于一定的晶体，使之发生晶面滑移有一个最小的切应力，称为临界切应力. 材料不同，最小的切应力也不同. 人们对最小切应力进行了理论计算，若认为晶格是严格周期性的，并假定滑移是相邻两晶面整体发生了相对位移，理论上的临界切应力比实验值大 3 ~ 4 个数量级. 实际晶体与理想晶体的这一差值应归因于实际晶体的非完整性，即应归因于晶体的缺陷. 分析认为，晶体滑移过程实际是位错线的滑移过程，即晶体内的位错缺陷是使临界滑移切应力大为减小的主要原因.

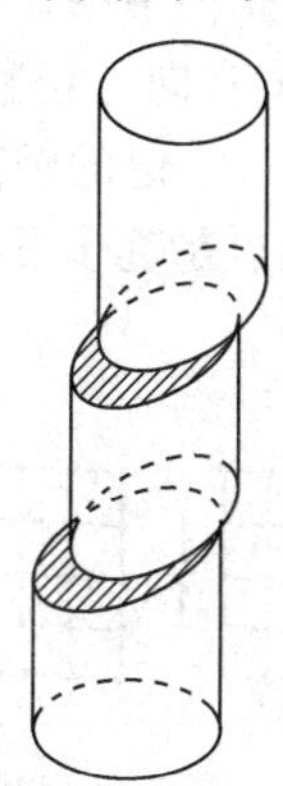

图4.6　晶体滑移示意图

1. 刃位错

位错是晶体滑动部分和未滑动部分的分界线. 在位错附近，由于晶格发生了畸变，原子的受力情况也发生了变化. 如图 4.7(a) 所示，位错线左右的原子受到挤压，原子间距比正常间距小，FG 之间的排斥力大于吸引力，G 原子有一个向右

运动的趋势;而在位错线的下方,KH 两原子的间距比正常间距大,它们之间的吸引力大于排斥力,H 原子有向左运动的趋势. 在这种情况下,GH 两原子受到剪切力,二者存在互相脱离的趋势,只要在滑移面上半部分晶体上向右作用一个不大的力,就会使 G 与 H 上下联系断开,H 与 F 形成上下联结关系并成为一层连续的晶面,而使 G 成为半截晶面的位错线,即位错线向前移动了一个晶格距离,如图 4.7(b)所示. 以上分析说明了三点,①晶体的一部分相对于另一部分的滑移,实际是位错线的移动;②位错线的移动是逐步进行的;③使位错线移动的切应力较小. 这第三点正是实验临界切应力比理论值小的根源.

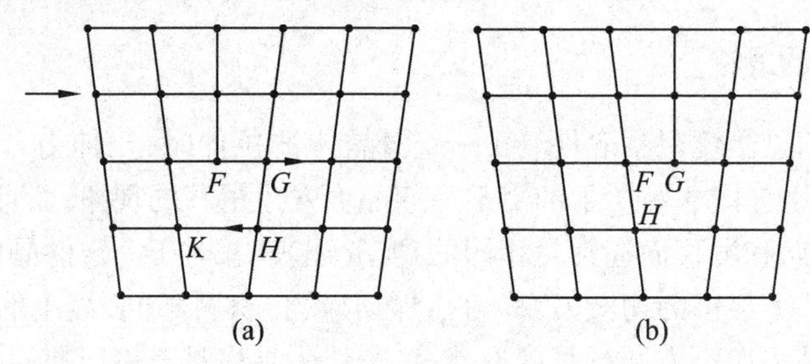

图 4.7　刃位错附近原子的受力情况

2. 螺位错的滑移

螺位错的滑移情况与刃位错的滑移相类似,只是螺位错的滑移方向与晶体所受切应力的方向相垂直. 图 4.8(a)是图 4.5(a)剪切面左视图. 由于 BC 列原子受到右边原子的下拉力,BC 原子有向下位移的趋势. 当在 BC 右边施加一个不大的作用力,就能使 BC 原子下移一定的距离,使 $B'C'$ 成为螺位错,如图 4.8(b)所示. 也就是说,螺位错的滑移也是逐步发生的,所需切应力较小.

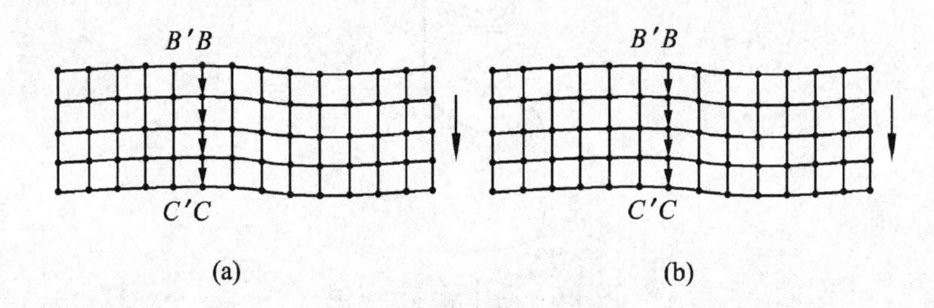

图 4.8　螺位错的滑移

二、螺位错与晶体生长

在晶体结合一章,我们曾强调指出,原子间的吸引力是自由原子结合成晶体过程中的源动力. 今考察如图 4.9 所示三种位置上原子的受力情况. A 是晶体最外层原子面之上的一个原子,B 原子在二面角位置,C 在三面角的位置. A 原子只受下面原子的吸引,只是单方向受力,没有其他约束力,是最不稳定的;B 原子受到两个相互垂直的原子层的吸引,比 A 原子要稳定得多;C 原子受到三个原子面的吸引,势能最低,是三者中最稳定的情况. 因此,晶体生长过程中,原子是一层一层地堆积生长的,原子先去占据三面角的位置,其次是去占据二面角的位置,一层还没堆积完毕,原子不会堆积新的一层. 但当一层完成后,再生长新的一层就比较困难了.

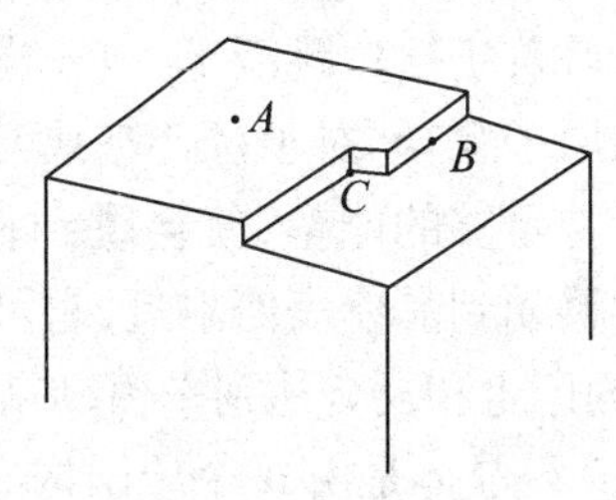

图4.9　理想晶体的生长

有螺位错的晶体的生长要快得多. 在剪切晶面处不仅有二面角,而且螺位错附近可视为变形的三面角,原子首先围绕螺位错旋转堆积生长,如图 4.10 所示,不存在生长完一层后才能生长新的一层的困难,这就是所谓的晶体生长中螺位错的“触媒”作用,它能大大加快晶体的生长速度.

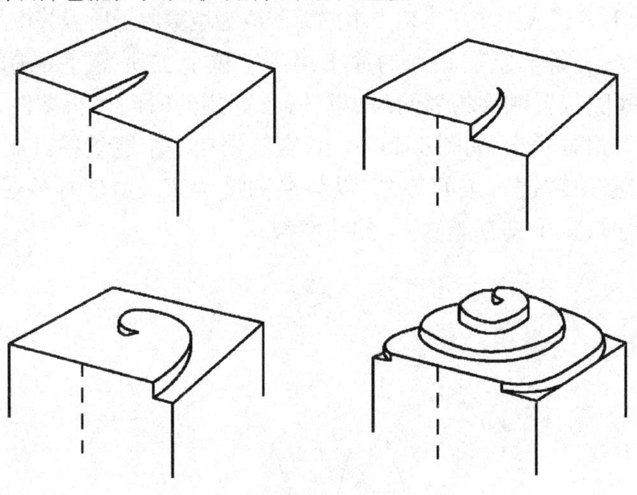

图 4.10　有螺位错的晶体的生长

§4.3 热缺陷的统计理论

一、热缺陷的产生几率

设晶体中只有热缺陷. 当晶体内只有弗仑克尔缺陷时,填隙原子从一个间隙位置跳到另一个间隙位置,一旦落入与空位相邻的间隙位置,它会立即与空位复合,又变成一个正常格点上的原子. 弗仑克尔空位也在运动,即空位最近邻格点上的原子会跳到空位位置,等价于空位跳跃了一步. 当空位运动到与填隙原子相邻的格点上时,它又与填隙原子复合. 对于肖特基缺陷,也存在产生、运动和复合问题. 若空位附近的原子获得足够的能量,就会跳到相邻空位上去,而原子原来的位置就成为空位. 当空位移动到晶体表面附近,它可以与表面原子复合.

当温度一定时,热缺陷的产生和复合达到平衡,热缺陷的统计平均数目为一定值,热缺陷在晶体内均匀分布. 设晶体是由 N 个原子构成,空位数目为 n_1,填隙原子数目为 n_2;P_1 代表一个空位在单位时间内从一个格点跳到相邻格点上的几率,也即相邻格点跳到空位上的几率,$\tau_1=1/P_1$ 代表空位从一个格点跳到相邻格点所需等待的时间,即相邻格点上的原子跳入空位所要等待的时间;P_2 代表一个填隙原子在单位时间内跳到相邻间隙位置的几率,$\tau_2=1/P_2$ 代表填隙原子从间隙位置跳到下一个间隙位置所要等待的时间;P 代表在单位时间内,一个正常格点上的原子跳到间隙位置的几率,$\tau=1/P$ 代表一个正常格点上的原子成为填隙原子所需等待的时间.

假设 $\tau_2\gg\tau_1$,即与空位相邻的原子跳到空位上去所需等待的时间,比填隙原子由一个间隙位置跳到相邻间隙位置所要等待的时间短得多时,可以近似把填隙原子视为相对静止. 如图 4.11 所示,空位处在一个能量谷点上,相邻原子要跳到空位上,必须越过一定的势垒. 设势垒高度为 E_1,由玻耳兹曼统计分布可知,在温度 T 时,粒子具有能量 E_1 的几率与

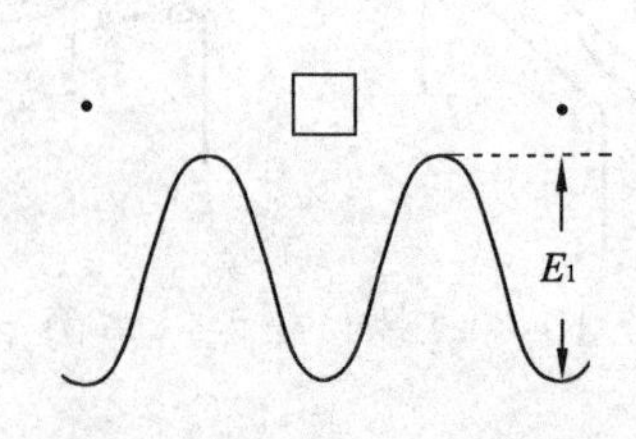

图 4.11 空位周围的势垒

$$e^{-E_1/k_BT}$$

成正比. 设与空位相邻的原子的振动频率为 ν_{01},它单位时间内跳过势垒的次数为

$$P' = C\nu_{01}e^{-E_1/k_BT},$$

其中 C 是常数. 若将 C 取作 1,并不影响问题的讨论,所以与空位相邻的原子在单位时间内跳过势垒的次数可认为是

$$P_1 = \nu_{01}e^{-E_1/k_BT}. \tag{4.1}$$

于是,与空位相邻的原子跳入空位所要等待的时间

$$\tau_1 = \frac{1}{\nu_{01}}e^{-E_1/k_BT}. \tag{4.2}$$

下边分析一下空位与填隙原子的复合率. 如图 4.12 所示,每当空位附近间隙位置上有填隙原子时,该填隙原子与空位复合的几率很大,不妨认为该几率为 1. 统计平均来说,填隙原子是均匀分布的,与空位相邻的一个间隙位置有填隙原子的几率是 n_2/N',取近似 $N'=N$,所以此几率为 n_2/N. 这说明,空位每跳一步遇到填隙原子并与之复合的几率是 n_2/N. 也就是说,空位平均跳跃 N/n_2 步才遇到一个填隙原子并与之复合. 由于空位每跳一步所需花费的时间为 τ_1,所以空位的平均寿命为 $\tau_1 N/n_2$. 空位在 $\tau_1 N/n_2$ 时间内复合掉一个填隙原子,那么单位时间内一个空位复合掉的填隙原子数目为

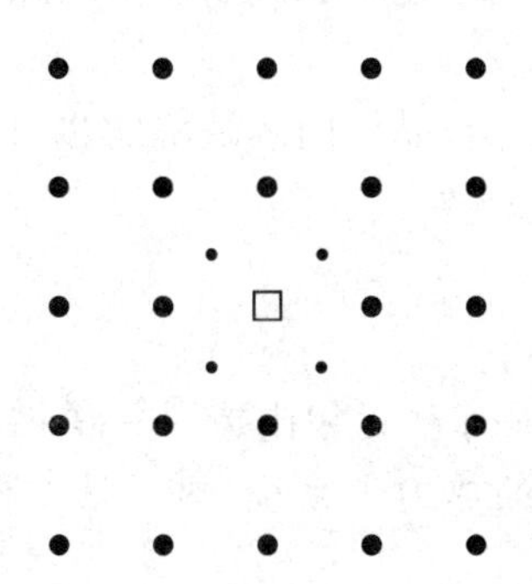

图 4.12 空位附近的间隙位置

$$\frac{1}{\dfrac{\tau_1 N}{n_2}} = \frac{n_2}{\tau_1 N}.$$

n_1 个空位单位时间内复合掉的填隙原子数目为

$$\frac{n_1 n_2}{\tau_1 N}. \tag{4.3}$$

再考虑填隙原子的产生率. 因为单位时间内一个正常格点上的原子跳到间隙位

置的几率为 P,正常格点上一共有 $N-n_1$ 个原子,单位时间内产生的填隙原子数目为 $(N-n_1)P\approx PN$,其中利用了 $N\gg n_1$ 的条件. 温度一定时,填隙原子的产生率和复合率达到平衡,即

$$PN=\frac{n_1 n_2}{\tau_1 N}.$$

由上式即可得出单位时间内一个原子由正常格点跳到间隙位置变成填隙原子的几率为

$$P=\frac{n_1 n_2}{N^2\tau_1}. \tag{4.4}$$

当 $\tau_1\gg\tau_2$ 时,即空位从一个格点跳到相邻格点所需等待的时间比填隙原子从一个间隙位置跳到相邻间隙位置所需等待的时间长得多时,可以近似把空位看作相对静止. 由类似的分析可得

$$P=\frac{n_1 n_2}{N^2\tau_2}, \tag{4.5}$$

其中

$$\tau_2=\frac{1}{\nu_{02}}e^{E_2/k_B T}, \tag{4.6}$$

ν_{02} 是填隙原子的振动频率,E_2 是填隙原子从一间隙位置跳到相邻间隙位置所要跳过的势垒高度.

从统计角度看,温度一定,晶体内热缺陷的数目一定,那么,热缺陷的数目 n_1 和 n_2 又与哪些因素有关呢?

二、热缺陷的数目

热缺陷数目与晶体的原子数目相比是一个很小的数,但其绝对数目也是很大的. 对于讨论数目巨大的热力学系统,热力学统计方法是一个简洁明了的方法.

热力学系统的自由能为

$$F=U-TS, \tag{4.7}$$

其中 U 为晶体内能,S 代表熵. 热力学系统中任一因素的变化,都将引起自由能的变化. 但是,不论怎么变化,当系统达到平衡时,其自由能为最小.

当晶体有热缺陷时,晶格发生畸变,晶体内原子间的相互作用能增大,即内能增大;但热缺陷破坏了晶格的周期性,晶格的微观状态数目增加,系统的熵也变大. 在平衡时,两个因素相互制约,使得系统的自由能达到最小. 形成一个缺陷需要能量,热缺陷数目越多,所需要的能量也越多,内能的增加也越大;热缺陷的

数目越多,系统越混乱,微观状态数目也就越大,熵就越大. 因此,系统的自由能是热缺陷数目的函数. 由平衡时系统的自由能取极小值

$$\left(\frac{\partial F}{\partial n}\right)_T = 0, \tag{4.8}$$

即可求出热缺陷的数目.

1. 弗仑克尔缺陷数目

设晶体由 N 个原子所构成,晶体有 N' 个间隙位置,弗仑克尔缺陷对的数目为 n,每形成一对填隙原子和空位所需要的能量为 u,所以晶体的自由能为

$$F = F_0 + nu - T\Delta S, \tag{4.9}$$

其中熵的增量

$$\Delta S = S - S_0,$$

S_0 是无缺陷时晶格的熵,由晶格的振动状态决定,S 是有缺陷后晶格的熵. 由热力学统计理论可知

$$S = k_B \ln W, \tag{4.10}$$

W 是微观状态数. 我们假定,缺陷的出现对振动状态的影响可以忽略,则有

$$W = W_1 W_0, \tag{4.11}$$

其中 W_0 是晶格振动微观状态数目,W_1 是热缺陷引起的原子排列微观状态数目.

从 N 个原子中取出 n 个原子形成 n 个空位的可能方式数目

$$W_1' = \frac{N!}{(N-n)!\ n!}. \tag{4.12}$$

这 n 个原子排列在 N' 个间隙位置上形成填隙原子的方式数目为

$$W_1'' = \frac{N'!}{(N'-n)!\ n!}. \tag{4.13}$$

所以有热缺陷后晶格的微观状态数目为

$$W = W_1' W_1'' W_0 = \frac{N!\ N'!}{(N-n)!\ (N'-n)!\ (n!)^2} W_0. \tag{4.14}$$

熵的改变量

$$\Delta S = k_B \ln \frac{N!\ N'!}{(N-n)!\ (N'-n)!\ (n!)^2}. \tag{4.15}$$

由(4.15)、(4.9)和(4.8)三式得到

$$u - k_B T[\ln(N-n) + \ln(N'-n) - 2\ln n] = 0, \tag{4.16}$$

其中利用了斯特令公式,即 x 是一个很大的数目时

$$\frac{\mathrm{d}\ln(x!)}{\mathrm{d}x} = \ln x.$$

由(4.16)式得

$$\frac{n^2}{(N-n)(N'-n)}=e^{-u/k_BT}.$$

由于$N\gg n,N'\gg n$,所以上式又化为

$$n=\sqrt{NN'}\mathrm{e}^{-u/2k_BT}.$$

取近似

$$n=N\mathrm{e}^{-u/2k_BT}. \tag{4.17}$$

2. 空位和填隙原子的数目

设晶体中空位和填隙原子的数目分别为n_1和n_2,形成一个空位和一个填隙原子所需能量分别为u_1和u_2.晶体的自由能则为

$$F=F_0+n_1u_1+n_2u_2-T\Delta S. \tag{4.18}$$

自由能取极小值的条件则为

$$\frac{\partial F}{\partial n_1}=0,\frac{\partial F}{\partial n_2}=0.$$

从N个原子取出n_1个原子形成n_1个空位的可能方式数目

$$W_1=\frac{N!}{(N-n_1)!\,(n_1)!}.$$

n_2个填隙原子分布在N'个填隙位置的方式数目

$$W_2=\frac{N'!}{(N'-n_2)!\,(n_2)!}.$$

将$W=W_1W_2W_0$代入(4.10)式,得到熵的改变量

$$\Delta S=k_B\ln\frac{N!\,N'!}{(N-n_1)!\,(N'-n_2)!\,(n_1)!\,(n_2)!}.$$

由自由能取极小值的条件得

$$n_1=N\mathrm{e}^{-u_1/k_BT}, \tag{4.19}$$

$$n_2=N'\mathrm{e}^{-u_2/k_BT}. \tag{4.20'}$$

取$N'=N$,n_2式化成

$$n_2=N\mathrm{e}^{-u_2/k_BT}. \tag{4.20}$$

因为u_2通常大于u_1,所以在常温下,空位数目比填隙原子数目大得多.将(4.19)和(4.20)两式代入(4.4)和(4.5)两式,分别得到

$$P=\nu_{01}\mathrm{e}^{-(u_1+u_2+E_1)/k_BT}, \tag{4.21}$$

$$P=\nu_{02}\mathrm{e}^{-(u_1+u_2+E_2)/k_BT}. \tag{4.22}$$

§4.4 缺陷的扩散

扩散是自然界中普遍存在的现象,它的本质是粒子作无规则的布朗运动,通

过扩散能实现质量的输运. 晶体中原子的扩散现象同气体中的扩散相似,不同之处是粒子在晶体中运动要受晶格周期性的限制,要克服势垒的阻挡,在运动中会与其他缺陷复合. 我们先讨论扩散的共性部分.

一、扩散方程

设扩散粒子的浓度为 C,稳定态时,扩散粒子流密度

$$\boldsymbol{j} = -D\nabla C, \tag{4.23}$$

其中 D 称为扩散系数,加负号的目的是为了保证扩散系数为正值,因为粒子流的方向与粒子浓度的梯度方向相反. 由上式可得到扩散的连续性方程

$$\frac{\partial C}{\partial t} = -\nabla \cdot \boldsymbol{j} = \nabla \cdot (D\nabla C). \tag{4.24}$$

一般 D 是粒子浓度的函数,我们只讨论 D 是常数的扩散现象. 对于简单的一维扩散,上式化成

$$\frac{\partial C}{\partial t} = D\frac{\partial^2 C}{\partial x^2}. \tag{4.25}$$

上式微分方程的定解形式取决于边界条件的具体形式. 常采用的扩散条件有两类

1. 在单位面积上有 Q 个粒子欲向晶体内部单方向扩散,边界条件为

$$t=0,\ x=0,\ C_0=Q;$$
$$t=0,\ x>0,\ C(x)=0;$$

而且时间足够长时,晶体内部的扩散粒子总数为 Q,即

$$\int_0^\infty C(x)\,\mathrm{d}x = Q.$$

在以上条件下,(4.25)式的解为

$$C(x,t) = \frac{Q}{\sqrt{\pi D t}}\mathrm{e}^{-x^2/4Dt}. \tag{4.26}$$

2. 扩散粒子在晶体表面维持一个不变的浓度 C_0,边界条件为

$$t\geqslant 0, x=0, C=C_0;$$
$$t=0, x>0, C=0.$$

在此条件下,(4.25)式的解为

$$C(x,t) = C_0\left[1-\frac{2}{\sqrt{\pi}}\int_0^{x/2\sqrt{Dt}}\mathrm{e}^{-\zeta^2}\mathrm{d}\zeta\right]. \tag{4.27}$$

二、扩散的微观机构

粒子的扩散是粒子作布朗运动的结果,根据统计物理我们已知,粒子的平均位移平方与扩散系数 D 的关系为

$$\overline{x}^2 = 2Dt, \tag{4.28}$$

其中 $\overline{x}^2$ 是在若干相等的时间间隔 t 内,粒子的位移平方的平均值. 在晶体中,粒子的位移受晶格周期性的限制,其位移平方的平均值也与晶格周期有关. 另外,晶体中粒子的扩散有三种方式,①粒子以填隙原子的形式进行扩散;②粒子借助于空位进行扩散;③这两种方式都同时发生. 我们只讨论前两种简单扩散方式.

1. 空位机构

对于一个借助于空位进行扩散的正常格点上的原子,只有当它相邻的格点是空位时,它才可能跳跃一步,所需等待的时间是 τ_1. 但被认定的原子相邻的一个格点成为空位的几率是 n_1/N,所以它等待到相邻的这一格点成为空位并跳到此空位所花的时间为

$$t = \frac{N}{n_1}\tau_1. \tag{4.29}$$

对于简单晶格,原子在这段时间内只跳过一个晶格常数,所以有

$$\overline{x}^2 = a^2. \tag{4.30}$$

上式之所以是原子位移平方的平均值,是由于(4.29)式的时间 t 是一个统计平均时间. 将(4.29)和(4.30)两式代入(4.28)式,得到原子通过空位进行扩散的扩散系数.

$$D_1 = \frac{n_1 a^2}{2N\tau_1}. \tag{4.31}$$

将(4.2)和(4.19)两式代入上式得

$$D_1 = \frac{1}{2}a^2\nu_{01}\mathrm{e}^{-(u_1+E_1)/k_BT}. \tag{4.32}$$

从上式可以看出,当温度很低时,扩散系数很小,温度很高时,扩散系数较大. 这是合理的,因为温度很低时,原子的振动能小,难以获得足够的能量跳过势垒 E_1;温度很高时,晶格的振动能大,原子容易获得足够的能量跳过势垒进行扩散.

2. 填隙原子机构

今考察如图4.13所示的一个被认定的原子的扩散情况. 该原子在 A 格点等待了 τ 时间才跳到间隙位置变成填隙原子,然后从一个间隙跳到另一个间隙位置. 当它落入与空位相邻的间隙位置时,立即与空位复合,进入正常格点. 现在我们算一下该原子从 A 点到 B 点所花的时间,以及 AB 间距离的平方.

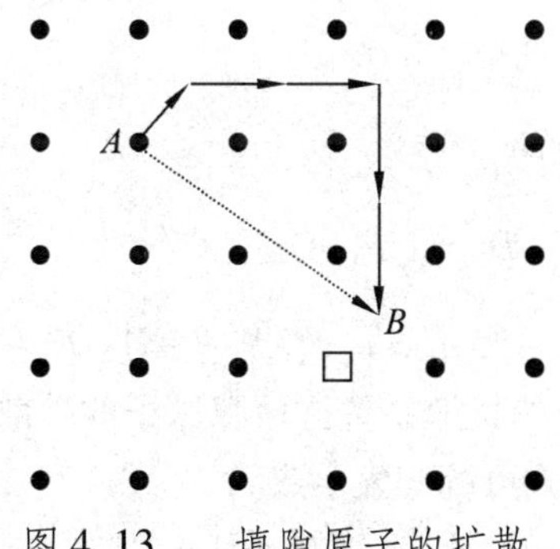

图 4.13 填隙原子的扩散

设从 A 到 B 共跳了 l 次，每一步的位移矢量为 $\boldsymbol{x}_i$，所以

$$x^2 = (AB)^2 = \left(\sum_{i=1}^{l} \boldsymbol{x}_i\right)\cdot\left(\sum_{j=1}^{l} \boldsymbol{x}_j\right) = \sum_{i=1}^{l} x_i^2 + \sum_{i\neq j} \boldsymbol{x}_i \cdot \boldsymbol{x}_j . \tag{4.33}$$

所花费的时间

$$t = \tau + (l-1)\tau_2 , \tag{4.34}$$

其中 τ_2 是原子从一个间隙跳到相邻间隙所要等待的时间. 因为每一步位移 $\boldsymbol{x}_i$ 都是独立无关的，$\boldsymbol{x}_i$ 有正有负，取正取负的几率相等，空位的数目比原子数目小得多，l 一般是一个大数，所以

$$\sum_{i\neq j} \boldsymbol{x}_i \cdot \boldsymbol{x}_j$$

与平方和的求和项相比是个小量，因此(4.33)式化简为

$$x^2 = \sum_{i=1}^{l} x_i^2 = la^2 . \tag{4.35}$$

与填隙原子相邻的一个格点是空位的几率是 n_1/N，平均来讲，填隙原子要跳 N/n_1 次才遇上一个空位并与之复合，所以

$$l = \frac{N}{n_1} . \tag{4.36}$$

因为 $l = N/n_1$ 是一个统计平均值，将 l 代入(4.35)式得到

$$\overline{x^2} = \frac{Na^2}{n_1} . \tag{4.37}$$

将(4.36)式代入(4.34)式，并忽略 1 得

$$t = \tau + \frac{N\tau_2}{n_1} = \frac{1}{\nu_{02}} e^{(u_1 + u_2 + E_2)/k_B T}\left(1 + e^{-u_2/k_B T}\right)$$

$$= \frac{1}{\nu_{02}} e^{(u_1 + u_2 + E_2)/k_B T}\left(1 + \frac{n_2}{N}\right)$$

$$\approx\frac{1}{\nu_{02}}e^{(u_1+u_2+E_2)/k_BT}. \tag{4.38}$$

最后我们得到填隙原子的扩散系数

$$D_2=\frac{1}{2}\nu_{02}a^2e^{-(u_2+E_2)/k_BT}. \tag{4.39}$$

前边我们曾分析过,一般 $u_2>u_1$,在势垒高度 $E_1\approx E_2$ 的情况下,由(4.32)和(4.39)两式可知,空位的扩散系数比填隙原子的扩散系数要大.

(4.32)和(4.39)两式可统一表示成为

$$D=D_0e^{-\varepsilon/k_BT}=D_0e^{-N_0\varepsilon/RT},$$

其中 N_0 是阿伏加德罗常数,R 是摩尔气体常数,$N_0\varepsilon$ 称作激活能.

人们曾对一些金属的自扩散系数进行过具体的实验测定. 结果发现,实验值比理论值大几个数量级. 这也是可以理解的,因为以上模型过于理想化,实际晶体中的缺陷,不止是点缺陷,还有线缺陷和面缺陷. 对于金属多晶体,存在大量的晶粒间界,晶粒间界是一个复杂的面缺陷,它的存在对粒子的扩散十分有利.

尽管理论与实验有较大偏差,但以上理论分析对了解缺陷的扩散规律还是具有一定的指导意义.

三、杂质原子的扩散

研究杂质原子的扩散更有实际意义,因为人们常采用掺杂杂质原子的手段来达到实现材料改性的目的.

杂质原子的扩散性质依赖于杂质原子在晶体中存在的方式. 若杂质原子的半径比晶体原子小得多时,杂质原子均成为填隙原子,从一个间隙跳到另一个间隙进行扩散. 杂质原子不存在由正常格点变成填隙原子的漫长等待时间 τ,如果再忽略掉它与空位的复合(即使与空位复合掉,由于杂质原子小,也是容易再变成填隙原子的),则跳跃一步花费的时间

$$t=\frac{1}{\nu_0}e^{E/k_BT},$$

其中 ν_0 为杂质原子的振动频率,E 是杂质原子从一个间隙跳到另一个间隙时所要克服的晶格势垒. 在此时间内

$$\overline{x^2}=a^2.$$

所以填隙杂质原子的扩散系数

$$D=\frac{1}{2}\nu_0a^2e^{-E/k_BT}. \tag{4.40}$$

设 $E\approx E_2$,$\nu_0=\nu_{02}$,由(4.40)和(4.39)两式得

$$\frac{D}{D_2}=\frac{N}{n_2}. \tag{4.41}$$

因为 $N \gg n_2$，所以我们得出：杂质填隙原子的扩散系数比晶体填隙原子的自扩散系数要大得多. 表 4.1 列出了一些杂质原子在 $\gamma-\mathrm{Fe}$ 中的扩散系数，表中最后一列是 $\gamma-\mathrm{Fe}$ 的自扩散系数，实验温度为 1000℃. 由表中数据可以看出，杂质原子的扩散系数比自扩散系数大几个数量级.

表 4.1　　杂质原子在 $\gamma-\mathrm{Fe}$ 中的扩散系数

元素	H	B	C	N	$\gamma-\mathrm{Fe}$
扩散系数（米²/秒）	1.9×10^{-8}	6.1×10^{-11}	6.7×10^{-11}	3.8×10^{-11}	9×10^{-16}

对于杂质原子取替代方式时，由于杂质原子占据了正常格点，所以其扩散方式同自扩散情况很相象. 但杂质原子的尺寸和电荷数目都或多或少异于晶体原子，因而会引起杂质原子附近晶格的畸变，使得畸变区出现空位的几率大大增加，杂质原子跳向空位的等待时间大为减少，即加快了杂质原子的扩散. 这一分析与实验是相符的，即替位式杂质原子的扩散系数比晶体自扩散系数大.

§4.5　离子晶体的热缺陷在外场中的迁移

为简单起见，我们讨论典型的 A^+B^- 离子晶体. 如图 4.14 所示，晶体中有四种缺陷，A^+ 空位，A^+ 填隙离子，B^- 空位和 B^- 填隙离子. 从图可以看出，A^+ 空位周围都为负离子，B^- 空位周围都是正离子，空位的位移实际是相邻离子的位移，所以 A^+ 空位相当于负电荷，B^- 空位相当于正电荷.

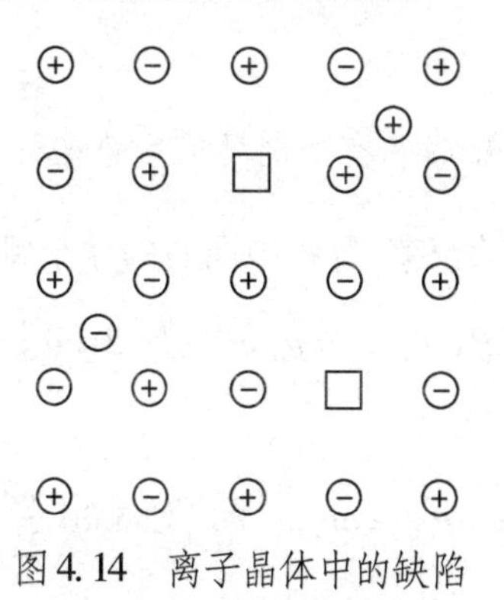

图 4.14　离子晶体中的缺陷

在没加外电场时,这些热缺陷都作无规则的布朗运动,宏观上不产生电流.但当施加外电场时,这些热缺陷除作布朗运动外,还有一个定向漂移行为,从而产生一个宏观电流.正负电荷漂移的方向正相反,但由于电荷异号,正负电荷形成的电流都是同方向的.设 C_i、$\boldsymbol{v}_i$ 分别代表第 i 种热缺陷的浓度和漂移速度,则四种缺陷总的电流密度为

$$\boldsymbol{j} = \sum_{i=1}^{4} C_i e_i \boldsymbol{v}_i, \tag{4.42}$$

其中正电荷的 $e_i = e$,负电荷的 $e_i = -e$.

假定各热缺陷的运动是独立的,因此我们可取其中任一种热缺陷作代表来讨论离子缺陷在外电场下的运动情况.我们具体分析一下 A^+ 填隙离子在外电场 E 作用下的运动. 如图 4.15(a)所示,无外电场时,填隙离子处在势场的谷点上,势垒的高度为 E_2,此时填隙离子向左和向右跃迁的几率都是一样的.但有了电场以后,情况就不同了.设电场 E 沿 x 方向,电场的存在使填隙离子的左右势垒发生了倾斜,如图 4.15(b)所示,设左边势垒提高了 $eEa/2$,则右边的势垒降低了 $eEa/2$.此时填隙离子每秒向左和向右跳跃的次数分别为

$$P_{左} = \nu_{02} \mathrm{e}^{-(E_2 + eEa/2)/k_B T}, \tag{4.43}$$

$$P_{右} = \nu_{02} \mathrm{e}^{-(E_2 - eEa/2)/k_B T}, \tag{4.44}$$

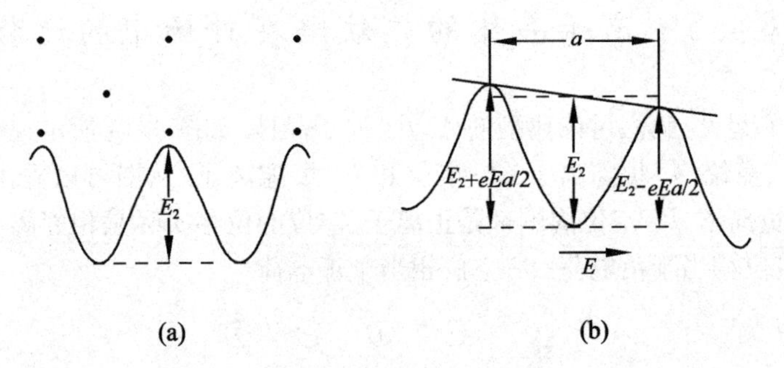

图 4.15 有外电场前后势垒的变化

其中 ν_{02} 是填隙原子的振动频率.每秒中向右的净余跳跃次数

$$P_{净} = P_{右} - P_{左} = \nu_{02} \mathrm{e}^{-E_2/k_B T} 2\sinh\left(\frac{eEa}{2k_B T}\right).$$

向右的漂移速度

$$v_d = aP_{净} = a\nu_{02} e^{-E_2/k_B T} 2\sinh\left(\frac{eEa}{2k_B T}\right). \tag{4.45}$$

若所加电场 $E < 10^4$ V/mm(大约为击穿电压),$eEa \sim 10^{-3}$ eV,而室温下 $2k_B T \sim$

10^{-1} eV,可见在一般电场下,$eEa \ll 2k_BT$. 于是(4.45)式可简化为

$$v_d = \frac{eEa^2\nu_{02}}{k_BT}\mathrm{e}^{-E_2/k_BT}. \tag{4.46}$$

根据迁移率 $\mu = v_d/E$ 的定义,可得到填隙离子的迁移率

$$\mu = \frac{ea^2\nu_{02}}{k_BT}\mathrm{e}^{-E_2/k_BT}. \tag{4.47}$$

填隙离子定向漂移产生的电流密度则可表示为

$$j_e = Cev_d = Ce\mu E, \tag{4.48}$$

其中 C 为填隙离子的浓度. 定向漂移会导致晶体一端的离子浓度高于另一端的浓度. 离子浓度不等又导致离子由浓度高的一端向低的一端进行反向扩散. 由扩散方程可知,扩散引起的电流密度

$$j_d = -eD\frac{\mathrm{d}C}{\mathrm{d}x}. \tag{4.49}$$

当晶体处于开路状态时,合电流为零

$$j_e + j_d = 0,$$

即

$$C\mu E - D\frac{\mathrm{d}C}{\mathrm{d}x} = 0. \tag{4.50}$$

上式的解为

$$C(x) = C_0\mathrm{e}^{\mu Ex/D}. \tag{4.51}$$

电场势 eEx 与重力势 mgh 性质是一样的,晶体中的离子在电场中的布朗运动与重力场中气体分子的布朗运动性质相同,只不过此处坐标原点取在了 A^+ 填隙离子浓度低的一端,而重力场坐标原点取在了气体分子浓度最高的地球表面. 类比于气体分子在重力场中按高度分布的公式,我们又得到

$$C(x) = C_0\mathrm{e}^{eEx/k_BT}. \tag{4.52}$$

由(4.51)和(4.52)两式比较得

$$\mu = \frac{eD}{k_BT}. \tag{4.53}$$

上式称为爱因斯坦关系,它具有普遍意义. 由上式可以看出,当温度一定,扩散系数大的材料,其迁移率也高.

爱因斯坦关系式也可在无电场情况下求出. 若离子定向漂移达到平衡后突然撤去外电场,由于 A^+ 填隙离子浓度右高左低,它要从浓度高的右端向左端扩散,通过扩散作用,使 A^+ 填隙离子的浓度最终达到均匀分布. 我们分析浓度在未达到均匀前的扩散情况.

如图4.16所示,今取依次相邻的三个单位面积晶面,坐标分别为 $x-a,x,x+a$,a 是晶格常数.在 x 和 $x+a$ 两晶面间的填隙离子数目为

$$C\left(x+\frac{a}{2}\right)a\ .$$

在上式中,由于一个晶格常数 a 的距离很小,在此区间内填隙离子浓度取了个平均值.这些填隙离子在单位时间内跳过 x 晶面的数目是

$$C\left(x+\frac{a}{2}\right)aP_2\ , \tag{4.54}$$

其中

$$P_2=\nu_{02}\mathrm{e}^{-E_2/k_BT}.$$

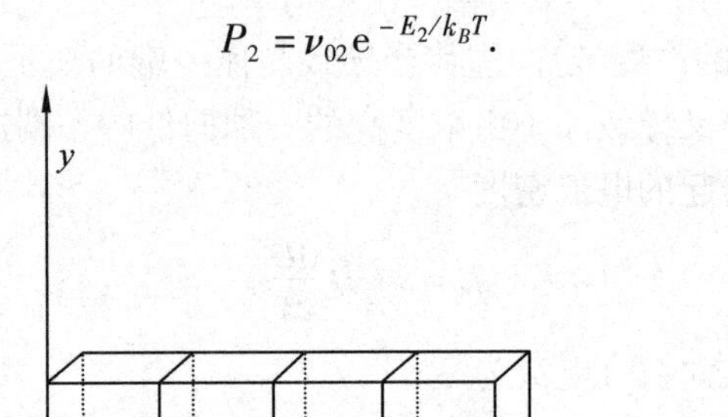

图4.16　离子的扩散

在 x 和 $x-a$ 两晶面间的填隙离子数目为

$$C\left(x-\frac{a}{2}\right)a\ .$$

这些填隙离子在单位时间内跳过 x 晶面的数目是

$$C\left(x-\frac{a}{2}\right)aP_2\ . \tag{4.55}$$

所以向左的净余扩散离子流密度为

$$\begin{aligned}&P_2a\left[C\left(x+\frac{a}{2}\right)-C\left(x-\frac{a}{2}\right)\right]\\&=P_2a\left[C\left(x+\frac{a}{2}\right)-C(x)+C(x)-C\left(x-\frac{a}{2}\right)\right]\\&=P_2a\left[\frac{\partial C}{\partial x}\frac{a}{2}+\frac{\partial C}{\partial x}\frac{a}{2}\right]=P_2a^2\frac{\partial C}{\partial x},\end{aligned}$$

向右的净余扩散离子流密度则为

$$j=-P_2a^2\frac{\partial C}{\partial x}. \tag{4.56}$$

将上式与一维扩散方程

$$j = -D\frac{\partial C}{\partial x}$$

比较得到

$$D = P_2 a^2 = a^2 \nu_{02} \mathrm{e}^{-E_2/k_B T}. \tag{4.57}$$

迁移率与电场无关，当温度一定，迁移率是一个常数，将(4.47)式代入上式得

$$\mu = \frac{eD}{k_B T}.$$

思　考　题

1. 设晶体只有弗仑克尔缺陷，问填隙原子的振动频率、空位附近原子的振动频率与无缺陷时原子的振动频率有什么差异？

2. 热膨胀引起的晶体尺寸的相对变化量 $\Delta L/L$ 与 X 射线衍射测定的晶格常数相对变化量 $\Delta a/a$ 存在差异，是何原因？

3. KCl 晶体生长时，在 KCl 溶液中加入适量的 $CaCl_2$ 溶液，生长的 KCl 晶体的质量密度比理论值小，是何原因？

4. 为什么形成一个肖特基缺陷所需能量比形成一个弗仑克尔缺陷所需能量低？

5. 金属淬火后为什么变硬？

6. 在位错滑移时，刃位错上原子受的力和螺位错上原子受的力各有什么特点？

7. 试指出面心立方和六角密积晶体滑移面的面指数.

8. 离子晶体中正负离子空位数目、填隙原子数目都相等，在外电场作用下，它们对导电的贡献完全相同吗？

9. 晶体结构对缺陷扩散有何影响？

10. 填隙原子机构的自扩散系数与空位机构自扩散系数，哪个大？为什么？

11. 一个填隙原子平均花费多长时间才被复合掉？该时间与一个正常格点上的原子变成间隙原子所需等待的时间相比，哪个长？

12. 一个空位平均花费多长时间才被复合掉？

13. 自扩散系数的大小与哪些因素有关？

14. 替位式杂质原子扩散系数比晶体缺陷自扩散系数大的原因是什么？

15. 填隙杂质原子扩散系数比晶体缺陷自扩散系数大的原因是什么？

16. 你认为自扩散系数的理论值比实验值小很多的主要原因是什么？

17. A^+B^- 离子晶体的导电机构有几种？

习　题

1. 求证在立方密积结构中，最大的间隙原子半径 r 与母体原子半径 R 之比为

$$\frac{r}{R}=0.414.$$

2. 假设把一个 Na 原子从 Na 晶体中移到表面上所需的能量为 1eV，计算室温时肖特基缺陷的相对浓度.

3. 在上题中，相邻原子向空位迁移时必须越过 0.5eV 的势垒，设原子的振动频率为 10^{12} Hz，试估算室温下空位的扩散系数. 计算温度 100℃时空位的扩散系数提高百分之几？

4. 对于铜，形成一个肖特基缺陷的能量为 1.2eV，而形成一个填隙原子所需要的能量约为 4eV. 估算接近 1300K（铜的熔点）时，两种缺陷浓度的数量级差多少？

5. 在离子晶体中，由于电中性的要求，肖特基缺陷都成对地产生，令 n 代表正负离子空位的对数，E 是形成一对缺陷所需要的能量，N 为整个离子晶体中正负离子对的数目，证明

$$n=Ne^{-E/2k_BT}.$$

6. 试求有肖特基缺陷对后，上题晶体的体积的相对变化 $\Delta V/V$，V 为无缺陷时的晶体体积.

7. 设 NaCl 只有肖特基缺陷，在 800℃时用 X 射线衍射测定 NaCl 的离子间距，由此确定的质量密度算得的分子量为 58.430，而用化学方法测定的分子量为 58.454. 求在 800℃时缺陷的相对浓度.

8. 对下列晶体结构，指出最密原子排列的晶列方向，并求出最小滑移间距

（1）体心立方；

（2）面心立方.

9. 铜是面心立方结构，原子量设为 W，绝对零度时晶格常数为 a，设热缺陷全为肖特基缺陷，温度 T 下测得的质量密度为 ρ，已知铜的体膨胀系数为 β，求形成一个肖特基缺陷所需要的能量.

10. 有一简单晶格的晶体，原子在间隙位置上的能量比在格点上高出 1eV，试求有千分之一的原子变成填隙原子时的温度.

11. A^+B^- 型离子晶体，只有正负离子空位和 A^+ 填隙离子三种热缺陷. 负电性的正离子空位，其电荷是由负离子空位的正电荷抵消，还是由间隙正离子的正电荷抵消，取决于 $u_+^\nu-u_-^\nu \gg k_BT$，或 $u_+^\nu-u_+^i \gg k_BT$，其中 u_+^ν、u_-^ν 和 u_+^i 分别为正

负离子空位和正填隙离子的形成能,利用电中性条件证明

(1)当 $u_+^i - u_-^\nu \gg k_B T$ 时,只有肖特基缺陷

$$(n_+^\nu)_s = (n_-^\nu)_s = [N_+^\nu N_-^\nu \mathrm{e}^{-(u_+^\nu + u_-^\nu)/k_B T}]^{1/2};$$

(2)当 $u_+^\nu - u_+^i \gg k_B T$ 时,只有弗仑克尔缺陷

$$(n_+^\nu)_f = (n_+^i)_f = [N_+^\nu N_+^i \mathrm{e}^{-(u_+^\nu + u_+^i)/k_B T}]^{1/2};$$

(3) $n_+^\nu = [(n_+^\nu)_s^2 + (n_+^\nu)_f^2]^{1/2}$;

$$n_-^\nu = \frac{(n_-^\nu)_s^2}{n_+^\nu};$$

$$n_+^i = \frac{(n_+^i)_f^2}{n_+^\nu}.$$

12. 若计及缺陷对最近邻离子振动频率的影响,采用爱因斯坦模型,求高温时离子晶体中成对出现的肖特基缺陷对的数目,设任一离子有 m 个最近邻,与空位相邻的离子的振动频率都相同.

13. 对单原子晶体,在通常温度下,肖特基缺陷数目与其最近邻原子的振动频率的改变有关,试用爱因斯坦模型,证明平衡时肖特基缺陷数目

$$n = N\mathrm{e}^{-u_1/k_B T}\left(\frac{1-\mathrm{e}^{-\hbar\omega/k_B T}}{1-\mathrm{e}^{-\hbar\bar{\omega}/k_B T}}\right)^{3m},$$

并讨论 $T \gg \Theta_E$ 和 $T \ll \Theta_E$ 的极限情况,其中 u_1 是肖特基缺陷形成能,m 是空位的最近邻原子数,ω 和 $\bar{\omega}$ 为最近邻无空位和有空位时原子的振动频率.

14. 若计及缺陷对最近邻 m 个原子振动频率的影响,采用爱因斯坦模型,求出高温时晶体中的弗仑克尔缺陷数目,设空位最近邻的原子的频率变为 ω_1,填隙原子最近邻的原子的频率变为 ω_2.

晶体中电子能带理论

晶体中的电子不再束缚于个别原子,而在一个具有晶格周期性的势场中作共有化运动. 对应孤立原子中电子的一个能级,在晶体中该类电子的能级形成一个带. 晶体中电子的能带在波矢空间内具有反演对称性,且是倒格子的周期函数. 能带理论成功地解释了固体的许多物理特性,是研究固体性质的重要理论基础.

§5.1 布洛赫波函数

一、布洛赫定理

晶体中电子的波函数是按晶格周期调幅的平面波,即电子的波函数具有如下形式

$$\psi_k(\boldsymbol{r}) = e^{i\boldsymbol{k}.\boldsymbol{r}} u_k(\boldsymbol{r}), \tag{5.1}$$

$$u_k(\boldsymbol{r}) = u_k(\boldsymbol{r} + \boldsymbol{R}_n), \tag{5.2}$$

其中 $\boldsymbol{k}$ 为电子的波矢,$\boldsymbol{R}_n$ 是格矢

$$\boldsymbol{R}_n = n_1\boldsymbol{a}_1 + n_2\boldsymbol{a}_2 + n_3\boldsymbol{a}_3.$$

上述理论称为布洛赫(Bloch)定理.

固体中存在大量的电子,它们的运动是相互关联的,这是一个多体问题. 由量子力学理论可知,人们可以把这个多体问题简化成单电子问题,即把每个电子的运动看成是独立地在一个等效势场中的运动. 研究晶体中电子的能带所用的近似也是单电子近似.

由于晶格的周期性,不难理解,晶体中的等效势场 $V(\boldsymbol{r})$ 必定是具有晶格的周期性,即

$$V(\boldsymbol{r}) = V(\boldsymbol{r} + \boldsymbol{R}_n).$$

在直角坐标中

$$\boldsymbol{r}=x\boldsymbol{i}+y\boldsymbol{j}+z\boldsymbol{k},$$

$$\boldsymbol{r}+\boldsymbol{R}_n=(x+R_{nx})\boldsymbol{i}+(y+R_{ny})\boldsymbol{j}+(z+R_{nz})\boldsymbol{k},$$

$$\nabla^2(\boldsymbol{r})=\frac{\partial^2}{\partial x^2}+\frac{\partial^2}{\partial y^2}+\frac{\partial^2}{\partial z^2},$$

$$\nabla^2(\boldsymbol{r}+\boldsymbol{R}_n)=\left[\frac{\partial^2}{\partial(x+R_{nx})^2}+\frac{\partial^2}{\partial(y+R_{ny})^2}+\frac{\partial^2}{\partial(z+R_{nz})^2}\right]$$

$$=\left[\frac{\partial^2}{\partial x^2}+\frac{\partial^2}{\partial y^2}+\frac{\partial^2}{\partial z^2}\right]=\nabla^2(\boldsymbol{r}).$$

利用上述诸关系,可得知哈密顿函数

$$\hat{H}(\boldsymbol{r})=-\frac{\hbar^2}{2m}\nabla^2(\boldsymbol{r})+V(\boldsymbol{r})$$

$$=-\frac{\hbar^2}{2m}\nabla^2(\boldsymbol{r}+\boldsymbol{R}_n)+V(\boldsymbol{r}+\boldsymbol{R}_n)=\hat{H}(\boldsymbol{r}+\boldsymbol{R}_n)$$

也是晶格的周期函数. 既然哈密顿函数具有晶格的平移对称性,那么波函数又有什么特点呢? 为了回答这一问题,我们先引进一个平移对称操作算符 $\hat{T}(\boldsymbol{R}_n)$: 任一个函数 $f(\boldsymbol{r})$ 经平移算符作用后变成

$$\hat{T}(\boldsymbol{R}_n)f(\boldsymbol{r})=f(\boldsymbol{r}+\boldsymbol{R}_n).\tag{5.3}$$

现在将平移对称操作算符作用在薛定谔方程左边

$$\hat{T}(\boldsymbol{R}_n)\hat{H}(\boldsymbol{r})\psi(\boldsymbol{r})=\hat{H}(\boldsymbol{r}+\boldsymbol{R}_n)\psi(\boldsymbol{r}+\boldsymbol{R}_n)=\hat{H}(\boldsymbol{r})\hat{T}(\boldsymbol{R}_n)\psi(\boldsymbol{r}).$$

从上式可以看出平移对称操作算符与哈密顿算符是对易的. 对易的算符应有共同的本征函数. 波函数 $\psi(\boldsymbol{r})$ 是 $\hat{H}(\boldsymbol{r})$ 的本征函数,那么波涵数 $\psi(\boldsymbol{r})$ 也是算符 $\hat{T}(\boldsymbol{R}_n)$ 的本征函数时,$\hat{T}(\boldsymbol{R}_n)$ 对应的本征值又有什么特点呢? 由

$$\hat{T}(\boldsymbol{R}_n)\psi(\boldsymbol{r})=\psi(\boldsymbol{r}+\boldsymbol{R}_n)=\lambda(\boldsymbol{R}_n)\psi(\boldsymbol{r})$$

可知,本征值 $\lambda(\boldsymbol{R}_n)$ 必须满足等式

$$\psi(\boldsymbol{r}+\boldsymbol{R}_n)=\lambda(\boldsymbol{R}_n)\psi(\boldsymbol{r}).\tag{5.4}$$

根据平移的特点

$$\hat{T}(\boldsymbol{R}_n)=\hat{T}(n_1\boldsymbol{a}_1+n_2\boldsymbol{a}_2+n_3\boldsymbol{a}_3)=\hat{T}(n_1\boldsymbol{a}_1)\hat{T}(n_2\boldsymbol{a}_2)\hat{T}(n_3\boldsymbol{a}_3)$$

$$=[\hat{T}(\boldsymbol{a}_1)]^{n_1}[\hat{T}(\boldsymbol{a}_2)]^{n_2}[\hat{T}(\boldsymbol{a}_3)]^{n_3},$$

可得到

$$\hat{T}(\boldsymbol{R}_n)\psi(\boldsymbol{r})=\lambda(\boldsymbol{R}_n)\psi(\boldsymbol{r})=[\lambda(\boldsymbol{a}_1)]^{n_1}[\lambda(\boldsymbol{a}_3)]^{n_2}[\lambda(\boldsymbol{a}_3)]^{n_3}\psi(\boldsymbol{r}),$$

即

$$\lambda(\boldsymbol{R}_n)=[\lambda(\boldsymbol{a}_1)]^{n_1}[\lambda(\boldsymbol{a}_2)]^{n_2}[\lambda(\boldsymbol{a}_3)]^{n_3}. \tag{5.5}$$

设晶体在 $\boldsymbol{a}_1$、$\boldsymbol{a}_2$、$\boldsymbol{a}_3$ 方向各有 N_1、N_2、N_3 个原胞,由周期性边界条件

$$\psi(\boldsymbol{r})=\psi(\boldsymbol{r}+N_1\boldsymbol{a}_1)$$

得到

$$\hat{T}(N_1\boldsymbol{a}_1)\psi(\boldsymbol{r})=[\lambda(\boldsymbol{a}_1)]^{N_1}\psi(\boldsymbol{r})=\psi(\boldsymbol{r}+N_1\boldsymbol{a}_1)=\psi(\boldsymbol{r}).$$

由上式可得出

$$[\lambda(\boldsymbol{a}_1)]^{N_1}=1. \tag{5.6}$$

上式的解应形如

$$\lambda(\boldsymbol{a}_1)=\mathrm{e}^{i\alpha}. \tag{5.7}$$

要使标量 α 与矢量 $\boldsymbol{a}_1$ 对应起来,可令 $\alpha=\boldsymbol{k}_1\cdot\boldsymbol{a}_1$. 将此式代入(5.7)式,再由(5.6)式得到

$$N_1\boldsymbol{k}_1\cdot\boldsymbol{a}_1=2\pi l_1, \tag{5.8}$$

其中 l_1 为整数. 不难看出,取

$$\boldsymbol{k}_1=\frac{l_1}{N_1}\boldsymbol{b}_1$$

恰好满足(5.8)式,于是,我们求得

$$\lambda(\boldsymbol{a}_1)=\mathrm{e}^{i\frac{l_1}{N_1}\boldsymbol{b}_1\cdot\boldsymbol{a}_1}. \tag{5.9}$$

同理

$$\boldsymbol{k}_2=\frac{l_2}{N_2}\boldsymbol{b}_2,\quad \lambda(\boldsymbol{a}_2)=\mathrm{e}^{i\frac{l_2}{N_2}\boldsymbol{b}_2\cdot\boldsymbol{a}_2}, \tag{5.10}$$

$$\boldsymbol{k}_3=\frac{l_3}{N_3}\boldsymbol{b}_3,\quad \lambda(\boldsymbol{a}_3)=\mathrm{e}^{i\frac{l_3}{N_3}\boldsymbol{b}_3\cdot\boldsymbol{a}_3}. \tag{5.11}$$

今令

$$\boldsymbol{k}=\frac{l_1}{N_1}\boldsymbol{b}_1+\frac{l_2}{N_2}\boldsymbol{b}_2+\frac{l_3}{N_3}\boldsymbol{b}_3, \tag{5.12}$$

则由(5.5)式可得

$$\lambda(\boldsymbol{R}_n)=\mathrm{e}^{i\boldsymbol{k}\cdot\boldsymbol{R}_n}. \tag{5.13}$$

于是,由(5.4)式可知,晶体中电子的波函数所满足的方程是

$$\psi(\boldsymbol{r}+\boldsymbol{R}_n)=\mathrm{e}^{i\boldsymbol{k}\cdot\boldsymbol{R}_n}\psi(\boldsymbol{r}). \tag{5.14}$$

可以验证,平面波 $\psi(\boldsymbol{r})=\mathrm{e}^{i\boldsymbol{k}\cdot\boldsymbol{r}}$能满足上式. 至此,我们才看出,(5.12)式的矢量 $\boldsymbol{k}$ 具有波矢的意义. 当波矢 $\boldsymbol{k}$ 增加个倒格矢

$$\boldsymbol{K}_h=h_1\boldsymbol{b}_1+h_2\boldsymbol{b}_2+h_3\boldsymbol{b}_3,$$

平面波

$$\psi(\boldsymbol{r})=\mathrm{e}^{i(\boldsymbol{k}+\boldsymbol{K}_h)\cdot\boldsymbol{r}}$$

也满足(5.14)式. 因此,电子的波函数一般应是这些平面波的线性叠加

$$\psi_k(\boldsymbol{r})=\sum_h a(\boldsymbol{k}+\boldsymbol{K}_h)\mathrm{e}^{i(\boldsymbol{k}+\boldsymbol{K}_h)\cdot\boldsymbol{r}}=\mathrm{e}^{i\boldsymbol{k}\cdot\boldsymbol{r}}\sum_h a(\boldsymbol{k}+\boldsymbol{K}_h)\mathrm{e}^{i\boldsymbol{K}_h\cdot\boldsymbol{r}}. \tag{5.15}$$

设

$$\sum_h a(\boldsymbol{k}+\boldsymbol{K}_h)\mathrm{e}^{i\boldsymbol{K}_h\cdot\boldsymbol{r}}=u_k(\boldsymbol{r}), \tag{5.16}$$

则(5.15)式化为

$$\psi_k(\boldsymbol{r})=\mathrm{e}^{i\boldsymbol{k}\cdot\boldsymbol{r}}u_k(\boldsymbol{r}), \tag{5.17}$$

由(5.16)式可以验证

$$u_k(\boldsymbol{r}+\boldsymbol{R}_n)=u_k(\boldsymbol{r}),$$

可见晶体中电子的波函数是按晶格周期调幅的平面波.

二、简约布里渊区

在介绍简约布里渊区之前,我们先证明布洛赫波函数 $\psi_k(\boldsymbol{r})$ 与 $\psi_{k+K_n}(\boldsymbol{r})$ 描述的是同一个电子状态这一问题.

由布洛赫定理已知

$$\psi_k(\boldsymbol{r})=\mathrm{e}^{i\boldsymbol{k}\cdot\boldsymbol{r}}u_k(\boldsymbol{r}),$$

$$u_k(\boldsymbol{r})=\sum_h a(\boldsymbol{k}+\boldsymbol{K}_h)\mathrm{e}^{i\boldsymbol{K}_h\cdot\boldsymbol{r}}.$$

所以有

$$\begin{aligned}u_{k+K_n}(\boldsymbol{r})&=\sum_h a(\boldsymbol{k}+\boldsymbol{K}_n+\boldsymbol{K}_h)\mathrm{e}^{i\boldsymbol{K}_h\cdot\boldsymbol{r}}\\&=\sum_l a(\boldsymbol{k}+\boldsymbol{K}_l)\mathrm{e}^{i(\boldsymbol{K}_l-\boldsymbol{K}_n)\cdot\boldsymbol{r}},\\\psi_{k+K_n}(\boldsymbol{r})&=\mathrm{e}^{i(\boldsymbol{k}+\boldsymbol{K}_n)\cdot\boldsymbol{r}}u_{k+K_n}(\boldsymbol{r})\\&=\sum_l \mathrm{e}^{i\boldsymbol{k}\cdot\boldsymbol{r}}a(\boldsymbol{k}+\boldsymbol{K}_l)\mathrm{e}^{i\boldsymbol{K}_l\cdot\boldsymbol{r}}\\&=\psi_k(\boldsymbol{r}).\end{aligned}$$

上式说明,$\boldsymbol{k}$ 态和 $\boldsymbol{k}+\boldsymbol{K}_n$ 态实际是同一电子态. 同一个电子态应对应同一个能量,所以又有

$$E(\boldsymbol{k})=E(\boldsymbol{k}+\boldsymbol{K}_n). \tag{5.18}$$

也即

$$\hat{H}(\boldsymbol{r})\psi_k(\boldsymbol{r})=E(\boldsymbol{k})\psi_k(\boldsymbol{r}),$$

$$\hat{H}(\boldsymbol{r})\psi_{k+K_n}(\boldsymbol{r})=E(\boldsymbol{k})\psi_{k+K_n}(\boldsymbol{r}).$$

以上两式说明,对应同一个本征值 $E(\boldsymbol{k})$,有无数个本征函数 $\psi_{k+K_n}(\boldsymbol{r})$. 为了使本征函数与本征值一一对应起来,即使电子的波矢 $\boldsymbol{k}$ 与本征值 $E(\boldsymbol{k})$ 一一对应起来,必须把波矢 $\boldsymbol{k}$ 的取值限制在一个倒格原胞区间内

$$-\frac{\boldsymbol{b}_i}{2}<\boldsymbol{k}_i\leqslant\frac{\boldsymbol{b}_i}{2}\qquad i=1,2,3. \tag{5.19}$$

称这个区间为简约布里渊区或第一布里渊区. 将(5.12)式代入上式,得

$$-\frac{N_i}{2}<l_i\leqslant\frac{N_i}{2}\qquad i=1,2,3.$$

可见在简约布里渊区内,电子的波矢数目等于晶体的原胞数目:$N=N_1N_2N_3$. 在波矢空间内,由于 N 的数目很大,波矢点的分布是准连续的. 一个波矢对应的体积为

$$\frac{\boldsymbol{b}_1}{N_1}\cdot\left(\frac{\boldsymbol{b}_2}{N_2}\times\frac{\boldsymbol{b}_3}{N_3}\right)=\frac{\Omega^*}{N}=\frac{(2\pi)^3}{N\Omega}=\frac{(2\pi)^3}{V_c}.$$

所以,电子的波矢密度为

$$\frac{V_c}{(2\pi)^3}.$$

§5.2 一维晶格中的近自由电子

金属晶体中,原子实对价电子的束缚较弱,价电子的行为与自由电子相近. 为了得出自由电子近似的主要结论,本节首先讨论简单的一维情况.

一维晶格中电子的薛定谔方程为

$$\left[-\frac{\hbar^2}{2m}\frac{\mathrm{d}^2}{\mathrm{d}x^2}+V(x)\right]\psi_k(x)=E(x)\psi_k(x),$$

其中 $V(x)$ 是晶格的周期势. 由上一节的布洛赫定理已知,$\psi_k(x)=\mathrm{e}^{ikx}u_k(x)$. 因此,将周期势也化成指数函数是有利于问题的求解的. 将 $V(x)$ 展成付里叶级数

$$V(x)=\sum_n V_n\mathrm{e}^{i\lambda_n x}, \tag{5.20}$$

λ_n 必须满足势场的周期性. 由

$V(x)=V(x+a)=\sum_n V_n\mathrm{e}^{i\lambda_n(x+a)}=\sum_n V_n\mathrm{e}^{i\lambda_n x}(\mathrm{e}^{i\lambda_n a})$ 与(5.20)式恒等可得

$$\mathrm{e}^{i\lambda_n a}=1.$$

由上式可知,λ_n 必为倒格矢,即

$$\lambda_n = \frac{2\pi}{a}n.$$

于是,$V(x)$应展成

$$V(x) = \sum_n V_n \mathrm{e}^{i\frac{2\pi}{a}nx}, \tag{5.21}$$

其中

$$V_n = \frac{1}{a}\int_{-\frac{a}{2}}^{\frac{a}{2}} V(x)\left[\mathrm{e}^{i\frac{2\pi}{a}nx}\right]^* \mathrm{d}x. \tag{5.22}$$

由上式不难得出

$$V_n^* = \frac{1}{a}\int_{-\frac{a}{2}}^{\frac{a}{2}} V(x)\left[\mathrm{e}^{i\frac{2\pi}{a}(-n)x}\right]^* \mathrm{d}x = V_{-n}. \tag{5.23}$$

将 $n=0$ 的项分离出来,(5.21)式变成

$$V(x) = V_0 + \triangle V = V_0 + \sum_{n\neq 0}{}' V_n \mathrm{e}^{i\frac{2\pi}{a}nx}, \tag{5.24}$$

其中

$$V_0 = \frac{1}{a}\int_{-\frac{a}{2}}^{\frac{a}{2}} V(x)\,\mathrm{d}x$$

显然是平均势. 通常取 $V_0=0$. 为了求解的方便,我们也将零级哈密顿量分离出来,即令 $\hat{H} = \hat{H}_0 + \hat{H}'$,其中

$$\hat{H}_0 = -\frac{\hbar^2}{2m}\frac{\mathrm{d}^2}{\mathrm{d}x^2} + V_0, \tag{5.25}$$

$$\hat{H}' = \sum_{n\neq 0}{}' V_n \mathrm{e}^{i\frac{2\pi}{a}nx} = \triangle V. \tag{5.26}$$

由关系式

$$\hat{H}_0 \psi_k^0(x) = E^0(k)\psi_k^0(x)$$

可得近自由电子的零级能量和零级波函数

$$E^0(k) = \frac{\hbar^2 k^2}{2m},$$

$$\psi_k^0(x) = \frac{1}{\sqrt{L}}\mathrm{e}^{ikx}.$$

其中 L 为一维晶格的长度,即 $L=Na$,N 是原胞数目. 按量子力学微扰理论,电子的能量可写成

$$E(k) = E^0(k) + E^{(1)}(k) + E^{(2)}(k) + \cdots.$$

一级微扰能量

$$E^{(1)}(k)=H'_{kk}=\int_0^L\psi_k^{0*}(x)\triangle V\psi_k^0(x)\mathrm{d}x=0.$$

二级微扰能量

$$E^{(2)}(k)=\sum_{k'}{}'\frac{|H'_{kk'}|^2}{E^0(k)-E^0(k')},$$

其中微扰矩阵元

$$\begin{aligned}H'_{kk'}&=\int_0^L\psi_k^{0*}(x)\triangle V\psi_{k'}^0(x)\mathrm{d}x\\&=\sum_n{}'V_n\frac{\sin\left(k'-k+\frac{2\pi}{a}n\right)Na}{\left(k'-k+\frac{2\pi}{a}n\right)Na}\\&=\begin{cases}V_n, & \text{当 } k-k'=\frac{2\pi}{a}n;\\0, & \text{当 } k-k'\neq\frac{2\pi}{a}n.\end{cases}\end{aligned}\tag{5.27}$$

在(5.27)式的求解中利用了关系式

$$k=\frac{2\pi}{Na}l,\ k'=\frac{2\pi}{Na}l',$$

l 和 l' 都是整数. 因此,若只考虑到电子能量的二级微扰

$$E(k)=\frac{\hbar^2k^2}{2m}+\sum_n{}'\frac{2m|V_n|^2}{\hbar^2k^2-\hbar^2\left(k-\frac{2\pi}{a}n\right)^2},\tag{5.28}$$

电子的波函数

$$\begin{aligned}\psi_k(x)&=\psi_k^0(x)+\sum_{k'}{}'\frac{H'_{k'k}}{E^0(k)-E^0(k')}\psi_{k'}^0(x)\\&=\frac{1}{\sqrt{L}}\mathrm{e}^{ikx}\left[1+\sum_n{}'\frac{2mV_n^*\mathrm{e}^{-i\frac{2\pi}{a}nx}}{\hbar^2k^2-\hbar^2\left(k-\frac{2\pi}{a}n\right)^2}\right]\\&=\mathrm{e}^{ikx}u_k(x).\end{aligned}\tag{5.29}$$

可以看出,调幅因子是晶格的周期函数. (5.29)式右端的第一部分代表波矢为 k 的前进平面波,第二部分是电子在行进过程中遭受到起伏的势场的散射作用所产生的散射波. 由第二部分的分母为零可知,当前进波的波矢 $k=n\pi/a$ 时,散射波很强;当前进波的波矢 k 远离 $n\pi/a$ 时,由于 V_n^* 是小量,第二部分的贡献很小,波函数主要由前进平面波决定,此时,电子的能量,(5.28)式的主部是 $\hbar^2k^2/$

$2m$,即电子的行为与自由电子相近.

§5.3 一维晶格中电子的布拉格反射

上一节曾指出,当前进波的波矢 k 远离 $n\pi/a$ 时,散射波很微弱,波函数与平面波相近. 但是当 $k=n\pi/a$ 时,波矢 $k'=-n\pi/a$ 的散射波不能再忽略,因它的振幅变得已足够大. 由于 $k'=-k$,我们称波矢为 k 的波为前进波,则称 k'的波为后退波. 此时,波函数主要由前进波和后退波决定. 现在的问题是,当 $k=n\pi/a$ 时,为什么会出现强烈的散射波? 要解释这一点,必须首先弄清楚前进波和后退波的特点. 由

$$|k'|=k=\frac{n\pi}{a}=\frac{2\pi}{\lambda}$$

得到,前进波与后退波的波长不仅相等,而且满足关系式

$$2a=n\lambda.$$

图 5.1 给出了这一物理图象,向右的箭头代表前进波,向左的箭头

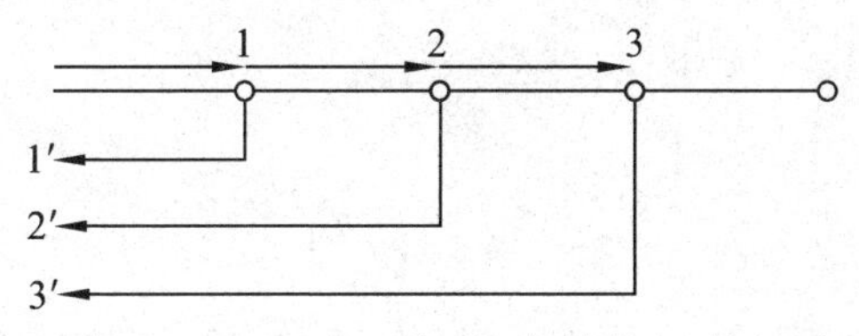

图 5.1 一维晶格的布拉格反射

代表各格点引起的散射波. 由图可以看出,格点 2 的散射波与格点 1 的散射波的波程差为 $2a$,格点 3 的散射波与格点 1 的散射波的波程差为 $4a$,…. 这说明当 $k=n\pi/a$ 时,各格点产生的散射波的波程差都是波长的整数倍,即相位差为 2π 的整数倍. 因此,各格点的散射波相互加强. 形成一个强烈的散射波. 需要指出的是,$k=n\pi/a=-k'$,$2a=n\lambda$ 的条件是一维情况下的布拉格反射条件,此时对应$\sin\theta=1$.

当 $k=n\pi/a$,$k'=-n\pi/a$ 时,电子的零级波函数是前进波和反射波的线性组合

$$\Psi^0(x)=A\psi_k^0(x)+B\psi_{k'}^0(x). \tag{5.30}$$

事实上,当波矢接近布拉格反射条件时,即

$$k=\frac{n\pi}{a}(1+\Delta),$$

$$k'=-\frac{n\pi}{a}(1-\Delta),$$

Δ 为小量时,(5.30)式也是成立的. 将(5.30)式代入薛定谔方程

$$\left[-\frac{\hbar^2}{2m}\frac{d^2}{dx^2}+V(x)-E\right]\Psi^0(x)=0,$$

并利用

$$\left[-\frac{\hbar^2}{2m}\frac{d^2}{dx^2}+V_0\right]\psi_k^0(x)=E^0(k)\psi_k^0(x),$$

$$\left[-\frac{\hbar^2}{2m}\frac{d^2}{dx^2}+V_0\right]\psi_{k'}^0(x)=E^0(k')\psi_{k'}^0(x),$$

得到

$$A[E^0(k)-E+\Delta V]\psi_k^0(x)+B[E^0(k')-E+\Delta V]\psi_{k'}^0(x)=0.$$

将上式分别乘以 $\psi_k^{0*}(x)$ 和 $\psi_{k'}^{0*}(x)$,再对 x 积分,得到

$$[E-E^0(k)]A-V_nB=0, \tag{5.31}$$

$$-V_{-n}A+[E-E^0(k')]B=0. \tag{5.32}$$

由以上两式可解得电子的能量

$$\begin{aligned}E&=\frac{1}{2}\{E^0(k)+E^0(k')\pm[(E^0(k)-E^0(k'))^2+4|V_n|^2]^{1/2}\}\\&=T_n(1+\Delta^2)\pm(|V_n|^2+4T_n^2\Delta^2)^{1/2},\end{aligned} \tag{5.33}$$

其中

$$T_n=\frac{\hbar^2}{2m}\left(\frac{n\pi}{a}\right)^2.$$

(5.33)式成立的前提是 Δ 是一个小量. 当 $\Delta=0$ 时,(5.33)式变成

$$E=T_n\pm|V_n|. \tag{5.34}$$

上式说明,电子遭受晶格最强散射时,电子有两个能态,一个高于动能 T_n,一个低于动能 T_n,两个能级的差值为

$$E_g=2|V_n|. \tag{5.35}$$

因为(5.34)或(5.35)式对应 $k=n\pi/a$(或 $k=-n\pi/a$),这说明,对于这些特殊的波矢,相应有两个能级,在能量 E_g 区间没有其他能级,我们称能量间隙 E_g 为禁带宽度. 有趣的是,禁带宽度由周期势场付里叶级数的系数 V_n 决定,恰好等于 V_n 绝对值的两倍.

当 $\Delta\neq0$ 时,考虑到 T_n 一般大于 $|V_n|$,但 $T_n\Delta\ll V_n$,将(5.33)式展开并只取到 Δ^2 项,得到

$$E_+=T_n+|V_n|+\left(1+\frac{2T_n}{|V_n|}\right)\frac{\hbar^2}{2m}\left(k-\frac{n\pi}{a}\right)^2, \tag{5.36}$$

$$E_-=T_n-|V_n|-\left(\frac{2T_n}{|V_n|}-1\right)\frac{\hbar^2}{2m}\left(\frac{n\pi}{a}-k\right)^2. \tag{5.37}$$

由于Δ是小量的限制,(5.36)式只适用于禁带之上的能带底部,(5.37)式仅适用于禁带之下的能带顶部.由(5.36)和(5.37)两式的二次方程不难看出,在能带底部,能量随波矢k变化关系是向上弯的抛物线;在能带顶部,是向下弯曲的抛物线,图5.2示出了能带曲线的这种变化.人们会看到,1,3态具有相同的能量,2,4态具有相同的能量,这正是(5.18)式的具体体现.1,3态相差一个倒格矢$2\pi/a$,它们属于同一个态.2,4态也相差一个倒格矢$2\pi/a$,也属于同一个态.

当Δ较大时,即波矢k远离$n\pi/a$时,电子的零级近似波函数为平面波,零级能量等于自由电子的能量.这些已在上一节提过.

总结以上内容,我们的要点是

1)在$k=n\pi/a$处(布里渊区边界上),电子的能量出现禁带,禁带宽度为$2|V_n|$.

2)在$k=n\pi/a$附近,能带底的电子能量与波矢的关系是向上弯曲的抛物线,能带顶是向下弯曲的抛物线.

3)在k远离$n\pi/a$处,电子的能量与自由电子的能量相近.

利用以上这些能带的特点,我们可在波矢空间画出近自由电子的能带.电子的能带有三种绘制方法.

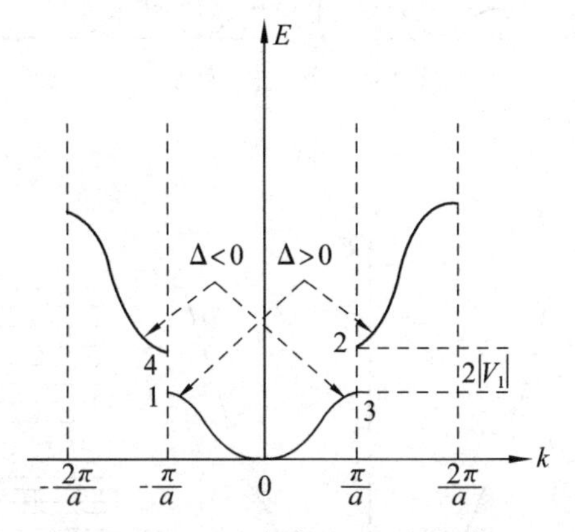

图5.2　近自由电子的能带

因为晶体中电子的$\boldsymbol{k}$态与$\boldsymbol{k}+\boldsymbol{K}_n$态是等价的,所以电子的能量在波矢空间内具有倒格的周期性.图5.3(a)示出了这一周期性的表示.在两禁带之间,能量曲线是准连续的,若将第一禁带以下的能带称为第一能带,第一禁带到第二禁带间的能带称为第二能带,…,则电子的能量分成1,2,3…若干个准连续的能带.

图5.3(a)中,$-\pi/a$至π/a区间部分便是能带的简约布里渊区表示.图5.3(b)是能带的抛物线型表示.可以通过平移一个倒格矢将简约布里渊区以

外的能带移入简约布里渊区之内，所以这三种表示方法是完全等价的.要标志电子的一个状态，必须指明，它的简约波矢 k 及所处的能带编号.

从能带的简约布里渊区表示或抛物线型表示可以看出，每个能带对应的波矢区间正好等于一个倒格原胞区间，$2\pi/a$.而在一维情况下，一个波矢对应的区间为 $2\pi/L=2\pi/Na$，所以一个能带包含 N 个不同的波矢状态，计入自旋，每个能带包含 $2N$ 个量子态，即一个能带最多容纳 $2N$ 个电子.

从图5.3(b)抛物线的特点可以看出，能带序号越小，能带宽度越小.能态密度是一个很重要的概念，它等于单位能量区间内的量子态数目.序号小的能带能态密度大，序号大的能态密度小.

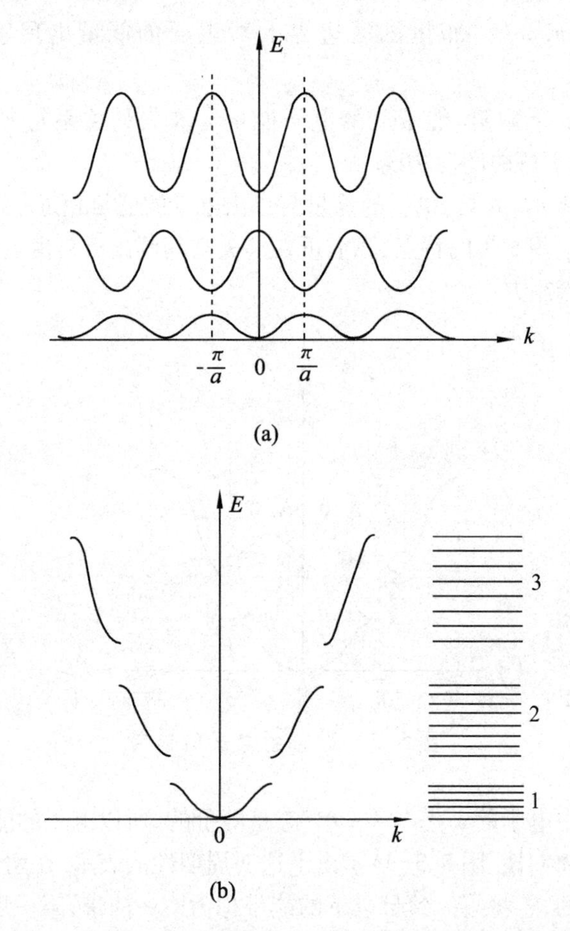

图5.3　能带　(a)周期性表示和简约布里渊区表示；(b)抛物线型表示

§5.4　平面波方法

在一维自由电子近似中,为了便于求解薛定谔方程,曾将周期势展成付里叶级数. 三维势场也是周期势,我们也把它展成付里叶级数

$$V(\boldsymbol{r}) = \sum_l V(\boldsymbol{K}_l) e^{i\boldsymbol{K}_l \cdot \boldsymbol{r}}.$$

由势场的周期性

$$V(\boldsymbol{r}) = V(\boldsymbol{r} + \boldsymbol{R}_n) = \sum_l V(\boldsymbol{K}_l) e^{i\boldsymbol{K}_l \cdot (\boldsymbol{r} + \boldsymbol{R}_n)}$$

得知,$\boldsymbol{K}_l \cdot \boldsymbol{R}_n$ 必须是 2π 的整数倍,即 $\boldsymbol{K}_l$ 必须是倒格矢

$$\boldsymbol{K}_l = l_1 \boldsymbol{b}_1 + l_2 \boldsymbol{b}_2 + l_3 \boldsymbol{b}_3.$$

若将平均势取作能量零点,则有

$$V(\boldsymbol{r}) = \sum_l{}' V(\boldsymbol{K}_l) e^{i\boldsymbol{K}_l \cdot \boldsymbol{r}}. \tag{5.38}$$

由布洛赫定理已知,晶体中的电子波函数的因子 $u_k(\boldsymbol{r})$ 也是晶格的周期函数,同样,也可将该因子展成付里叶级数

$$u_k(\boldsymbol{r}) = \sum_m a'(\boldsymbol{K}_m) e^{i\boldsymbol{K}_m \cdot \boldsymbol{r}}.$$

于是,电子的波函数化成

$$\psi_k(\boldsymbol{r}) = \frac{1}{\sqrt{N\Omega}} \sum_m a(\boldsymbol{K}_m) e^{i(\boldsymbol{k} + \boldsymbol{K}_m) \cdot \boldsymbol{r}}, \tag{5.39}$$

其中 $1/\sqrt{N\Omega}$ 为波函数归一化因子. 将上式代入薛定谔方程

$$\left[-\frac{\hbar^2}{2m} \nabla^2 + V(\boldsymbol{r}) - E(\boldsymbol{k}) \right] \psi_k(\boldsymbol{r}) = 0,$$

得到

$$\frac{1}{\sqrt{N\Omega}} \sum_m \left[\frac{\hbar^2}{2m} |\boldsymbol{k} + \boldsymbol{K}_m|^2 - E(\boldsymbol{k}) + \sum_l{}' V(\boldsymbol{K}_l) e^{i\boldsymbol{K}_l \cdot \boldsymbol{r}} \right] \cdot a(\boldsymbol{K}_m) e^{i(\boldsymbol{k} + \boldsymbol{K}_m) \cdot \boldsymbol{r}} = 0.$$

将上式乘以

$$\frac{1}{\sqrt{N\Omega}} e^{-i(\boldsymbol{k} + \boldsymbol{K}_n) \cdot \boldsymbol{r}},$$

并对晶体体积积分,得到

$$\left[\frac{\hbar^2}{2m} |\boldsymbol{k} + \boldsymbol{K}_n|^2 - E(\boldsymbol{k}) \right] a(\boldsymbol{K}_n) + \sum_{m \neq n} V(\boldsymbol{K}_n - \boldsymbol{K}_m) a(\boldsymbol{K}_m) = 0. \tag{5.40}$$

在上式的求解过程中,利用了关系式

$$\frac{1}{N\Omega}\int_{N\Omega} e^{i(\boldsymbol{K}_n-\boldsymbol{K}_m)\cdot \boldsymbol{r}} \mathrm{d}\boldsymbol{r} = \delta_{\boldsymbol{K}_n,\boldsymbol{K}_m}. \tag{5.41}$$

人们常称(5.40)式为中心方程. 因为 $\boldsymbol{K}_n, \boldsymbol{K}_m$ 的取值是无数多的,所以(5.40)式是一个无数项的方程式. 从付里叶级数展开的知识我们已经知道,由于级数是收敛的,项数越多,其后的贡献越小. 也就是,在计算精度范围内,我们可取有限项平面波来作(5.39)式的近似. 在此情况下,(5.40)式就变成一个有限项的方程. 这样的方程构成了一个齐次方程组. $a(\boldsymbol{K}_n), a(\boldsymbol{K}_m)$ 有解的条件是,它们的系数行列式必须为零. 若以 $\boldsymbol{K}_n$ 为行的标记,$\boldsymbol{K}_m$ 为列的标记,行列式的元素为如下形式

$$\lambda_{\boldsymbol{K}_n,\boldsymbol{K}_m} = \begin{cases} \dfrac{\hbar^2}{2m}|\boldsymbol{k}+\boldsymbol{K}_n|^2 - E(\boldsymbol{k}), 当 \boldsymbol{K}_m = \boldsymbol{K}_n, \\ V(\boldsymbol{K}_n - \boldsymbol{K}_m), \quad 当 \boldsymbol{K}_m \neq \boldsymbol{K}_n. \end{cases} \tag{5.42}$$

由此行列式可求出电子的能量 $E(k)$. 需要指出的是,电子的能带 $E(\boldsymbol{k})$ 是依赖波矢的方向的. i 方向上的能带 $E(k_i)$ 与 j 方向上的能带 $E(k_j)$ 可能会有很大的差别.

当电子近似于自由电子时,其波函数与平面波相近

$$\psi_k^0(\boldsymbol{r}) = \frac{1}{\sqrt{N\Omega}} e^{i\boldsymbol{k}\cdot\boldsymbol{r}},$$

即(5.39)展式中 $a(0)\sim 1$,其他系数 $a(\boldsymbol{K}_m)$ 是小量;电子的能量也与自由电子能量相近

$$E^0(\boldsymbol{k}) = \frac{\hbar^2 k^2}{2m}.$$

电子的近自由电子行为是由势场决定的,此种情况的势场,起伏不大,(5.38)式中的系数 $V(\boldsymbol{K}_l)$ 是小量. 若忽略掉二级小量,中心方程简化成

$$\left[\frac{\hbar^2}{2m}|\boldsymbol{k}+\boldsymbol{K}_n|^2 - \frac{\hbar^2 k^2}{2m}\right] a(\boldsymbol{K}_n) + V(\boldsymbol{K}_n) a(0) = 0,$$

即

$$a(\boldsymbol{K}_n) = \frac{-V(\boldsymbol{K}_n)}{\dfrac{\hbar^2}{2m}\left[\,|\boldsymbol{k}+\boldsymbol{K}_n|^2 - k^2\right]}.$$

当 $|\boldsymbol{k}+\boldsymbol{K}_n|^2$ 远离 k^2 时,由于 $V(\boldsymbol{K}_n)$ 是小量,所以 $a(\boldsymbol{K}_n)$ 也是小量. 但当 $|\boldsymbol{k}+\boldsymbol{K}_n|^2 \to k^2$ 时,$a(\boldsymbol{K}_n)$ 变得很大,此时中心方程中除 $a(0)$ 项和 $a(\boldsymbol{K}_n)$ 项不能忽略外,其他项仍是二级小量,可以忽略. 于是,中心方程简化为

$$\left[\frac{\hbar^2 k^2}{2m} - E(\boldsymbol{k})\right]a(0) + V(-\boldsymbol{K}_n)a(\boldsymbol{K}_n) = 0,$$

$$V(\boldsymbol{K}_n)a(0) + \left[\frac{\hbar^2}{2m}k^2 - E(\boldsymbol{k})\right]a(\boldsymbol{K}_n) = 0.$$

由以上两方程可解得

$$E(\boldsymbol{k}) = \frac{\hbar^2 k^2}{2m} \pm |V(\boldsymbol{K}_n)|, \tag{5.43}$$

在上式求解中,利用了关系式

$$V(-\boldsymbol{K}_n) = V^*(\boldsymbol{K}_n).$$

(5.43)式说明,当波矢满足

$$|\boldsymbol{k} + \boldsymbol{K}_n|^2 = k^2 \tag{5.44}$$

时,波矢 k 对应两个能级,一个能级高于电子动能,能量为

$$E_+ = \frac{\hbar^2 k^2}{2m} + |V(\boldsymbol{K}_n)|,$$

另一个能级低于电子动能,能量为

$$E_- = \frac{\hbar^2 k^2}{2m} - |V(\boldsymbol{K}_n)|.$$

两能极之间不存在允许的电子态,该能量区间称为禁带宽度

$$E_g = 2|V(\boldsymbol{K}_n)|. \tag{5.45}$$

由上式可知,禁带宽度由势场的付里叶级数的系数决定. 为了弄清楚(5.44)式所描述的电子的特点,将(5.44)式改写为

$$\boldsymbol{K}_n \cdot \left(\boldsymbol{k} + \frac{\boldsymbol{K}_n}{2}\right) = 0. \tag{5.46}$$

图5.4 给出了上式的几何描述:$\boldsymbol{k} + \boldsymbol{K}_n/2$ 矢量与 $\boldsymbol{K}_n$ 垂直,$\boldsymbol{k}$ 的末端落在倒格矢的中垂面上. 问题是,(5.46)式有什么深刻的物理意义呢? 我们令

$$\boldsymbol{k}' = \boldsymbol{k} + \boldsymbol{K}_n, \tag{5.47}$$

则由图5.4 可以看出,不仅 $\boldsymbol{k}'$ 与 $\boldsymbol{k}$ 的模相等,而且,若把 $\boldsymbol{k}$ 看作 $\boldsymbol{K}_n$ 中垂面的入射波矢,$\boldsymbol{k}'$ 恰是 $\boldsymbol{K}_n$ 中垂面的反射波矢.

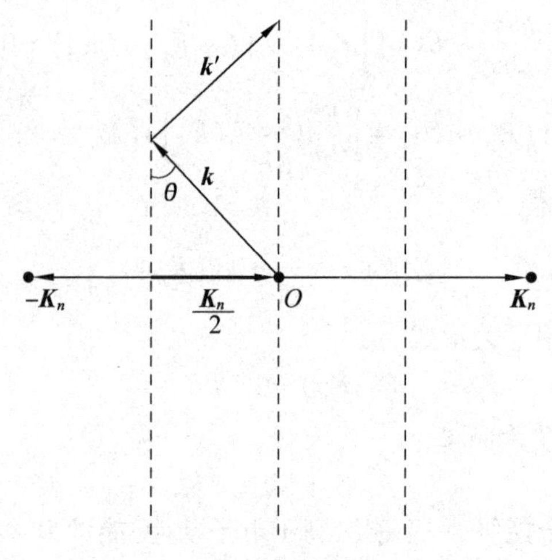

图 5.4　电子的布拉格反射

若不考虑杂质和缺陷引起的散射,电子的散射只能是晶格引起的. 波矢为 $\boldsymbol{k}'$态的反射波就是与 $\boldsymbol{K}_n$ 垂直的晶面族引起的. 由第一章已知,这组晶面的面间距

$$d=\frac{2\pi}{|\boldsymbol{K}_h|},$$

其中 $\boldsymbol{K}_h=\boldsymbol{K}_n/m$,$m$ 为整数. 由图 5.4 可知

$$\frac{|\boldsymbol{K}_n|}{2}=k\sin\theta=\frac{2\pi}{\lambda}\sin\theta.$$

将上式代入前式得到

$$2d\sin\theta=m\lambda. \tag{5.48}$$

这正是与 $\boldsymbol{K}_n$ 垂直的晶面族对应的布拉格反射公式.

倒格矢的中垂面是布里渊区的边界,上述情况说明,当电子的波矢落在布里渊区边界上时,电子将遭受到与布里渊区边界平行的晶面族的强烈散射. 在晶面族的反射方向上,各格点的散射波相位相同,迭加形成很强的反射波.

§5.5　布里渊区

我们已经知道,电子的波矢在波矢空间内是均匀分布的,简约布里渊区内包含的波矢数目恰好等于原胞的数目;当电子的波矢落在布里渊区边界上时,电子将遭受到与布里渊区边界平行的晶面族的反射,此时电子的能带出现能隙,而且以后还会看到,电子平行于布里渊区边界的平均速度不为零,垂直于布里渊区边界的速度为零;电子的等能面在布里渊区边界上与界面垂直截交.

鉴于上述诸点,有必要对布里渊区边界作进一步的认识.

一、二维方格子

设方格子的原胞基矢为

$$\boldsymbol{a}_1=a\boldsymbol{i},\boldsymbol{a}_2=a\boldsymbol{j},$$

则倒格子的原胞基矢为

$$\boldsymbol{b}_1=\frac{2\pi}{a}\boldsymbol{i},\boldsymbol{b}_2=\frac{2\pi}{a}\boldsymbol{j}.$$

如图 5.5 所示,离原点最近的倒格点有四个:

$$\boldsymbol{b}_1,-\boldsymbol{b}_1,\boldsymbol{b}_2,-\boldsymbol{b}_2.$$

它们的垂直平分线围成的区域就是简约布里渊区,即第一布里渊区.显然,第一布里渊区是一个正方形,面积 $S^*=(2\pi)^2/a^2$.

离原点次近的 4 个倒格点分别是

$$\boldsymbol{b}_1+\boldsymbol{b}_2,-(\boldsymbol{b}_1+\boldsymbol{b}_2),\boldsymbol{b}_1-\boldsymbol{b}_2,-(\boldsymbol{b}_1-\boldsymbol{b}_2).$$

它们的垂直平分线与第一布里渊区边界所围所的区域为第二布里渊区.由图 5.5 可知,该区是由 4 块分离的区域所构成.

离原点再远一点的倒格点也是 4 个,分别是

$$2\boldsymbol{b}_1,-2\boldsymbol{b}_1,2\boldsymbol{b}_2,-2\boldsymbol{b}_2.$$

它们的垂直平分线与第一、二布里渊区的边界线所围成的区域称为第三布里渊区.由图 5.5 可以看到,第三布里渊区是由 8 块分离的区域所构成.

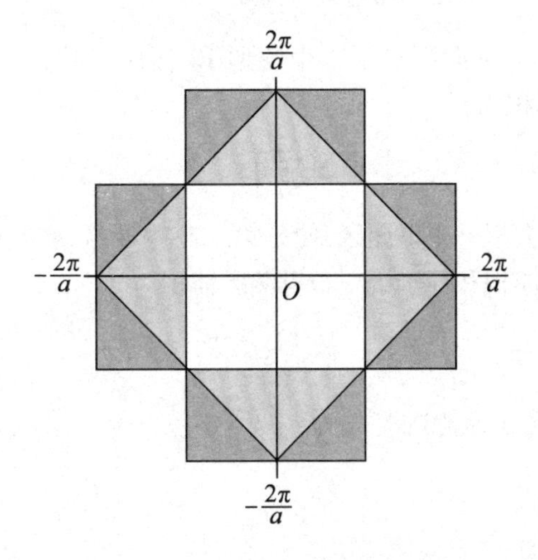

图 5.5　二维方格子布里渊区

其他布里渊区可以用类似方法画出. 可以看出,从原点出发,经过 n 个垂直平分面(线)方能到达的区域,为第($n+1$)布里渊区. 能预料到,布里渊区的序号越大,分离的区域数目就越多. 但是,不论分离的区域数目是多少,各布里渊区的面积都是相等的. 高序号的各区域可通过平移适当的倒格矢而移入第一布里渊区.

二、简立方格子

正格子基矢为

$$\boldsymbol{a}_1 = a\boldsymbol{i}, \boldsymbol{a}_2 = a\boldsymbol{j}, \boldsymbol{a}_3 = a\boldsymbol{k}.$$

倒格子基矢为

$$b_1 = \frac{2\pi}{a}\boldsymbol{i}, \boldsymbol{b}_2 = \frac{2\pi}{a}\boldsymbol{j}, \boldsymbol{b}_3 = \frac{2\pi}{a}k.$$

离原点最近的有 6 个倒格点,它们是

$$\pm\boldsymbol{b}_1, \pm\boldsymbol{b}_2, \pm\boldsymbol{b}_3.$$

它们的中垂面围成的区域,便是第一布里渊区. 容易想象得出,它是一个立方体,其体积

$$\Omega^* = \left(\frac{2\pi}{a}\right)^3.$$

次近邻的倒格点有 12 个

$$\pm\boldsymbol{b}_1 \pm\boldsymbol{b}_2 = \pm\frac{2\pi}{a}\boldsymbol{i} \pm \frac{2\pi}{a}\boldsymbol{j}, \pm\boldsymbol{b}_2 \pm\boldsymbol{b}_3 = \pm\frac{2\pi}{a}\boldsymbol{j} \pm \frac{2\pi}{a}\boldsymbol{k},$$

$$\pm\boldsymbol{b}_3 \pm\boldsymbol{b}_1 = \pm\frac{2\pi}{a}\boldsymbol{k} \pm \frac{2\pi}{a}\boldsymbol{i}.$$

由这 12 个倒格矢的中垂面围成了一个菱形 12 面体,如图 5. 6 所示. 容易验证,该菱形 12 面体的体积为

$$2\left(\frac{2\pi}{a}\right)^3.$$

从菱形 12 面体中减去第一布里渊区,便是第二布里渊区,它是由 6 个分离的四棱锥构成,显然它们的体积和等于第一布里渊区体积.

三、体心立方格子

取体心立方正格子原胞的基矢为

$$\boldsymbol{a}_1=\frac{a}{2}(-\boldsymbol{i}+\boldsymbol{j}+\boldsymbol{k}),$$

$$\boldsymbol{a}_2=\frac{a}{2}(\boldsymbol{i}-\boldsymbol{j}+\boldsymbol{k}),$$

$$a_3=\frac{a}{2}(\boldsymbol{i}+\boldsymbol{j}-\boldsymbol{k}).$$

则倒格子的基矢

$$b_1=\frac{2\pi}{a}(\boldsymbol{j}+\boldsymbol{k}),$$

$$b_2=\frac{2\pi}{a}(\boldsymbol{k}+\boldsymbol{i}),$$

$$b_3=\frac{2\pi}{a}(\boldsymbol{i}+\boldsymbol{j}).$$

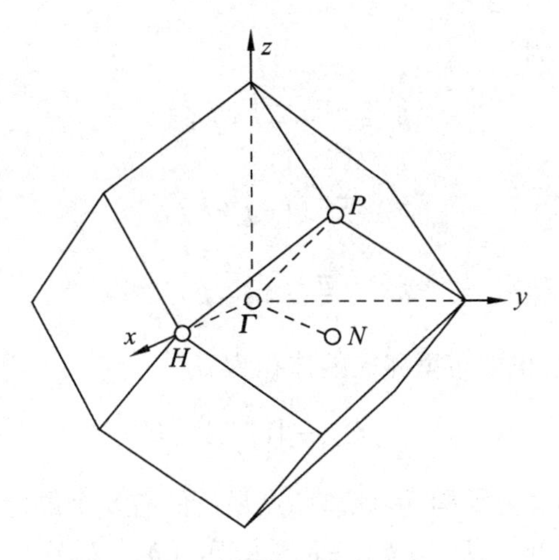

图 5.6　菱形十二面体

因为倒格子是面心立方结构,所以离原点最近的有 12 个倒格点,它们是

$$\left.\begin{array}{l}\pm\boldsymbol{b}_3\\ \pm(\boldsymbol{b}_1-\boldsymbol{b}_2)\end{array}\right\}\pm\frac{2\pi}{a}\boldsymbol{i}\pm\frac{2\pi}{a}\boldsymbol{j},$$

$$\left.\begin{array}{l}\pm\boldsymbol{b}_1\\ \pm(\boldsymbol{b}_2-\boldsymbol{b}_3)\end{array}\right\}\pm\frac{2\pi}{a}\boldsymbol{j}\pm\frac{2\pi}{a}\boldsymbol{k},$$

$$\left.\begin{array}{l}\pm\boldsymbol{b}_2\\ \pm(\boldsymbol{b}_3-\boldsymbol{b}_1)\end{array}\right\}\pm\frac{2\pi}{a}\boldsymbol{k}\pm\frac{2\pi}{a}\boldsymbol{i}.$$

由这 12 个倒格矢的中垂面围成的区域就是第一布里渊区. 将体心立方正格子的 12 个最近邻倒格点,与简立方正格子的 12 个次近邻倒格点比较发现,它们的直

角坐标表示完全相同. 因此我们得出:体心立方正格子的第一布里渊区是如图5.6所示的菱形12面体,其体积为

$$\Omega^* = 2\left(\frac{2\pi}{a}\right)^3$$

第一布里渊区中典型对称点的坐标为:

$$\begin{array}{cccc} \Gamma & H & N & P \\ \frac{2\pi}{a}(0,0,0), & \frac{2\pi}{a}(1,0,0), & \frac{2\pi}{a}\left(\frac{1}{2},\frac{1}{2},0\right), & \frac{2\pi}{a}\left(\frac{1}{2},\frac{1}{2},\frac{1}{2}\right). \end{array}$$

四、面心立方格子

象第一章一样,取面心立方正格子的原胞基矢为

$$\boldsymbol{a}_1 = \frac{a}{2}(\boldsymbol{j}+\boldsymbol{k}), \boldsymbol{a}_2 = \frac{a}{2}(\boldsymbol{k}+\boldsymbol{i}), \boldsymbol{a}_3 = \frac{a}{2}(\boldsymbol{i}+\boldsymbol{j}),$$

则倒格子原胞基矢为

$$\boldsymbol{b}_1 = \frac{2\pi}{a}(-\boldsymbol{i}+\boldsymbol{j}+\boldsymbol{k}),$$

$$\boldsymbol{b}_2 = \frac{2\pi}{a}(\boldsymbol{i}-\boldsymbol{j}+\boldsymbol{k}),$$

$$\boldsymbol{b}_3 = \frac{2\pi}{a}(\boldsymbol{i}+\boldsymbol{j}-\boldsymbol{k}).$$

倒格子原胞的体积,也即布里渊区的体积为

$$\Omega^* = 4\left(\frac{2\pi}{a}\right)^3.$$

因为倒格子为体心立方结构,因此离原点最近的有8个最近邻,它们是

$$\pm\boldsymbol{b}_1, \pm\boldsymbol{b}_2, \pm\boldsymbol{b}_3, \pm(\boldsymbol{b}_1+\boldsymbol{b}_2+\boldsymbol{b}_3).$$

用直角坐标表示,它们位于

$$\begin{array}{ll} \frac{2\pi}{a}(-1,1,1), & \frac{2\pi}{a}(1,-1,-1), \\ \frac{2\pi}{a}(1,-1,1), & \frac{2\pi}{a}(-1,1,-1), \\ \frac{2\pi}{a}(1,1,-1), & \frac{2\pi}{a}(-1,-1,1), \\ \frac{2\pi}{a}(1,1,1), & \frac{2\pi}{a}(-1,-1,-1). \end{array}$$

由这8个倒格点的中垂面围成的是一个正八面体,原点到每个面的垂直距离是上述倒格矢模的一半,即$\sqrt{3}\pi/a$. 可以算出,这个正八面体的体积为

$$\frac{9}{2}\left(\frac{2\pi}{a}\right)^3.$$

可见此正八面体不是第一布里渊区,因为它比布里渊区体积大

$$\frac{1}{2}\left(\frac{2\pi}{a}\right)^3.$$

因此必须计及次近邻倒格点. 次近邻倒格点有 6 个,它们是

$$\pm(\boldsymbol{b}_2+\boldsymbol{b}_3):\frac{2\pi}{a}(\pm 2,0,0),$$

$$\pm(\boldsymbol{b}_3+\boldsymbol{b}_1):\frac{2\pi}{a}(0,\pm 2,0),$$

$$\pm(\boldsymbol{b}_1+\boldsymbol{b}_2):\frac{2\pi}{a}(0,0,\pm 2).$$

它们的中垂面截去了正八面体的 6 个顶角,截去的体积恰好为

$$\frac{1}{2}\left(\frac{2\pi}{a}\right)^3.$$

因此,面心立方正格子的第一布里渊区是一个 14 面体,它有八个正六边形和六个正方形,常称截角八面体. 图 5.7 示出了这一截角八面体的形状.

第一布里渊区中典型对称点的坐标为:

$$\begin{array}{cccc} \Gamma & X & K & L \\ \frac{2\pi}{a}(0,0,0), & \frac{2\pi}{a}(1,0,0), & \frac{2\pi}{a}\left(\frac{3}{4},\frac{3}{4},0\right), & \frac{2\pi}{a}\left(\frac{1}{2},\frac{1}{2},\frac{1}{2}\right). \end{array}$$

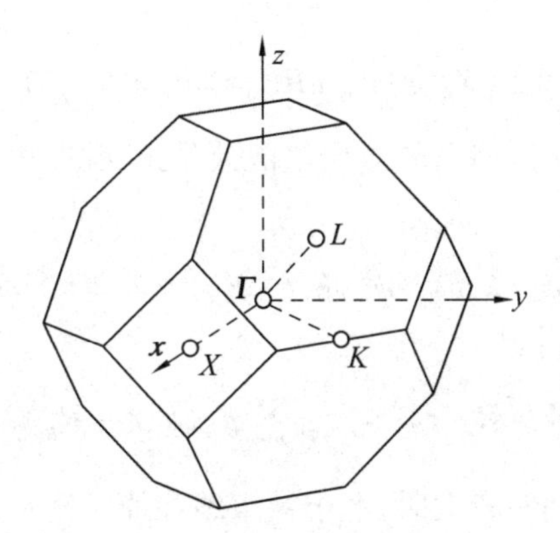

图 5.7　面心立方正格子第一布里渊区

§5.6　紧束缚方法

势场 $V(\boldsymbol{r})$ 是晶格的周期函数,为了运算方便,我们曾将势场在真实空间内

展成付里叶级数

$$V(\boldsymbol{r}) = \sum_{l} V(\boldsymbol{K}_l) \mathrm{e}^{i\boldsymbol{K}_l \cdot \boldsymbol{r}}.$$

在布洛赫定理一节中我们曾证明,$\psi_k(\boldsymbol{r})$与$\psi_{\boldsymbol{k}+\boldsymbol{K}_m}(\boldsymbol{r})$是同一个波函数.换句话说,在波矢空间内,布洛赫波函数是倒格矢的周期函数,与$V(\boldsymbol{r})$相类比,我们可以将布洛赫波函数在波矢空间内展成付里叶级数

$$\psi_\alpha(\boldsymbol{k},\boldsymbol{r}) = \frac{1}{\sqrt{N}} \sum_n W_\alpha(\boldsymbol{R}_n,\boldsymbol{r}) \mathrm{e}^{i\boldsymbol{R}_n \cdot \boldsymbol{k}}, \tag{5.49}$$

式中$W_\alpha(\boldsymbol{R}_n,\boldsymbol{r})$称为万尼尔(Wannier)函数,$\alpha$是能带序号.对上式乘以

$$\frac{1}{\sqrt{N}} \mathrm{e}^{-i\boldsymbol{k} \cdot \boldsymbol{R}_m},$$

并对第一布里渊区内所有波矢求和,得

$$W_\alpha(\boldsymbol{R}_n,\boldsymbol{r}) = \frac{1}{\sqrt{N}} \sum_{\boldsymbol{k}} \mathrm{e}^{-i\boldsymbol{k} \cdot \boldsymbol{R}_n} \psi_\alpha(\boldsymbol{k},\boldsymbol{r}). \tag{5.50}$$

在上式的求解中利用了关系式

$$\frac{1}{N} \sum_{\boldsymbol{k}} \mathrm{e}^{i\boldsymbol{k} \cdot (\boldsymbol{R}_n - \boldsymbol{R}_m)} = \delta_{\boldsymbol{R}_m,\boldsymbol{R}_n}. \tag{5.51}$$

利用不同能带或同能带不同波矢非简并态的波函数是正交的性质

$$\int \psi_\alpha^*(\boldsymbol{k},\boldsymbol{r}) \psi'_{\alpha'}(\boldsymbol{k}',\boldsymbol{r}) \mathrm{d}\boldsymbol{r} = \delta_{\alpha,\alpha'} \delta_{k,k'}$$

可得

$$\int_{N\Omega} W_\alpha^*(\boldsymbol{R}_n,\boldsymbol{r}) W_{\alpha'}(\boldsymbol{R}_{n'},\boldsymbol{r}) \mathrm{d}\boldsymbol{r} = \delta_{\alpha,\alpha'} \delta_{n,n'}, \tag{5.52}$$

即不同能带或同能带不同格点的万尼尔函数是正交的.由布洛赫函数的平移特性可知

$$\hat{T}(-\boldsymbol{R}_n) \psi_\alpha(\boldsymbol{k},\boldsymbol{r}) = \psi_\alpha(\boldsymbol{k},\boldsymbol{r}-\boldsymbol{R}_n) = \mathrm{e}^{-i\boldsymbol{k} \cdot \boldsymbol{R}_n} \psi_\alpha(\boldsymbol{k},\boldsymbol{r}),$$

将上式代入(5.50)式得到

$$W_\alpha(\boldsymbol{R}_n,\boldsymbol{r}) = \frac{1}{\sqrt{N}} \sum_{\boldsymbol{k}} \psi_\alpha(\boldsymbol{k},\boldsymbol{r}-\boldsymbol{R}_n). \tag{5.53}$$

当晶体中的原子间距较大时,电子被束缚在原子附近的几率比它远离原子的几率大得多,电子在某格点(设所讨论的晶体为简单晶格)附近的行为同孤立原子中电子的行为相似.基于这一考虑,当r偏离格点R_n较大时,波函数$\psi_\alpha(\boldsymbol{k},\boldsymbol{r}-\boldsymbol{R}_n)$是个小量;当$\boldsymbol{r} \to \boldsymbol{R}_n$时,$\psi_\alpha(\boldsymbol{k},\boldsymbol{r}-\boldsymbol{R}_n)$与孤立原子中电子波函数$\varphi_\alpha^{at}(\boldsymbol{r}-\boldsymbol{R}_n)$相近.由于$\boldsymbol{r}$偏离$\boldsymbol{R}_n$稍大时,$\varphi_\alpha^{at}(\boldsymbol{r}-\boldsymbol{R}_n)$也是个小量,所以用$\varphi_\alpha^{at}(\boldsymbol{r}-\boldsymbol{R}_n)$来描述$\psi_\alpha(\boldsymbol{k},\boldsymbol{r}-\boldsymbol{R}_n)$能概括紧束缚条件下波函数的上述两大特点.

为此,我们取

$$\psi_\alpha(\boldsymbol{k},\boldsymbol{r}-\boldsymbol{R}_n)=\mu(\boldsymbol{k})\varphi_\alpha^{at}(\boldsymbol{r}-\boldsymbol{R}_n).$$

万尼尔函数又化成

$$W_\alpha(\boldsymbol{R}_n,\boldsymbol{r})=\varphi_\alpha^{at}(\boldsymbol{r}-\boldsymbol{R}_n)\frac{1}{\sqrt{N}}\sum_{\boldsymbol{k}}\mu(\boldsymbol{k}).$$

利用万尼尔函数的正交性,得到

$$\begin{aligned}&\int_{N\Omega}W_\alpha^{\,*}(\boldsymbol{R}_n,\boldsymbol{r})W_\alpha(\boldsymbol{R}_n,\boldsymbol{r})\mathrm{d}\boldsymbol{r}\\&=\left|\frac{1}{\sqrt{N}}\sum_{\boldsymbol{k}}\mu(\boldsymbol{k})\right|^2\int_{N\Omega}\varphi_\alpha^{at\,*}(\boldsymbol{r}-\boldsymbol{R}_n)\varphi_\alpha^{at}(\boldsymbol{r}-\boldsymbol{R}_n)\mathrm{d}\boldsymbol{r}\\&=\left|\frac{1}{\sqrt{N}}\sum_{\boldsymbol{k}}\mu(\boldsymbol{k})\right|^2=1\,.\end{aligned}$$

我们取

$$\frac{1}{\sqrt{N}}\sum_{\boldsymbol{k}}\mu(\boldsymbol{k})=1,$$

得到

$$W_\alpha(\boldsymbol{R}_n,\boldsymbol{r})=\varphi_\alpha^{at}(\boldsymbol{r}-\boldsymbol{R}_n).\tag{5.54}$$

将(5.54)式代入(5.49)式,得到

$$\psi_\alpha(\boldsymbol{k},\boldsymbol{r})=\frac{1}{\sqrt{N}}\sum_n e^{i\boldsymbol{k}\cdot\boldsymbol{R}_n}\varphi_\alpha^{at}(\boldsymbol{r}-\boldsymbol{R}_n).\tag{5.55}$$

上式被称为布洛赫和,它是原子轨道波函数的线性组合,因此常称紧束缚方法为原子轨道线性组合法.

将(5.55)式代入薛定谔方程,得到

$$\frac{1}{\sqrt{N}}\sum_n \mathrm{e}^{i\boldsymbol{k}\cdot\boldsymbol{R}_n}\left[-\frac{\hbar^2}{2m}\nabla^2+V(\boldsymbol{r})-E_\alpha(\boldsymbol{k})\right]\varphi_\alpha^{at}(\boldsymbol{r}-\boldsymbol{R}_n)=0.$$

将上式作如下改写

$$\begin{aligned}&\sum_n \mathrm{e}^{i\boldsymbol{k}\cdot\boldsymbol{R}_n}\left[-\frac{\hbar^2}{2m}\nabla^2+V^{at}(\boldsymbol{r}-\boldsymbol{R}_n)-E_\alpha(\boldsymbol{k})+V(\boldsymbol{r})-V^{at}(\boldsymbol{r}-\boldsymbol{R}_n)\right]\\&\quad\cdot\varphi_\alpha^{at}(\boldsymbol{r}-\boldsymbol{R}_n)=0,\end{aligned}\tag{5.56}$$

其中

$$V^{at}(\boldsymbol{r}-\boldsymbol{R}_n)$$

是格点为 $\boldsymbol{R}_n$ 的原子形成的势场.

下边我们讨论非简并的 s 态电子. 主量子数一定,s 态波函数更具定域性,更符合紧束缚模型;非简并的要求是为了保证 $\psi_a(\boldsymbol{k},\boldsymbol{r})$ 是单值函数. 利用关系式

$$\left[-\frac{\hbar^2}{2m}\nabla^2+V^{at}(\boldsymbol{r}-\boldsymbol{R}_n)-E_s(\boldsymbol{k})\right]\varphi_s^{at}(\boldsymbol{r}-\boldsymbol{R}_n)$$
$$=\left[E_s^{at}-E_s(\boldsymbol{k})\right]\varphi_s^{at}(\boldsymbol{r}-\boldsymbol{R}_n)$$

及对(5.56)式乘以 $\varphi_s^{at*}(\boldsymbol{r})$ 并对晶体体积积分，得

$$\left[E_s^{at}-E_s(\boldsymbol{k})\right]\sum_n \mathrm{e}^{i\boldsymbol{k}\cdot\boldsymbol{R}_n}\int_{N\Omega}\varphi_s^{at*}(\boldsymbol{r})\varphi_s^{at}(\boldsymbol{r}-\boldsymbol{R}_n)\mathrm{d}\boldsymbol{r}$$
$$+\sum_n e^{i\boldsymbol{k}\cdot\boldsymbol{R}_n}\int_{N\Omega}\varphi_s^{at*}(\boldsymbol{r})\left[V(\boldsymbol{r})-V^{at}(\boldsymbol{r}-\boldsymbol{R}_n)\right]\varphi_s^{at}(\boldsymbol{r}-\boldsymbol{R}_n)\mathrm{d}\boldsymbol{r}=0. \tag{5.57}$$

对于紧束缚模型，$E_s(\boldsymbol{k})$ 与 E_s^{at} 偏差不大，$E_s^{at}-E_s(\boldsymbol{k})$ 是个小量；当 $\boldsymbol{R}_\mathrm{n}\neq 0$ 时，$\varphi_s^{at}(\boldsymbol{r})$ 与 $\varphi_s^{at}(\boldsymbol{r}-\boldsymbol{R}_n)$ 交叠很少，积分

$$\int_{N\Omega}\varphi_s^{at*}(\boldsymbol{r})\varphi_s^{at}(\boldsymbol{r}-\boldsymbol{R}_n)\mathrm{d}\boldsymbol{r}$$

也是个小量. 因此，忽略掉二级小量，只保留 $\boldsymbol{R}_n=0$ 的项，(5.57)式的第一部分等于

$$E_s^{at}-E_s(\boldsymbol{k}). \tag{5.58}$$

(5.57)式的第二部分也存在 $\boldsymbol{R}_n=0$ 和 $\boldsymbol{R}_n\neq 0$ 的情况. 我们将 $\boldsymbol{R}_n=0$ 的积分项记为 $-C_s$，即

$$C_s=-\int_{N\Omega}\varphi_s^{at*}(\boldsymbol{r})\left[V(\boldsymbol{r})-V^{at}(\boldsymbol{r})\right]\varphi_s^{at}(\boldsymbol{r})\mathrm{d}\boldsymbol{r}.$$

由图5.8可知，$V(\boldsymbol{r})-V^{at}(\boldsymbol{r})$ 是负值. 而 $|\varphi_s^{at}(\boldsymbol{r})|^2$ 是正值，所以积分值是一个负值. 对于 $\boldsymbol{R}_n\neq 0$ 的积分，由于相邻两格点上的孤立原子的波函数交叠已很少，所以只计及相邻格点的交叠积分就已足够精确. 考虑到 s 态为球对称，最近邻的分布总是对称的，$V(\boldsymbol{r})-V^{at}(\boldsymbol{r}-\boldsymbol{R}_n)$ 也是对称分布的，所以，$\boldsymbol{R}_n$ 为最近邻格点时，积分

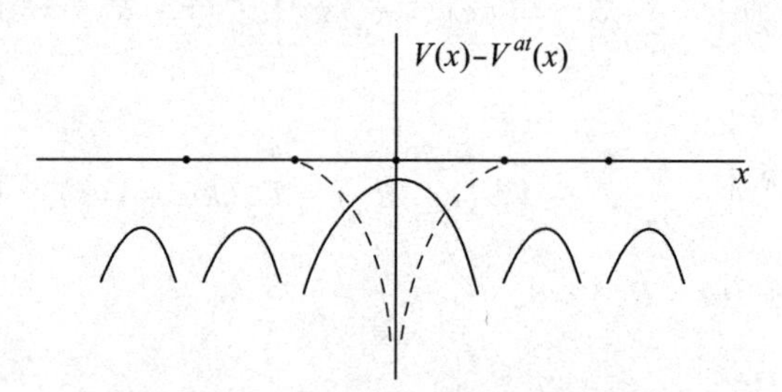

图5.8　移去一原子的一维势场

$$J_s=-\int_{N\Omega}\varphi_s^{at*}(\boldsymbol{r})\left[V(\boldsymbol{r})-V^{at}(\boldsymbol{r}-\boldsymbol{R}_n)\right]\varphi_s^{at}(\boldsymbol{r}-\boldsymbol{R}_n)\mathrm{d}\boldsymbol{r}$$

的值都是相同的. 上式左端加一负号，为的是使 $J_s>0$，因为积分值是一负值. 综

合上述,(5.57)式的第二部分简化成

$$-C_s - J_s \sum_n e^{i\boldsymbol{k}\cdot\boldsymbol{R}_n}, \boldsymbol{R}_n \text{ 是最近邻格矢.} \tag{5.59}$$

由(5.58)和(5.59)两式得到 s 态紧束缚电子的能带为

$$E_s(\boldsymbol{k}) = E_s^{at} - C_s - J_s \sum_n e^{i\boldsymbol{k}\cdot\boldsymbol{R}_n}, \boldsymbol{R}_n \text{ 是最近邻格矢.} \tag{5.60}$$

例如,对于简单立方晶体,最近邻有 6 个原子,其坐标分别为

$$(\pm a,0,0),(0,\pm a,0),(0,0,\pm a).$$

将上述坐标代入(5.60)式中,得

$$E_s(\boldsymbol{k}) = E_s^{at} - C_s - 2J_s(\cos k_x a + \cos k_y a + \cos k_z a). \tag{5.61}$$

能量最小值为

$$E_{s\min} = E_s^{at} - C_s - 6J_s,$$

极小值点在 $k_x = k_y = k_z = 0$ 处. 能量最大值为

$$E_{s\max} = E_s^{at} - C_s + 6J_s,$$

对应第一布里渊区的 8 个角顶

$$\left(\pm\frac{\pi}{a}, \pm\frac{\pi}{a}, \pm\frac{\pi}{a}\right).$$

能带的宽度 $\triangle E = 12J_s$. 能带宽度由 J_s 的大小和 J_s 的系数决定,J_s 的大小取决于交叠积分,系数的大小取决于最近邻原子的数目,即晶体的配位数. 因此,可以预料,波函数交叠程度越高,配位数越大,能带越宽. 反之,能带越窄. 图 5.9 示出了固体中电子能带和孤立原子中电子的能级的关系. 孤立原子中电子的一个能级,在固体中变成了一个能带.

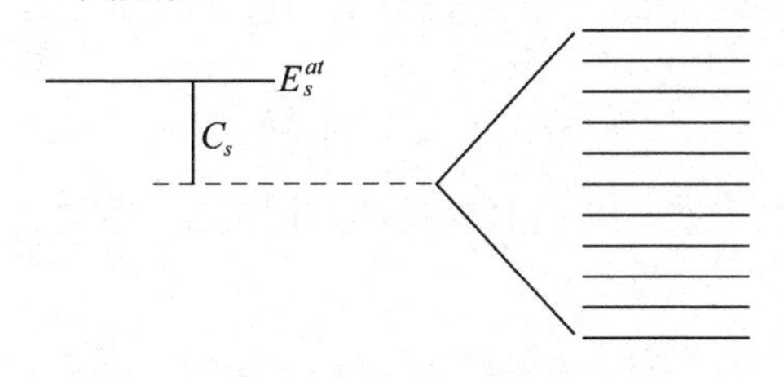

图 5.9　晶体中电子的能带与孤立原子中电子的能级的关系

§5.7 正交化平面波 赝势

一、正交化平面波

为了克服平面波描述布洛赫波时收敛慢的缺点,1940 年赫令(C·Herring)提出了正交化平面波方法. 价电子的波函数与平面波的显著差别就在于,在原子实附近电子波函数不象平面波那样平滑,而是急速振荡. 内层电子的波函数在原子实附近也是含有多次振荡. 价电子与内层电子属于不同的能态,即对应不同的本征值,它们的波函数是正交的.

内层电子波函数用紧束缚模型来描述

$$\boldsymbol{\Phi}_{jk} = \frac{1}{\sqrt{N}}\sum_{n} \mathrm{e}^{i\boldsymbol{k}\cdot\boldsymbol{R}_n}\varphi_{j}^{at}(\boldsymbol{r}-\boldsymbol{R}_n). \tag{5.62}$$

为了反映价电子远离格点时,波函数近似平面波,而在原子实附近有多次振荡的特点,今构造一个正交化平面波:它是由平面波和内层电子波函数的线性组合来构成

$$\chi_i(\boldsymbol{k},\boldsymbol{r}) = \frac{1}{\sqrt{N\Omega}}\mathrm{e}^{i(\boldsymbol{k}+\boldsymbol{K}_i)\cdot\boldsymbol{r}} - \sum_{j=1}^{l}\mu_{ij}\boldsymbol{\Phi}_{jk}; \tag{5.63}$$

其中 $\boldsymbol{K}_i$ 是倒格矢,j 求和遍及 l 个内层电子波函数,μ_{ij} 由正交条件

$$\int_{N\Omega}\boldsymbol{\Phi}_{jk}^{*}\chi_i(\boldsymbol{k},\boldsymbol{r})\mathrm{d}\boldsymbol{r} = 0 \tag{5.64}$$

求出. 价电子的波函数再由正交化平面波来构造

$$\psi_k(\boldsymbol{r}) = \sum_{i=1}^{p}\alpha_i\chi_i(\boldsymbol{k},\boldsymbol{r}), \tag{5.65}$$

其中 α_i 为变分参量,个数 p 的选取视具体情况而定. 将尝试波函数代入薛定谔方程

$$(\hat{H}-E)\psi_k(\boldsymbol{r})=0,$$

进一步求出积分

$$I = \int_{N\Omega}\psi_k^{*}(\boldsymbol{r})(\hat{H}-E)\psi_k(\boldsymbol{r})\mathrm{d}\boldsymbol{r} = \sum_{j,i}\alpha_j^{*}\alpha_i[H_{ji}-EJ_{ji}], \tag{5.66}$$

式中

$$H_{ji} = \int_{N\Omega}\chi_j^{*}\hat{H}\chi_i\mathrm{d}\boldsymbol{r}, \tag{5.67}$$

$$J_{ji} = \int_{N\Omega}\chi_j^{*}\chi_i\mathrm{d}\boldsymbol{r}. \tag{5.68}$$

再求出 I 对 α_j^* 的变分 $\delta I/\delta\alpha_j^*=0$，得到

$$\sum_{i=1}^{p}\alpha_i[H_{ji}-EJ_{ji}]=0, j=1,2,\cdots,p. \tag{5.69}$$

由 α_i 系数行列式为零的条件,求出 E 的最小值,该最小值即为价电子能量的期待值.

二、赝势

价电子的波函数在原子实附近起伏剧烈,有多次振荡,这与近自由电子平滑的零级波函数有显著差别. 既然实际价电子与自由电子差别很大,为什么要采用近自由电子模型呢? 原因在于,近自由电子模型简单明了,而且能解释许多金属晶体的实验结果. 现在的问题是,如何解释上述这一矛盾现象. 赝势理论对这一矛盾现象给出了一个合理的解释.

若令

$$\sum_{i=1}^{p}\frac{\alpha_i}{\sqrt{N\Omega}}\mathrm{e}^{i(\boldsymbol{k}+\boldsymbol{K}_i)\cdot\boldsymbol{r}}=\varphi(\boldsymbol{r}). \tag{5.70}$$

则价电子波函数(5.65)式化成

$$\psi_k(\boldsymbol{r})=\varphi(\boldsymbol{r})-\sum_{i=1}^{p}\sum_{j=1}^{l}\alpha_i\mu_{ij}\Phi_{jk}, \tag{5.71}$$

其中 μ_{ij} 可由(5.64)式求得

$$\mu_{ij}=\frac{1}{\sqrt{\Omega}}\int_{\Omega}\varphi_j^{at*}(\boldsymbol{r})\mathrm{e}^{i(\boldsymbol{k}+\boldsymbol{K}_i)\cdot\boldsymbol{r}}\mathrm{d}\boldsymbol{r}. \tag{5.72}$$

将(5.71)式代入薛定谔方程,得到

$$\left[-\frac{\hbar^2}{2m}\nabla^2+V(\boldsymbol{r})-E\right]\varphi(\boldsymbol{r})-\sum_{i=1}^{p}\sum_{j=1}^{l}\alpha_i\mu_{ij}(E_j-E)\Phi_{jk}=0, \tag{5.73}$$

其中利用了关系式

$$\left[-\frac{\hbar^2}{2m}\nabla^2+V(\boldsymbol{r})\right]\Phi_{jk}=E_j\Phi_{jk}, \tag{5.74}$$

E_j 是内层电子的能量. 再将(5.73)式进行整理,可得

$$\left[-\frac{\hbar^2}{2m}\nabla^2+\widetilde{V}\right]\varphi(\boldsymbol{r})=E\varphi(\boldsymbol{r}), \tag{5.75}$$

其中

$$\widetilde{V} = V(\boldsymbol{r}) + \frac{\sum_{i=1}^{p}\sum_{j=1}^{l}\alpha_i\mu_{ij}(E - E_j)\Phi_{jk}}{\sum_{i=1}^{p}\frac{\alpha_i}{\sqrt{N\Omega}}\mathrm{e}^{i(\boldsymbol{k}+\boldsymbol{K}_i)\cdot\boldsymbol{r}}}. \tag{5.76}$$

我们称 $\widetilde{V}$ 为赝势，称(5.75)式为赝势方程，称 φ 为赝波函数. 因为赝波函数是由有限的平面波构成，它必定是光滑的. 光滑的波函数对应一个起伏很小的势场，因此，(5.76)式的赝势一定是一个较小的量. 这一结论可由以下分析来说明. 价电子的能量大于内层电子的能量，$E - E_j$ 总是正值，相当于排斥势，而 $V(\boldsymbol{r})$ 是一负值，是吸引势，(5.76)式的第二项抵消部分吸引势，使得有效势即赝势成为一个较小的量. 这就是金属中的价电子可作为近自由电子看待的理由. 图 5.10 给出了赝势与周期势的比较，也给出了赝波函数与布洛赫波函数的比较.

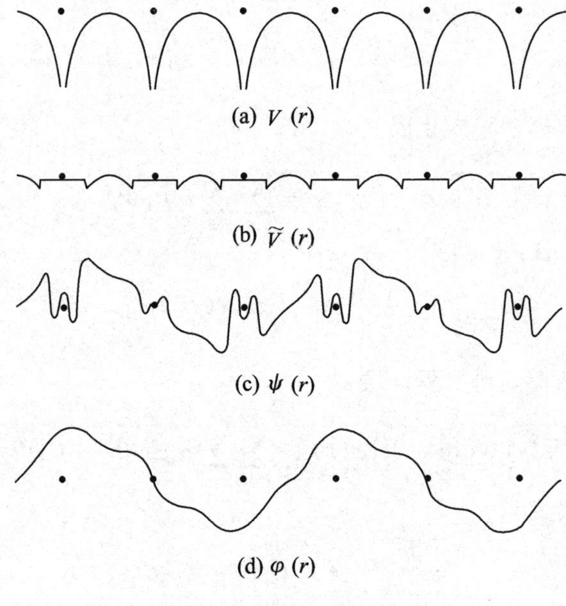

图 5.10　赝势　赝波函数

§5.8 电子的平均速度 平均加速度和有效质量

一、晶体中电子的平均速度

由量子力学可知,电子不能同时具有确定的位置和速度,但其位置和速度的平均值是确定的. 电子的平均速度

$$\boldsymbol{v}=\frac{\mathrm{d}\boldsymbol{r}}{\mathrm{d}t}=\frac{1}{i\hbar}\overline{\left[\boldsymbol{r}\hat{H}-\hat{H}\boldsymbol{r}\right]},\tag{5.77}$$

其中

$$\overline{\left[\boldsymbol{r}\hat{H}-\hat{H}\boldsymbol{r}\right]}=\int_{N\Omega}\psi_k^*(\boldsymbol{r})\left[\boldsymbol{r}\hat{H}-\hat{H}\boldsymbol{r}\right]\psi_k(\boldsymbol{r})\,\mathrm{d}\boldsymbol{r}.$$

将波矢空间梯度算符

$$\nabla_k=\frac{\partial}{\partial k_x}\boldsymbol{i}+\frac{\partial}{\partial k_y}\boldsymbol{j}+\frac{\partial}{\partial k_z}\boldsymbol{k}$$

作用到布洛赫函数

$$\psi_k(\boldsymbol{r})=\mathrm{e}^{i\boldsymbol{k}\cdot\boldsymbol{r}}u_k(\boldsymbol{r})$$

上,得到

$$\nabla_k\psi_k(\boldsymbol{r})=i\boldsymbol{r}\psi_k(\boldsymbol{r})+\mathrm{e}^{i\boldsymbol{k}\cdot\boldsymbol{r}}\nabla_k u_k(\boldsymbol{r}).\tag{5.78}$$

将算符∇_k作用到薛定谔方程

$$\hat{H}\psi_k(\boldsymbol{r})=E(\boldsymbol{k})\psi_k(\boldsymbol{r})$$

的左端,得到

$$\nabla_k\left[\hat{H}\psi_k(\boldsymbol{r})\right]=\hat{H}\nabla_k\psi_k(\boldsymbol{r})=i\hat{H}\boldsymbol{r}\psi_k(\boldsymbol{r})+\hat{H}\mathrm{e}^{i\boldsymbol{k}\cdot\boldsymbol{r}}\nabla_k u_k(\boldsymbol{r}).\tag{5.79}$$

将算符∇_k作用到薛定谔方程右端,得到

$$\begin{aligned}\nabla_k[E(\boldsymbol{k})\psi_k(\boldsymbol{r})]&=\nabla_k E(\boldsymbol{k})\psi_k(\boldsymbol{r})+i\boldsymbol{r}\hat{H}\psi_k(\boldsymbol{r})\\&\quad+E(\boldsymbol{k})\mathrm{e}^{i\boldsymbol{k}\cdot\boldsymbol{r}}\nabla_k u_k(\boldsymbol{r}).\end{aligned}\tag{5.80}$$

由以上两式得到

$$\left[\nabla_k E+i\boldsymbol{r}\hat{H}-i\hat{H}\boldsymbol{r}\right]\psi_k(\boldsymbol{r})=(\hat{H}-E)\,\mathrm{e}^{i\boldsymbol{k}\cdot\boldsymbol{r}}\nabla_k u_k(\boldsymbol{r}).$$

上式乘以$\psi_k^*(\boldsymbol{r})$并对晶体积分,再运用$\hat{H}$厄密算符的性质

$$\begin{aligned}&\int_{N\Omega}\psi_k^*(\boldsymbol{r})\hat{H}\mathrm{e}^{i\boldsymbol{k}\cdot\boldsymbol{r}}\nabla_k u_k(\boldsymbol{r})\,\mathrm{d}\boldsymbol{r}\\&=\int_{N\Omega}\left[\hat{H}\psi_k(\boldsymbol{r})\right]^*\mathrm{e}^{i\boldsymbol{k}\cdot\boldsymbol{r}}\nabla_k u_k(\boldsymbol{r})\,\mathrm{d}\boldsymbol{r}\end{aligned}$$

$$= \int_{N\Omega} \psi_k^*(\boldsymbol{r}) E \mathrm{e}^{i\boldsymbol{k}\cdot\boldsymbol{r}} \nabla_k u_k(\boldsymbol{r}) \mathrm{d}\boldsymbol{r}$$

得到

$$\int_{N\Omega} \psi_k^*(\boldsymbol{r}) \left[\nabla_k E + i\boldsymbol{r}\hat{H} - i\hat{H}\boldsymbol{r} \right] \psi_k(\boldsymbol{r}) \mathrm{d}\boldsymbol{r} = 0,$$

即

$$\nabla_k E = -\int_{N\Omega} \psi_k^*(\boldsymbol{r}) \left[i\boldsymbol{r}\hat{H} - i\hat{H}\boldsymbol{r} \right] \psi_k(\boldsymbol{r}) \mathrm{d}\boldsymbol{r}.$$

由上式和(5.77)式得出电子的平均速度

$$\boldsymbol{v} = \frac{1}{\hbar} \nabla_k E(\boldsymbol{k}). \tag{5.81}$$

二、电子的平均加速度和有效质量

设 $\mathrm{d}t$ 是一个很小的时间间隔,远小于电子的平均自由时间,则在 $\mathrm{d}t$ 时间内外力 $\boldsymbol{F}$ 作的功使电子的能量增加

$$\mathrm{d}E = \boldsymbol{F} \cdot \boldsymbol{v}\, \mathrm{d}t. \tag{5.82}$$

因为 $\mathrm{d}E$ 又可表示为

$$\mathrm{d}E = \nabla_k E \cdot \mathrm{d}\boldsymbol{k} = \hbar \boldsymbol{v} \cdot \mathrm{d}\boldsymbol{k}, \tag{5.83}$$

所以由以上两式可得到

$$\left[\boldsymbol{F} - \frac{\mathrm{d}(\hbar\boldsymbol{k})}{\mathrm{d}t} \right] \cdot \boldsymbol{v} = 0.$$

要使上式对所有的波矢状态都成立,只有

$$\frac{\mathrm{d}}{\mathrm{d}t}(\hbar\boldsymbol{k}) = \boldsymbol{F}. \tag{5.84}$$

由力学知识可知,外力等于经典粒子动量的时间变化率,因此我们称 $\hbar\boldsymbol{k}$ 为电子的准动量.

由电子的平均速度即可求出它的平均加速度

$$\boldsymbol{a} = \frac{\mathrm{d}\boldsymbol{v}}{\mathrm{d}t} = \frac{1}{\hbar} \frac{\mathrm{d}(\nabla_k \mathrm{E})}{\mathrm{d}t} = \frac{1}{\hbar} \nabla_k \left(\frac{\mathrm{d}E}{\mathrm{d}t} \right)$$

$$= \frac{1}{\hbar} \nabla_k \left[\nabla_k E \cdot \frac{\mathrm{d}\boldsymbol{k}}{\mathrm{d}t} \right] = \frac{1}{\hbar^2} \nabla_k \left[\nabla_k E \cdot \frac{\mathrm{d}(\hbar\boldsymbol{k})}{\mathrm{d}t} \right].$$

将(5.84)式代入上式,得到

$$\boldsymbol{a} = \frac{1}{\hbar^2} \nabla_k [\nabla_k E \cdot \boldsymbol{F}]. \tag{5.85}$$

上式用矩阵表示,则为

$$\begin{bmatrix} a_x \\ a_y \\ a_z \end{bmatrix} = \frac{1}{\hbar^2}\begin{bmatrix} \frac{\partial^2 E}{\partial k_x^2} & \frac{\partial^2 E}{\partial k_x \partial k_y} & \frac{\partial^2 E}{\partial k_x \partial k_z} \\ \frac{\partial^2 E}{\partial k_y \partial k_x} & \frac{\partial^2 E}{\partial {k_y}^2} & \frac{\partial^2 E}{\partial k_y \partial k_z} \\ \frac{\partial^2 E}{\partial k_z \partial k_x} & \frac{\partial^2 E}{\partial k_z \partial k_y} & \frac{\partial^2 E}{\partial k_z^2} \end{bmatrix}\begin{bmatrix} F_x \\ F_y \\ F_z \end{bmatrix}. \tag{5.86}$$

将上式与力学牛顿定律

$$\boldsymbol{a} = \frac{1}{m}\boldsymbol{F}$$

比较可知，晶体中电子相应的质量是一个张量，称为有效质量．有效质量的分量

$$m_{\alpha\beta}^* = \frac{\hbar^2}{\frac{\partial^2 E}{\partial k_\alpha \partial k_\beta}}. \tag{5.87}$$

由(5.61)式可知，简立方晶体，紧束缚 s 态电子的能量

$$E_s = E_s^{at} - C_s - 2J_s(\cos k_x a + \cos k_y a + \cos k_z a).$$

由上式容易求出电子的有效质量分量

$$m_{xx}^* = \frac{\hbar^2}{2a^2 J_s}(\cos k_x a)^{-1},$$

$$m_{yy}^* = \frac{\hbar^2}{2a^2 J_s}(\cos k_y a)^{-1},$$

$$m_{zz}^* = \frac{\hbar^2}{2a^2 J_s}(\cos k_z a)^{-1},$$

其他交叉项的倒数全为零．在能带底 $\boldsymbol{k} = (0,0,0)$ 处，

$$m_{xx}^* = m_{yy}^* = m_{zz}^* = \frac{\hbar^2}{2a^2 J_s} > 0.$$

在能带顶，$\boldsymbol{k} = \left(\pm\frac{\pi}{a}, \pm\frac{\pi}{a}, \pm\frac{\pi}{a}\right)$处，

$$m_{xx}^* = m_{yy}^* = m_{zz}^* = -\frac{\hbar^2}{2a^2 J_s} < 0.$$

而 $\boldsymbol{k}$ 逼近$\left(\pm\frac{\pi}{2a}, \pm\frac{\pi}{2a}, \pm\frac{\pi}{2a}\right)$，$m_{xx}^*$、$m_{yy}^*$、$m_{zz}^*$ 都变成 $\pm\infty$．晶体中电子的有效质量为何可能成为负值，甚至还会变成无穷大呢？要回答这个问题，我们必须从电子与晶格的相互作用考虑．晶体中的电子除受外力的作用外，还和晶格相互作用．设电子与晶格之间的作用力为 F_l，则牛顿定律简单记为

$$a = \frac{1}{m}(F + F_l). \tag{5.88}$$

但 F_l 的具体表达式是难以得知的,要使上式中不出现 F_l 又要保持式子恒等,上式只好改写成

$$a = \frac{1}{m^*}F, \tag{5.89}$$

也就是说电子的有效质量 m^* 本身已概括了晶格的作用. 由(5.88)和(5.89)两式得

$$\frac{F\mathrm{d}t}{m^*} = \frac{F\mathrm{d}t}{m} + \frac{F_l\mathrm{d}t}{m}.$$

将冲量用动量的增量来代换,上式化成

$$\begin{aligned}\frac{\triangle P}{m^*} &= \frac{1}{m}[(\triangle P)_{\text{外力给予电子的}} + (\triangle P)_{\text{晶格给予电子的}}]\\ &= \frac{1}{m}[(\triangle P)_{\text{外力给予电子的}} - (\triangle P)_{\text{电子给予晶格的}}].\end{aligned}$$

从上式可以看出,当电子从外场中获得的动量大于电子传递给晶格的动量时,有效质量 $m^* > 0$;当电子从外场获得的动量小于电子传递给晶格的动量时,$m^* < 0$;当电子从外场获得的动量全部交给晶格时,$m^* \to \infty$,此时电子的平均加速度为零.

§5.9 等能面 能态密度

一、等能面

$\boldsymbol{k}$ 空间内,电子的能量等于定值的曲面称为等能面. 对于自由电子,能量为 $E = \hbar^2 k^2 / 2m$,所以其等能面为一个个同心球面. 在绝对零度时,电子将能量区间 $0 - E_F^0$ 占满,E_F^0 称为费密能,

$$E_F^0 = \frac{\hbar^2 k_F^2}{2m},$$

对应能量 E_F^0 的等能面称为费密面. k_F 称为费密半径. 也就是说,在绝对零度时,电子占满半径为 k_F 的一个球.

对于布洛赫电子,在布里渊区边界上,其能带不再连续,而出现禁带. 那么,它的等能面在此边界上又有什么特点呢? 为了回答这一问题,必须弄清楚电子能带的一些基本特点.

设 $\boldsymbol{k}$ 为电子正向运动的波矢,则 $-\boldsymbol{k}$ 为负向运动的波矢. 它们对应的波函数分别记作 $\psi_{\boldsymbol{k}}(\boldsymbol{r})$ 和 $\psi_{-\boldsymbol{k}}(\boldsymbol{r})$. 两波函数满足的薛定谔方程为

$$\hat{H}\psi_k(\boldsymbol{r}) = E(\boldsymbol{k})\psi_k(\boldsymbol{k}),$$
$$\hat{H}\psi_k^*(\boldsymbol{r}) = E(\boldsymbol{k})\psi_k^*(\boldsymbol{r}),$$
$$\hat{H}\psi_{-k}(\boldsymbol{r}) = E(-\boldsymbol{k})\psi_{-k}(\boldsymbol{r}).$$

对第三式两端左乘 $\psi_k(\boldsymbol{r})$并积分得

$$\int_{N\Omega}\psi_k(\boldsymbol{r})\hat{H}\psi_{-k}(\boldsymbol{r})\mathrm{d}\boldsymbol{r} = E(-\boldsymbol{k})\int_{N\Omega}\psi_k(\boldsymbol{r})\psi_{-k}(\boldsymbol{r})\mathrm{d}\boldsymbol{r}.$$

利用厄密算符的性质,上式左端的积分

$$\begin{aligned}\int_{N\Omega}\psi_k(\mathbf{r})\hat{H}\psi_{-k}(\boldsymbol{r})\mathrm{d}\boldsymbol{r} &= \int_{N\Omega}[\hat{H}\psi_k^*(\boldsymbol{r})]^*\psi_{-k}(\boldsymbol{r})\mathrm{d}\boldsymbol{r}\\ &= E(\boldsymbol{k})\int_{N\Omega}\psi_k(\boldsymbol{r})\psi_{-k}(\boldsymbol{r})\mathrm{d}\boldsymbol{r}.\end{aligned}$$

由以上两式得到

$$[E(\boldsymbol{k}) - E(-\boldsymbol{k})]\int_{N\Omega}\psi_k(\boldsymbol{r})\psi_{-k}(\boldsymbol{r})\mathrm{d}\boldsymbol{r} = 0. \tag{5.90}$$

布洛赫波函数可展成一系列平面波 $\mathrm{e}^{i(\boldsymbol{k}+\boldsymbol{K}_l)\cdot\boldsymbol{r}}$的线性组合

$$\psi_k(\boldsymbol{r}) = \sum_l a(\boldsymbol{k}+\boldsymbol{K}_l)\mathrm{e}^{i(\boldsymbol{k}+\boldsymbol{K}_l)\cdot\boldsymbol{r}},$$

其中系数

$$a(\boldsymbol{k}+\boldsymbol{K}_l) = \frac{1}{N\Omega}\int_{N\Omega}\mathrm{e}^{-i(\boldsymbol{k}+\boldsymbol{K}_l)\cdot\boldsymbol{r}}\psi_k(\boldsymbol{r})\mathrm{d}\boldsymbol{r}$$

是对应平面波 $e^{i(\boldsymbol{k}+\boldsymbol{K}_l)\cdot\boldsymbol{r}}$的几率振幅. 将 $\psi_k(\boldsymbol{r})$展式及 $\psi_{-k}(\boldsymbol{r})$的展式

$$\psi_{-k}(\boldsymbol{r}) = \sum_l a(-\boldsymbol{k}+\boldsymbol{K}_l)\mathrm{e}^{i(-\boldsymbol{k}+\boldsymbol{K}_l)\cdot\boldsymbol{r}}$$

一并代入(5.90)式的积分中,得到

$$\begin{aligned}&\int_{N\Omega}\psi_k(\boldsymbol{r})\psi_{-k}(\boldsymbol{r})\mathrm{d}\boldsymbol{r}\\ &= \sum_{l\,l'} a(\boldsymbol{k}+\boldsymbol{K}_l)a(-\boldsymbol{k}+\boldsymbol{K}_{l'})\int_{N\Omega}\mathrm{e}^{i(\boldsymbol{K}_{l'}+\boldsymbol{K}_l)\cdot\boldsymbol{r}}\mathrm{d}\boldsymbol{r}.\end{aligned}$$

利用关系式

$$\frac{1}{N\Omega}\int_{N\Omega}\mathrm{e}^{i(\boldsymbol{K}_n-\boldsymbol{K}_m)\cdot\boldsymbol{r}}\mathrm{d}\boldsymbol{r} = \delta_{\boldsymbol{K}_n,\boldsymbol{K}_m},$$

得到

$$\int_{N\Omega}\psi_k(\boldsymbol{r})\psi_{-k}(\boldsymbol{r})\mathrm{d}\boldsymbol{r} = \sum_l a(\boldsymbol{k}+\boldsymbol{K}_l)a(-\boldsymbol{k}-\boldsymbol{K}_l)N\Omega.$$

$a(-\boldsymbol{k}-\boldsymbol{K}_l)$是对应平面波分量 $\mathrm{e}^{-i(\boldsymbol{k}+\boldsymbol{K}_l)\cdot\boldsymbol{r}}$的几率振幅. 由波函数 $\psi_k(\boldsymbol{r})$的共轭又得

$$\psi_k^*(\boldsymbol{r}) = \sum_l a^*(\boldsymbol{k}+\boldsymbol{K}_l)\mathrm{e}^{-i(\boldsymbol{k}+\boldsymbol{K}_l)\cdot\boldsymbol{r}}.$$

波矢 $\boldsymbol{k}$ 一定,对应平面波 $\mathrm{e}^{-i(\boldsymbol{k}+\boldsymbol{K}_l)\cdot\boldsymbol{r}}$ 的几率振幅应相等,由此可知

$$a(-\boldsymbol{k}-\boldsymbol{K}_l) = a^*(\boldsymbol{k}+\boldsymbol{K}_l).$$

于是我们得到

$$\int_{N\Omega}\psi_k(\boldsymbol{r})\psi_{-k}(\boldsymbol{r})\mathrm{d}\boldsymbol{r} = N\Omega\sum_l |a(\boldsymbol{k}+\boldsymbol{K}_l)|^2 \neq 0.$$

将上式代入(5.90)式,得到

$$E(\boldsymbol{k}) = E(-\boldsymbol{k}). \tag{5.91}$$

这说明,在波矢空间内,电子的能量具有反演对称性.

另外,在§5.1节中我们已经知道,晶体中电子的能量在波矢空间内还是倒格矢的周期函数,即

$$E(\boldsymbol{k}) = E(\boldsymbol{k}+\boldsymbol{K}_n).$$

有了能带的周期性和反演对称性,我们便能够分析等能面在布里渊区边界上的特点.

由§5.4节已知,当电子的波矢落在布里渊区边界上时,波矢满足的方程为

$$\boldsymbol{K}_n\cdot(\boldsymbol{k}+\boldsymbol{K}_n/2) = 0$$

由此方程我们可得到图5.11所示的包含波矢 $\boldsymbol{k}$ 与倒格矢 $\boldsymbol{K}_n$ 的二维平面图,图中虚线为布里渊区边界.设波矢 $\boldsymbol{k}$ 落在布里渊区边界上的 A 点,C 点是 A 的反演对称点,即

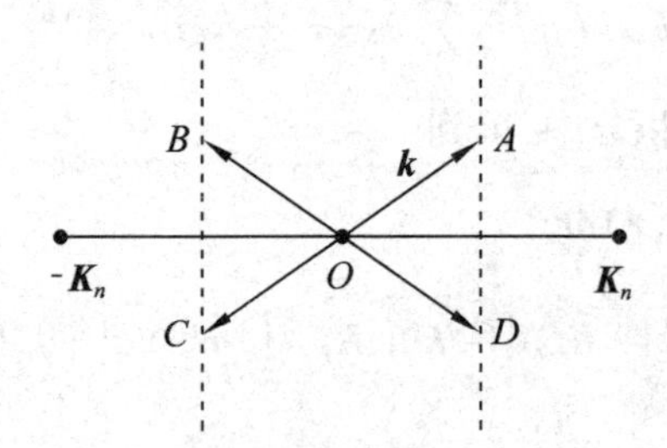

图5.11　布里渊区界与波矢 $\boldsymbol{k}$

$$\boldsymbol{k} = \boldsymbol{k}_A = -\boldsymbol{k}_C. \tag{5.92}$$

B 点与 A 点的关系是

$$\boldsymbol{k}_B = \boldsymbol{k}_A - \boldsymbol{K}_n. \tag{5.93}$$

D 点是 B 点的反演对称点,即

$$\boldsymbol{k}_B = -\boldsymbol{k}_D. \tag{5.94}$$

由能带的周期性和反演对称性可知,A、B、C、D 处于同一等能面上,

$$E(\boldsymbol{k}_A)=E(\boldsymbol{k}_B)=E(\boldsymbol{k}_C)=E(\boldsymbol{k}_D). \tag{5.95}$$

在二维平面内,两对称平行的布里渊区边界上最多有四点(当 $\boldsymbol{k}=\pm\boldsymbol{K}_n/2$ 时,退化成两点)与等能线相交. 由于倒格点的对称性, 布里渊区边界都是以坐标原点两两对称平行分布的. 也就是说,A、B、C、D 四点包括了二维平面上等能线与布里渊区边界的交点. 设 $\boldsymbol{m}$ 和 $\boldsymbol{n}$ 分别为平行于和垂直于布里渊区边界的单位矢量,$k_{/\!/}$ 和 $k_{\perp}$ 分别为波矢 $\boldsymbol{k}$ 平行于和垂直于边界的分量,则有

$$\boldsymbol{k}=k_{/\!/}\boldsymbol{m}+k_{\perp}\boldsymbol{n} \tag{5.96}$$

A 点左侧能带的梯度

$$\begin{aligned}\nabla_k E(\boldsymbol{k})\big|_{\boldsymbol{k}_A-0}&=\lim_{\boldsymbol{k}\to\boldsymbol{k}_A-0}\nabla_k E(k_{/\!/}\boldsymbol{m}+k_{\perp}\boldsymbol{n})\\&=\frac{\partial E}{\partial k_{/\!/}}\bigg|_{\boldsymbol{k}_A-0}\boldsymbol{m}+\frac{\partial E}{\partial k_{\perp}}\bigg|_{\boldsymbol{k}_A-0}\boldsymbol{n}.\end{aligned} \tag{5.97}$$

B 点右侧能带的梯度

$$\nabla_k E(\boldsymbol{k})\bigg|_{\boldsymbol{k}_B+0}=\frac{\partial E}{\partial k_{/\!/}}\bigg|_{\boldsymbol{k}_B+0}\boldsymbol{m}+\frac{\partial E}{\partial k_{\perp}}\bigg|_{\boldsymbol{k}_B+0}\boldsymbol{n}. \tag{5.98}$$

由 $E(\boldsymbol{k})$ 是 $\boldsymbol{K}_n$ 的周期函数, B 点右侧能带的梯度又可表示成

$$\begin{aligned}&\nabla_k E(\boldsymbol{k}-\boldsymbol{K}_n)\big|_{\boldsymbol{k}_A+0}\\&=\lim_{\boldsymbol{k}'\to\boldsymbol{k}_A-\boldsymbol{K}_n+0}\nabla_{k'}E(k'_{/\!/}\boldsymbol{m}+k'_{\perp}\boldsymbol{n})\\&=\frac{\partial E}{\partial k'_{/\!/}}\bigg|_{\boldsymbol{k}_A-\boldsymbol{K}_n+0}\boldsymbol{m}+\frac{\partial E}{k'_{\perp}}\bigg|_{\boldsymbol{k}_A-\boldsymbol{K}_n+0}\boldsymbol{n}.\end{aligned} \tag{5.99}$$

因为周期函数的斜率的周期等于原函数的周期,所以由(5.97)与(5.99)比较得

$$\frac{\partial E}{\partial k_{\perp}}\bigg|_{\boldsymbol{k}_A-0}=\frac{\partial E}{\partial k'_{\perp}}\bigg|_{\boldsymbol{k}_A-\boldsymbol{K}_n+0}$$

固体(晶体)中的电子的能带是波矢的偶函数,等能面在波矢坐标空间是对称的,波矢 $\boldsymbol{k}$ 和倒格矢 $\boldsymbol{K}_n$ 所在的二维平面与等能面截出的等能线,在该二维平面里也是对称的。由等能线的对称性,在 $\boldsymbol{k}_A$ 和 $\boldsymbol{k}_B=\boldsymbol{k}_A-\boldsymbol{K}_n$ 两点存在以下关系

$$\frac{\partial E}{\partial k_{\perp}}\bigg|_{\boldsymbol{k}_A-0}=-\frac{\partial E}{\partial k'_{\perp}}\bigg|_{\boldsymbol{k}_A-\boldsymbol{K}_n+0}.$$

由以上诸式我们得到

$$\frac{\partial E}{\partial k_{\perp}}\bigg|_{\boldsymbol{k}_A-0}=\frac{\partial E}{\partial k_{\perp}}\bigg|_{\boldsymbol{k}_B+0}=0.$$

在(5.97)和(5.98)及(5.99)求梯度时分别从左侧和右侧趋近于 A 和 B 点, 是考虑到布里渊区边界上任一点的外侧与内侧的能带编号不同. 如果从布里渊区

边界外侧趋近于 A 和 B 点，也有同样的结果. 因此,我们总可以写成

$$\left.\frac{\partial E}{\partial k_{\perp}}\right|_{k_A}=\left.\frac{\partial E}{\partial k_{\perp}}\right|_{k_B}=0. \tag{5.100}$$

再利用能带的反演对称性

$$\nabla_k E(\boldsymbol{k})\,|_{\boldsymbol{k}_A}=\nabla_k E(-\boldsymbol{k})\,|_{\boldsymbol{k}_A}=-\nabla_k E(\boldsymbol{k})\,|_{-\boldsymbol{k}_A}=-\nabla_k E(\boldsymbol{k})\,|_{\boldsymbol{k}_C},$$

$$\nabla_k E(\boldsymbol{k})\,|_{\boldsymbol{k}_B}=\nabla_k E(-\boldsymbol{k})\,|_{\boldsymbol{k}_B}=-\nabla_k E(\boldsymbol{k})\,|_{-\boldsymbol{k}_B}=-\nabla_k E(\boldsymbol{k})\,|_{\boldsymbol{k}_D},$$

我们又得到

$$\left.\frac{\partial E}{\partial k_{\perp}}\right|_{k_C}=0,\left.\frac{\partial E}{\partial k_{\perp}}\right|_{k_D}=0 \tag{5.101}$$

由 $\boldsymbol{k}$ 和 $\boldsymbol{K}_n$ 的任意性,则可知(5.100)和(5.101)具有普遍意义. 该两式表明,在等能面与布里渊区边界相交处,等能面在垂直于布里渊区边界的方向上的梯度为零,即等能面与布里渊区边界垂直截交. 费密面是一等能面,自然在布里渊区边界上与界面垂直截交. 图 5.12 给出了简立方结构晶体中电子的二维等能曲线图.

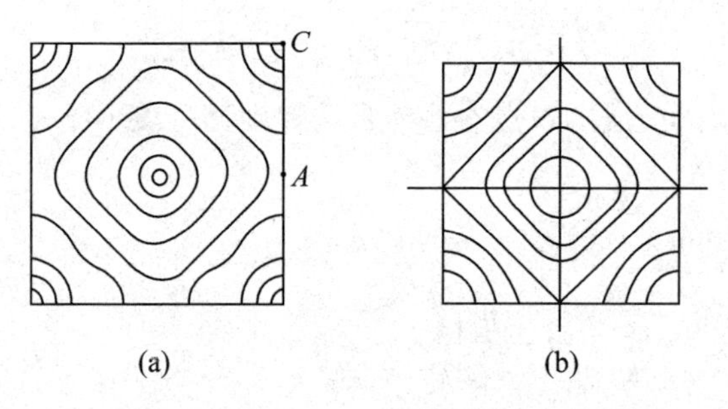

图 5.12　二维等能曲线

(a)近自由电子　(b)紧束缚电子

另外,由电子的速度

$$\boldsymbol{v}=\frac{1}{\hbar}\nabla_k E(\boldsymbol{k})$$

可得

$$\boldsymbol{v}_{/\!/}=\frac{1}{\hbar}\frac{\partial E}{\partial k_{/\!/}}$$

$$\boldsymbol{v}_{\perp}=\frac{1}{\hbar}\frac{\partial E}{\partial k_{\perp}}.$$

既然在布里渊区边界上恒有 $\partial E/\partial k_{\perp}=0$,所以又可推知,对于波矢 $\boldsymbol{k}$ 落在布里渊区边界上的电子,其垂直于界面的速度分量必定为零. 这一结论,是布拉格反射

的必然结果. 因为在垂直于布里渊区边界的方向上,入射分波与反射分波干涉形成了驻波,对应的速度分量必定为零. 由这一结论还可推知,若电子的速度不为零,则它的速度方向必定与布里渊区界面平行.

二、能态密度

单位能量间距的两等能面间所包含的量子态数目称为能态密度. 设晶体的体积为 V_c,则单位波矢空间体积内的波矢数目为$V_c/(2\pi)^3$. 将自旋考虑在内,单位波矢空间对应的量子态数目为 $V_c/4\pi^3$. 如图 5. 13 所示,在波矢空间内取两个相近的等能面,其对应能量分别为 E 和 $E+\mathrm{d}E$,两面的垂直距离记为 $\mathrm{d}k_\perp$,在两等能面间取一体积元 $\mathrm{d}\tau=\mathrm{d}S\mathrm{d}k_\perp$, $\mathrm{d}S$ 是体积元在等能面上的截面积. 由梯度的定义知

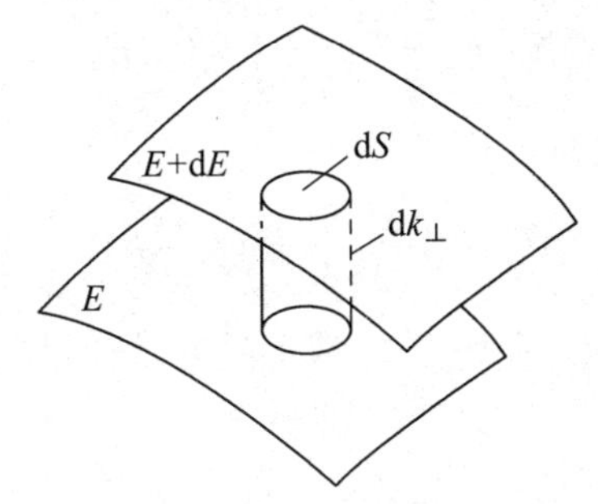

图 5. 13　波矢空间内两等能面间体积元

$$\mathrm{d}E=|\nabla_k E|\mathrm{d}k_\perp,$$

因此,可将体积元进一步化为

$$\mathrm{d}\tau=\frac{\mathrm{d}S\mathrm{d}E}{|\nabla_k E|}.$$

两等能面间的量子态数目则为

$$\mathrm{d}Z=\frac{V_c}{4\pi^3}\int\mathrm{d}\tau=\frac{V_c}{4\pi^3}\int\frac{\mathrm{d}S\mathrm{d}E}{|\nabla_k E|}.$$

于是,能态密度的一般表达式为

$$N(E)=\frac{\mathrm{d}Z}{\mathrm{d}E}=\frac{V_c}{4\pi^3}\int\frac{\mathrm{d}S}{|\nabla_k E|},\tag{5.102}$$

其中积分要限于一个等能面. 对于自由电子,等能面是球面,能量梯度的模

$$|\nabla_k E|=\frac{\hbar^2 k}{m}.$$

将上式代入(5. 102)式,得

$$N(E)=\frac{V_c}{2\pi^2}\left(\frac{2m}{\hbar^2}\right)^{3/2}E^{1/2}. \tag{5.103}$$

对于布洛赫电子,能带底附近的能量总可化成

$$E(\boldsymbol{k})=E_b+\frac{\hbar^2}{2m_b^*}(\boldsymbol{k}-\boldsymbol{k}_b)^2.$$

上式可进一步化成

$$E'=\frac{\hbar^2k'^2}{2m_b^*},$$

其中 $E'=E-E_b, k'=|\boldsymbol{k}-\boldsymbol{k}_b|$, E_b 是带底能量,$\boldsymbol{k}_b$ 是带底波矢,m_b^* 是电子在带底的有效质量. 显然,将(5.103)式中的参量作相应改变,即可得出布洛赫电子在能带底的能态密度

$$N(E)=\frac{V_c}{2\pi^2}\left(\frac{2m_b^*}{\hbar^2}\right)^{3/2}(E-E_b)^{1/2}. \tag{5.104}$$

同样,对带顶附近的能量总可化成

$$E=E_t-\frac{\hbar^2}{2|m_t^*|}(\boldsymbol{k}_t-\boldsymbol{k})^2,$$

其中 E_t 是带顶的能量,m_t^* 是电子在带顶的有效质量. 容易得出电子在能带顶的能态密度

$$N(E)=\frac{V_c}{2\pi^2}\left(\frac{2|m_t^*|}{\hbar^2}\right)^{3/2}(E_t-E)^{1/2}. \tag{5.105}$$

图5.14给出了自由电子和近自由电子的能态密度曲线. 图中近自由电子的能态密度曲线的特点与图5.12(a)中等能曲线的特点相对应. 在原点附近,等能面基本保持为球面,能态密度与自由电子的相近. 但当接近布里渊区边界时,等能面向布里渊区边界突出,单位能量间距的两等能面间的波矢空间体积,比自由电子情况下单位能量间距的两等能面间的波矢空间体积大得多. 所以在接近布里渊区边界时,近自由电子的能态密度要大于自由电子的能态密度. 当波矢 $\boldsymbol{k}$ 达到图5.12(a)中 A 点时,近自由电子的能态密度达到最大值. 当过了 A 点,等能面不再连续,单位能量间距的两等能面间的体积迅速缩小,能态密度也迅速减小. 到 C 点能态密度达到最小.

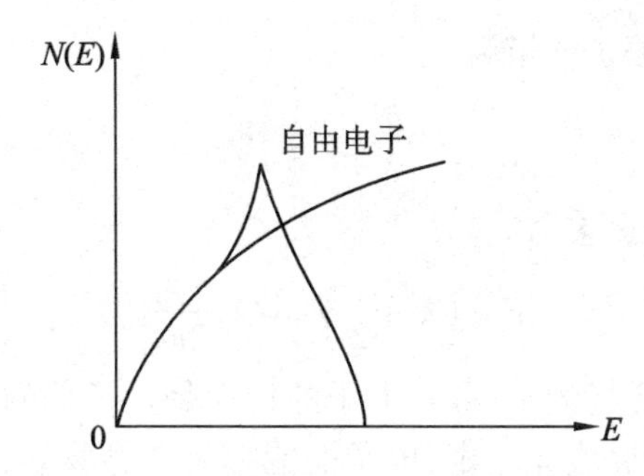

图 5.14 自由电子和近自由电子的能态密度

§5.10 磁场作用下的电子能态

设外加磁场沿 z 轴,电子在磁场中的正则动量

$$\boldsymbol{P}=\boldsymbol{p}-e\boldsymbol{A},$$

$\boldsymbol{p}$ 是电子的动量, $-e\boldsymbol{A}$ 是电子的场动量,$\boldsymbol{A}$ 是矢势. 矢势 $\boldsymbol{A}$ 的旋度即是磁场感应强度 $\boldsymbol{B}$,即 $\boldsymbol{B}=\nabla\times\boldsymbol{A}$. 设 $\boldsymbol{j}$ 是直角坐标 y 轴方向的单位矢量,磁场平行于 z 轴,可知 $\boldsymbol{A}=Bx\boldsymbol{j}$,磁场中电子的动量算符则为

$$\hat{p}=\hat{\boldsymbol{P}}+e\boldsymbol{A}=-i\hbar\nabla+eBxj.$$

于是,该磁场中自由电子模型的薛定谔方程化为

$$\frac{1}{2m}(-i\hbar\nabla+eBx\boldsymbol{j})^2\psi_k(\boldsymbol{r})=E\psi_k(\boldsymbol{r}). \tag{5.106}$$

上式哈密顿算符中含有坐标变量 x,为了方便求解,我们采用分离变量法把变量为 x 与变量为 y、z 的波函数分开,即

$$\psi_k(\boldsymbol{r})=\mathrm{e}^{i(k_y y+k_z z)}\varphi(x).$$

将上式代入(5.106)式,得到 $\varphi(x)$ 的方程

$$\left[-\frac{\hbar^2}{2m}\frac{\mathrm{d}^2}{\mathrm{d}x^2}+\frac{m\omega_c^2}{2}(x-x_0)^2\right]\varphi(x)=\varepsilon\,\varphi(x). \tag{5.107}$$

与量子力学中谐振子的波动方程比较可知,上式是一个中心在 x_0 的谐振子波动方程,其中

$$x_0=-\frac{\hbar}{eB}k_y$$

是依赖波矢 k_y 的,$\omega_c=eB/m$ 是回旋频率,ε是谐振子的能量

$$\varepsilon=E-\frac{\hbar^2k_z^2}{2m}.$$

由量子力学可知,谐振子能量为

$$\psi = \left(n + \frac{1}{2}\right)\hbar\omega_c$$

由以上两式即可求得电子的能量

$$E = \left(n + \frac{1}{2}\right)\hbar\omega_c + \frac{\hbar^2 k_z^2}{2m}. \tag{5.108}$$

上式说明,在垂直于磁场的平面内,电子的运动是量子化的,在平行于磁场的方向上,电子作自由运动. 当 n 一定,电子的能带是一抛物线,$n=0$ 是最低的次能带,n 增加,次能带向上移,各能带有一定交迭,图 5.15 给出简图.

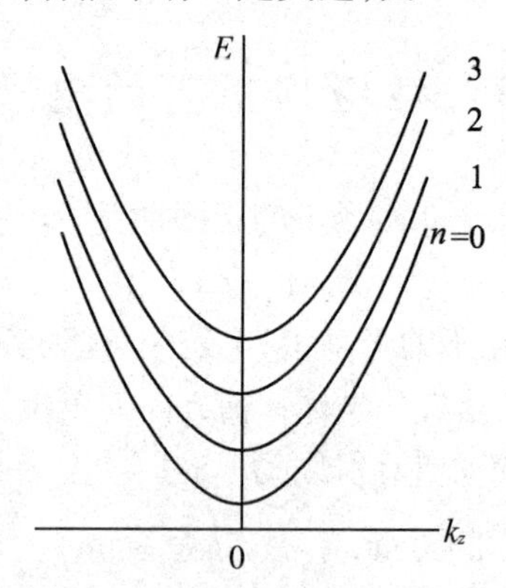

图 5.15　自由电子在磁场中的能带

由(5.107)式可知,不同的 x_0 并不影响谐振子的本征值ε,而 x_0 又依赖于波矢分量 k_y,这说明,不同的状态可能会是简并态. 到底简并态的简并度是多少? 要弄清这一问题,必须弄清 k_y 的取值范围. 因为

$$-\frac{L_x}{2} \leqslant x_0 \leqslant \frac{L_x}{2},$$

即

$$-\frac{L_x}{2} \leqslant \frac{\hbar k_y}{eB} \leqslant \frac{L_x}{2}.$$

于是,得到

$$|k_y| \leqslant \frac{eBL_x}{2\hbar}.$$

该范围内的波矢数目

$$Q = 2\left|\frac{eBL_x}{2\hbar}\right| \times \frac{L_y}{2\pi} = \frac{m\omega_c}{2\pi\hbar}L_x L_y. \tag{5.109}$$

以上诸式中 L_x 和 L_y 分别为晶体在 x 方向和 y 方向的尺寸. 若考虑到自旋,简并度为 $2Q$. 当 k_z 一定,这 Q 个波矢状态分布在同一个等能面上. 有意思的是,不论

能量取何值,这个简并度不变,且与磁感应强度 B 成正比. 图 5. 16 示意画出了 $k_z=0$ 时的等能曲线及简并态的情况. 图 5. 16 说明,无磁场时在波矢空间原来均匀分布的状态点,在施加磁场后,这些点都聚汇到等能面上. 这一结论可由下边得到进一步证明. 图 5. 16 中的圆周对应

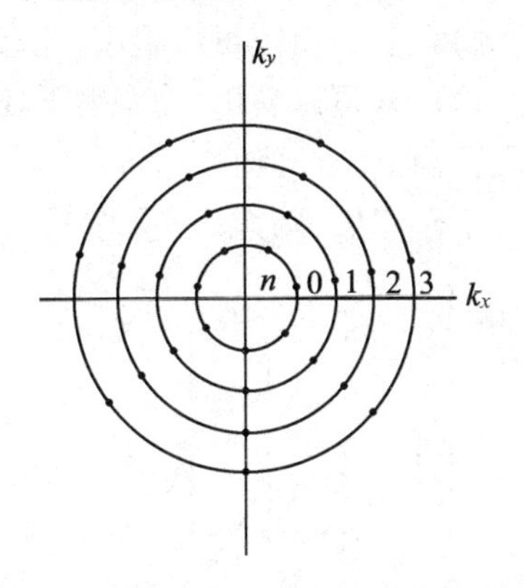

图 5. 16　磁场中电子的量子态分布

$$\frac{\hbar^2 k^2}{2m}=\left(n+\frac{1}{2}\right)\hbar\omega_c.$$

圆面积为

$$\pi k^2=\frac{2\pi}{\hbar}m\left(n+\frac{1}{2}\right)\omega_c.$$

相邻圆周间的面积为 $2\pi m\omega_c/\hbar$. 无磁场时此面积内的波矢数目

$$\frac{2\pi m\omega_c}{\hbar}\times\frac{L_xL_y}{(2\pi)^2}=\frac{m\omega_c}{2\pi\hbar}L_xL_y=Q,$$

恰等于施加磁场后等能曲线上的波矢数目.

因为对于任一个 k_z,量子态数是 $2Q$ 度简并的. 在 $\mathrm{d}k_z$ 范围内的量子态数

$$Z(n,k_z)\mathrm{d}k_z=2Q\frac{L_z}{2\pi}\mathrm{d}k_z=\frac{eB}{2\pi^2\hbar}L_xL_yL_z\mathrm{d}k_z=\frac{eBV_c}{2\pi^2\hbar}\mathrm{d}k_z.$$

能量在 $E\sim(E+\mathrm{d}E)$ 间的第 n 个次能带的量子态数目

$$Z(E,n)\mathrm{d}E=\frac{V_c\hbar\omega_c}{8\pi^2}\left(\frac{2m}{\hbar^2}\right)^{3/2}\left[E-\left(n+\frac{1}{2}\right)\hbar\omega_c\right]^{-1/2}\mathrm{d}E,\qquad(5.110)$$

考虑到各次能带的交叠,总的能态密度应是能带底位于 E 以下所有次能带对应能态的累计

$$N(E)\mathrm{d}E=\sum_{n=0}^{l}\frac{V_c\hbar\omega_c}{8\pi^2}\left(\frac{2m}{\hbar^2}\right)^{3/2}\left[E-\left(n+\frac{1}{2}\right)\hbar\omega_c\right]^{-1/2}\mathrm{d}E,$$

其中 $n=l$ 的次能带的能带底刚好等于 E 或稍低,由上式即可求出电子的状态密度

$$N(E) = \sum_{n=0}^{l} \frac{V_c \hbar\omega_c}{8\pi^2}\left(\frac{2m}{\hbar^2}\right)^{3/2}\left[E-\left(n+\frac{1}{2}\right)\hbar\omega_c\right]^{-1/2} . \tag{5.111}$$

图 5.17 给出了这一能态密度曲线,由图可以看出,能态密度出现峰值,相邻峰值间的能量差为 $\hbar\omega_c$. 由(5.111)式可以看出,能态密度还与 $\hbar\omega_c$ 因子成正比. 因为 $\hbar\omega_c=\hbar eB/m$,所以增大磁场,能态密度随之增大. 如果在磁场 B_1 下,l 个峰就包括了全部电子状态的话,当 $B=2B_1$,则大约 $l/2$ 个峰就能容纳全部电子状态.

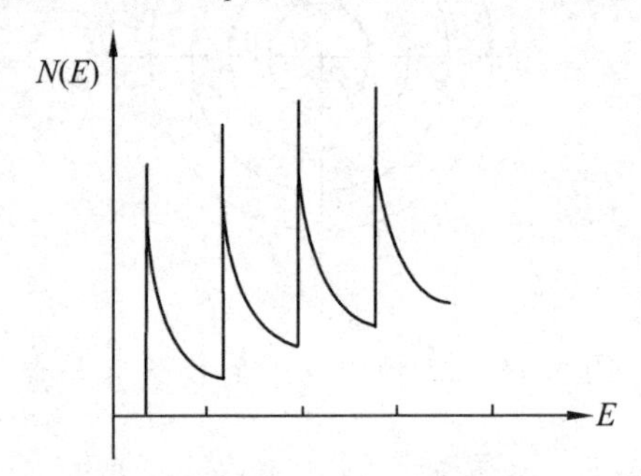

图 5.17　磁场中电子的能态密度

1930 年迪·哈斯和范·阿耳芬(De Hass - Van Alphen)在测量强磁场下铋单晶磁化率时,发现磁化率随磁场的倒数 $1/B$ 作振荡,后来称此现象为迪·哈斯-范·阿耳芬效应. 由热力学可知,当磁感应强度 B 增加 $\mathrm{d}B$ 时,磁场 H 所作的功

$$\mathrm{d}U = -V_c H \mathrm{d}B,$$

即系统内能的微分

$$\frac{\partial U}{\partial B} = -V_c H,$$

其中 V_c 是晶体体积,负号的引入适用于磁场增强电子系统的能量反而降低的情况,下文便是一个例子.

由电磁学可知,磁感应强度、磁场和磁化率 χ 的关系是

$$1+\chi = \frac{B}{\mu_0 H}$$

由以上两式可得

$$\chi = \frac{V_c B}{-\mu_0 \dfrac{\partial U}{\partial B}} - 1$$

其中 μ_0 是真空中的磁导率. 由上式可以看出,磁化率随磁场的倒数作振荡,应是系统内能的微商 $\partial U/\partial B$ 随 $1/B$ 作振荡的反映.

我们知道,当不存在磁场时,能态在波矢空间分布是均匀的,当磁场存在时,能态重新分布,磁场的作用使电子的量子态高度简并,此时电子的状态密度为

$$N(E)=\sum_{n=0}^{l}\frac{V_c\hbar\omega_c}{8\pi^2}\left(\frac{2m}{\hbar^2}\right)^{3/2}\left[E-\left(n+\frac{1}{2}\right)\hbar\omega_c\right]^{-1/2}$$

令

$$\frac{V_c\hbar\omega_c}{8\pi^2}\left(\frac{2m}{\hbar^2}\right)^{3/2}=a,\left(n+\frac{1}{2}\right)\hbar\omega_c=b_n,$$

则电子系统的能量

$$\begin{aligned}U&=\int_{b_n}^{E_F}EN(E)\,\mathrm{d}E=\sum_{n=0}^{l}\int_{b_n}^{E_F}\frac{aE\mathrm{d}E}{[E-b_n]^{1/2}}\\&=\sum_{n=0}^{l}\left\{\frac{2}{3}a[E_F-b_n]^{3/2}\right\}\\&\quad+\sum_{n=0}^{l}\left\{2ab_n\sqrt{E_F-b_n}\right\}.\end{aligned}$$

对上式求微商得

$$\begin{aligned}\frac{\partial U}{\partial B}=&\sum_{n=0}^{l}\left\{\frac{2}{3}\left[\frac{\partial a}{\partial B}(E_F-b_n)^{3/2}-\frac{3}{2}a(E_F-b_n)^{1/2}\frac{\partial b_n}{\partial B}\right]\right\}\\&+\sum_{n=0}^{l}\left\{2\left[\frac{\partial a}{\partial B}\cdot b_n\cdot\sqrt{E_F-b_n}+a\cdot\frac{\partial b_n}{\partial B}\right.\right.\\&\left.\left.\cdot\sqrt{E_F-b_n}-\frac{1}{2}a\cdot b_n\cdot\frac{\partial b_n/\partial B}{\sqrt{E_F-b_n}}\right]\right\}\end{aligned}$$

因为

$$\frac{\partial a}{\partial B}=\frac{V_c}{8\pi^2}\left(\frac{2m}{\hbar^2}\right)^{3/2}\cdot\frac{\hbar e}{m},\ \frac{\partial b_n}{\partial B}=\left(n+\frac{1}{2}\right)\frac{\hbar e}{m},$$

所以

$$-\frac{ab_n(\partial b_n/\partial B)}{\sqrt{E_F-b_n}}=\frac{-ab_n\left(n+\frac{1}{2}\right)\hbar e}{m\sqrt{E_F-\left(n+\frac{1}{2}\right)\frac{\hbar eB}{m}}}.$$

可见,每当

$$\left(n+\frac{1}{2}\right)\frac{\hbar eB}{m}=E_F$$

时，$-\partial U/\partial B$ 将成为极大值，磁化率 χ 将变成极小值. 设 $B=B_i$ 时

$$\left(n+\frac{1}{2}\right)\frac{\hbar eB_i}{m}=E_F,$$

对应磁化率的一个极小值，相邻的一个极小值对应 $B=B_{i+1}$

$$\left(n-1+\frac{1}{2}\right)\frac{\hbar eB_{i+1}}{m}=E_F.$$

其中我们假设 B_{i+1} 大于 B_i，由以上两式可得

$$\Delta\left(\frac{1}{B}\right)=\frac{1}{B_i}-\frac{1}{B_{i+1}}=\frac{e\hbar}{mE_F}.$$

上式的 $\Delta\left(\frac{1}{B}\right)$ 是一个固定的常量，这说明，每当两个 $\frac{1}{B}$ 的间距(周期)等于 $\frac{e\hbar}{mE_F}$ 时，磁化率曲线就多一个极小值. 这就是迪·哈斯—范·阿耳芬效应中磁化率以磁场倒数($1/B$)作振荡的理论根源.

§5.11 导体 半导体和绝缘体

根据导电本领的大小，很早人们就已把固体区分为导体、半导体和绝缘体. 但到底为什么，当施加一个电场时，导体会有较大的电流流过，流过半导体的电流很弱，绝缘体根本没有电流流过呢？这些问题曾长期得不到本质上的解释. 能带理论的出现，为解释固体导电的本质提供了理论根据. 能带理论解释固体导电的基本观点是：满带中的电子不导电；不满能带中的电子才对导电有贡献.

一、满带

由电子能带的基本特点已知，能带是波矢 $\boldsymbol{k}$ 的偶函数

$$E_\alpha(\boldsymbol{k})=E_\alpha(-\boldsymbol{k}),$$

其中 α 是能带序号. 由电子的平均速度

$$\boldsymbol{v}=\frac{1}{\hbar}\nabla_k E(\boldsymbol{k})$$

可知，速度 $\boldsymbol{v}$ 是波矢 $\boldsymbol{k}$ 的奇函数

$$\boldsymbol{v}(\boldsymbol{k})=-\boldsymbol{v}(-\boldsymbol{k}).$$

在一个完全被电子占满的能带中. 由于 $\boldsymbol{k}$ 态与 $-\boldsymbol{k}$ 态的电子对电流的贡献分别为 $-2e\boldsymbol{v}$ 和 $2e\boldsymbol{v}$，这两个电流正好相互抵消. 当不加电场时，电子在波矢空间内对称分布，使得总的电流始终为零.

当施加外加电场ε时，每个电子都受到一个力 $\boldsymbol{F}=-e\boldsymbol{\varepsilon}$. 由(5.84)式得到

$$\frac{\mathrm{d}\boldsymbol{k}}{\mathrm{d}t}=-\frac{1}{\hbar}e\boldsymbol{\varepsilon}.$$

上式说明，不论 $\boldsymbol{k}$ 为何值，其时间变化率都相同. 这说明，所有的电子都以同一个速度在波矢空间内漂移. 以图 5.18 的一维能带为例，当电场向左时，电子以相同的速度 $e\varepsilon/\hbar$ 向右漂移. 由于 A 点与 B 点属于同一状态，A'点电子移到 A 点，A 点(即 B 点)电子便

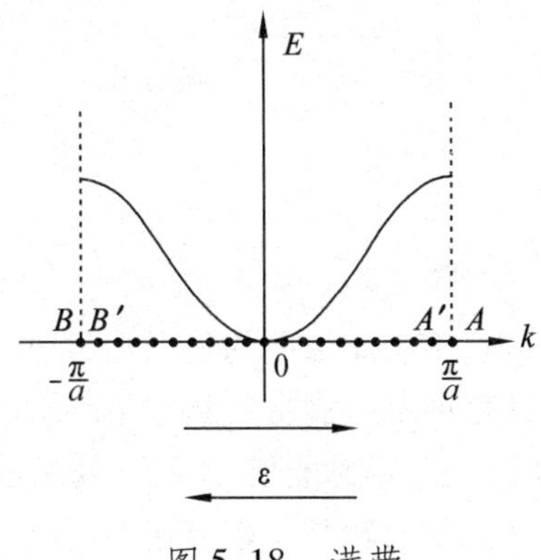

图 5.18　满带

移到 B'，…. 可见，有电场后，满带中电子的状态随时发生变化，但整体上的分布始终没有变化. 也就是说，有外场后，由于满带的电子仍保持对称分布，使得满带中的电子对导电仍无贡献.

二、不满能带

如图 5.19(a)所示，无外场时，电子的分布是对称的，总电流为零. 当施加电场后，如图 5.19(b)所示，漂移作用和碰撞作用(见下章)达到平衡后，电子有一个稳定分布，电了分布不再对称，不对称部分的电子对电流就有贡献. 这说明，不满能带中的电子才导电.

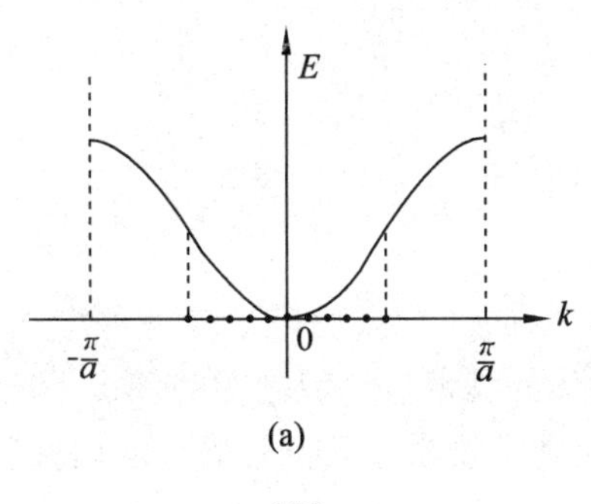

(a)

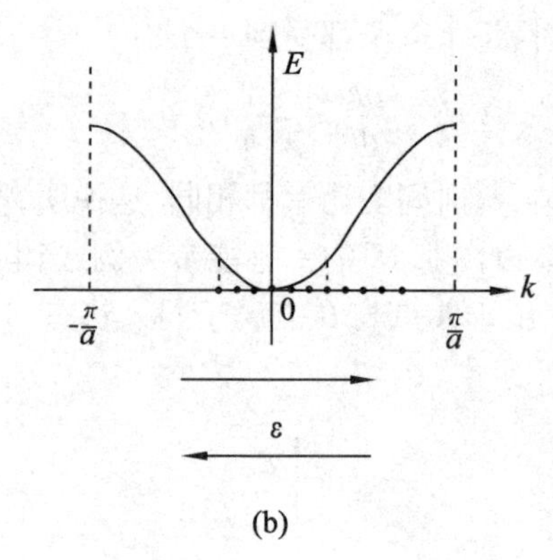

图 5.19　不满能带　(a) 无电场　(b) 加电场

三、导体、绝缘体和半导体

既然满带中电子不导电,不满能带中的电子才导电,那么,导体的能带中一定有不满的带,绝缘体的能带中不是满带就是空带. 图 5.20 给出了这两种情况的示意图. 对于导体,价电子处于不满能带,这些不满能带称为导带或价带. 对于碱土金属,例如镁,存在 $3s$ 能带与较高能带交迭的情况,$3s$ 能带顶部未占满,较高能带的底部有电子占据,它们都属于导带． 所以碱土金属是导体.

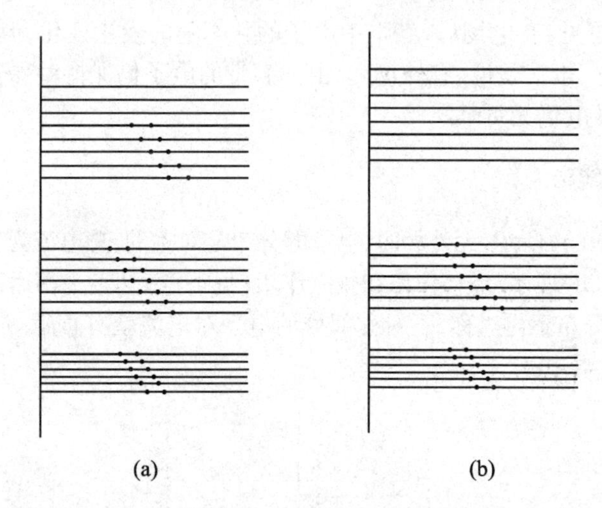

图 5.20　典型导体(a)和绝缘体(b)电子的能带

半导体中有杂质原子存在,导致满带缺少一些电子,原空带中也有少数电子. 另外,无杂质的半导体的满带与空带之间的禁带一般比绝缘体的小,一般在 2eV 以下,少数电子会由满带热激发到空带底. 在这种情况下,不仅近空带中的电子参与导电，近满带中留下的空状态也对导电有贡献. 这就是本征半导体的导电原因.

四、空穴

半导体的近满带中未被电子占据的量子态称为空穴. 若近满带中某 $\boldsymbol{k}$ 态未被电子占据，在有电场时会有电流产生. 设此电流为 $2I_k$. 当有两个电子再填满这个 $\boldsymbol{k}$ 态时，此带恢复成满带，总电流变为零

$$2I_k+[-2e\boldsymbol{v}(\boldsymbol{k})]=0,$$

即

$$I_k=e\boldsymbol{v}(\boldsymbol{k}).$$

上式说明，空穴对电流的贡献如同速度为 $\boldsymbol{v}(\boldsymbol{k})$ 而带正电的电荷对导电的贡献.

满带顶电子的平均加速度

$$\begin{aligned}\frac{\mathrm{d}\boldsymbol{v}(\boldsymbol{k})}{\mathrm{d}t}&=\frac{1}{m^*}\left\{-e\boldsymbol{\varepsilon}-e\left[\frac{1}{\hbar}\nabla_k E\times\boldsymbol{B}\right]\right\}\\&=\frac{1}{-m^*}\left\{e\boldsymbol{\varepsilon}+e\left[\frac{1}{\hbar}\nabla_k E\times\boldsymbol{B}\right]\right\},\end{aligned}$$

因为 $m^*<0$，令 $-m^*=m_h$，上式化成

$$\frac{\mathrm{d}\boldsymbol{v}(\boldsymbol{k})}{\mathrm{d}t}=\frac{1}{m_h}\left\{e\boldsymbol{\varepsilon}+e\left[\frac{1}{\hbar}\nabla_k E\times\boldsymbol{B}\right]\right\}.$$

由于 $\mathrm{d}\boldsymbol{v}(\boldsymbol{k})/\mathrm{d}t$ 也是空穴的加速度，所以上式进一步说明，空穴就等价于一个具有正质量 m_h 和正电荷 e 的粒子.

思　考　题

1. 将布洛赫函数中的调制因子 $u_k(\boldsymbol{r})$ 展成付里叶级数，对于近自由电子，当电子波矢远离和在布里渊区边界上两种情况下，此级数有何特点？在紧束缚模型下，此级数又有什么特点？

2. 布洛赫函数满足

$$\psi(\boldsymbol{r}+\boldsymbol{R}_n)=\mathrm{e}^{i\boldsymbol{k}\cdot\boldsymbol{R}_n}\psi((\boldsymbol{r}),$$

何以见得上式中 $\boldsymbol{k}$ 具有波矢的意义？

3. 波矢空间与倒格空间有何关系？为什么说波矢空间内的状态点是准连续的？

4. 与布里渊区边界平行的晶面族对什么状态的电子具有强烈的散射作用？

5. 一维周期势函数的付里叶级数

$$V(x)=\sum_n V_n\mathrm{e}^{i\frac{2\pi}{a}nx}$$

中，指数函数的形式是由什么条件决定的？

6. 对近自由电子，当波矢 $\boldsymbol{k}$ 落在三个布里渊区交界上时，问波函数可近似由几个平面波来构成？能量久期方程中的行列式是几阶的？

7. 在布里渊区边界上电子的能带有何特点？

8. 当电子的波矢落在布里渊区边界上时，其有效质量何以与真实质量有显著差别？

9. 带顶和带底的电子与晶格的作用各有什么特点？

10. 电子的有效质量 m^* 变为 ∞ 的物理意义是什么？

11. 万尼尔函数可用孤立原子波函数来近似的根据是什么？

12. 紧束缚模型电子的能量是正值还是负值？

13. 紧束缚模型下，内层电子的能带与外层电子的能带相比较，哪一个宽？为什么？

14. 等能面在布里渊区边界上与界面垂直截交的物理意义是什么？

15. 在磁场作用下，电子的能态密度出现峰值，电子系统的总能量会出现峰值吗？

16. 在磁场作用下，电子能态密度的峰值的周期是什么？简并度 Q 变小，峰值周期变大还是变小？$\frac{\partial U}{\partial B}$为何是一负值？

17. 当有电场后，满带中的电子能永远漂移下去吗？

18. 一维简单晶格中一个能级包含几个电子？

19. 本征半导体的能带与绝缘体的能带有何异同？

20. 加电场后空穴向什么方向漂移？

习　　题

1. 晶格常数为 a 的一维晶格中，电子的波函数为

(1) $\psi_k(x) = i\cos\frac{3\pi}{a}x$，

(2) $\psi_k(x) = \sum_{l=-\infty}^{\infty} f(x - la)$，$f$ 是某一函数，

求电子在以上状态中的波矢.

2. 一维周期势场为

$$V(x) = \begin{cases} \frac{1}{2}mW^2[b^2 - (x - na)^2], & \text{当 } na - b \leqslant x \leqslant na + b, \\ 0, & \text{当}(n-1)a + b \leqslant x \leqslant na - b. \end{cases}$$

其中 $a=4b$，W 为常数，试画出此势能曲线，并求出势能的平均值.

3. 用近自由电子模型求解上题，确定晶体的第一及第二个禁带宽度.

4. 已知一维晶格中电子的能带可写成

$$E(k)=\frac{\hbar^2}{ma^2}\left(\frac{7}{8}-\cos ka+\frac{1}{8}\cos 2ka\right),$$

式中 a 是晶格常数，m 是电子的质量，求

(1) 能带宽度，

(2) 电子的平均速度，

(3) 在带顶和带底的电子的有效质量.

5. 对简立方结构晶体，其晶格常数为 a，

(1) 用紧束缚方法求出对应非简并 s 态电子的能带；

(2) 分别画出第一布里渊区[110]方向的能带、电子的平均速度、有效质量以及沿[110]方向有恒定电场时的加速度曲线.

6. 用紧束缚方法处理面心立方晶格的 s 态电子，试导出其能带

$$E_s=E_s^{at}-C_s-4J_s\left[\cos\frac{k_xa}{2}\cos\frac{k_ya}{2}+\cos\frac{k_ya}{2}\cos\frac{k_za}{2}+\cos\frac{k_za}{2}\cos\frac{k_xa}{2}\right],$$

并求出能带底的有效质量.

7. 用紧束缚方法处理体心立方晶体，求出

(1) s 态电子的能带为

$$E_s=E_s^{at}-C_s-8J_s\cos\frac{k_xa}{2}\cos\frac{k_ya}{2}\cos\frac{k_za}{2};$$

(2) 画出第一布里渊区[111]方向的能带曲线；

(3) 求出第一布里渊区带底和带顶电子的有效质量.

8. 某晶体电子的等能面是椭球面

$$E=\frac{\hbar^2}{2}\left(\frac{k_1^2}{m_1}+\frac{k_2^2}{m_2}+\frac{k_3^2}{m_3}\right),$$

坐标轴1、2、3相互垂直，

(1) 求能态密度；

(2) 今加一磁场 $\boldsymbol{B}$，$\boldsymbol{B}$ 与坐标轴的夹角的方向余弦分别为 α,β,γ，写出电子的运动方程；

(3) 证明电子在磁场中的回旋频率

$$\omega_c=\frac{eB}{m^*},$$

其中

$$\frac{1}{m^*}=\left[\frac{m_1\alpha^2+m_2\beta^2+m_3\gamma^2}{m_1m_2m_3}\right]^{1/2}.$$

9. 求出一维、二维金属中自由电子的能态密度.

10. 二维金属晶格,晶胞为简单矩形,晶格常数 $a=2\text{Å}$, $b=4\text{Å}$,原子为单价的,

(1)试画出第一、二布里渊区;

(2)计算自由电子费密半径;

(3)画出费密面在第一、二布里渊区的形状.

11. 计算体心和面心一价金属的 k_F/k_m 的值. 其中 k_F 是自由电子的费密半径,k_m 是原点到第一布里渊区边界的最小距离.

12. 对于由同种原子构成的二维正六边形晶格,六边形的两对边的间距为 a,

(1) 试求正格基矢和倒格基矢;

(2) 画出第一和第二布里渊区.

13. 平面正三角形结构,相邻原子间距为 a,试求

(1)正格矢和倒格矢;

(2)画出第一和第二布里渊区,求第一布里渊区内切圆半径.

14. 已知某简立方晶体的晶格常数为 a,其价电子的能带

$$E=A\cos(k_xa)\cos(k_ya)\cos(k_za)+B.$$

(1)已测得带顶电子的有效质量 $m^*=-\frac{\hbar^2}{2a^2}$,试求参数 A;

(2)求出能带宽度;

(3)求出布里渊区中心点附近电子的状态密度.

15. 设晶格常数为 a,原子数为 N 的单价一维简单晶格中,第 n 格点上电子的几率振幅 C_n 满足方程

$$i\hbar\dot{C}_n=AC_n-BC_{n-1}-BC_{n+1},$$

其中 A、B 是常数,C_{n-1}、C_n 和 C_{n+1} 为电子在第 $n-1$、n 和 $n+1$ 格点上的几率振幅,求

(1)电子的能量与波矢的关系;

(2)带顶空穴及带底电子的有效质量;

(3)求 $A=0$ 时电子的能态密度;

(4)求 $T=0$ 时的费密能 E_F^0.

16. 设有一二维晶体，原胞基矢 $\boldsymbol{a}_1=a\boldsymbol{i},\boldsymbol{a}_2=b\boldsymbol{j}$，且 $b=\sqrt{3}a$，晶格的周期势为

$$V(x,y)=-2V_0\left(\cos\frac{2\pi}{a}x+\cos\frac{2\pi}{b}y\right),$$

(1)画出第一、第二布里渊区；

(2)以近自由电子模型求 $E(k_x,0)$ 的第一能带与 $E(0,k_y)$ 的第二能带交迭的条件；

(3)若电子的波矢 $\boldsymbol{k}=\left(\frac{\pi}{a},\frac{\pi}{b}\right)$，求引起电子强烈散射的晶列指数.

17. 假定波函数 $\psi_k(x)=\mathrm{e}^{ikx}u(x)$ 中 $u(x)$ 因子不显含波矢 k，以 N 个原子构成的一维原子为例，证明万尼尔函数具有定域性.

18. 一维晶格，周期势为

$$V(x)=-\sum_{n=1}^{N}A\delta(x-na),$$

其中 $\delta(x-na)$ 为 δ 函数. 孤立原子中 s 态电子的波函数

$$\varphi_s^{at}(x-na)=\alpha^{1/2}\mathrm{e}^{-\alpha|x-na|},$$

求晶格中 s 态电子的能带.

19. 证明迪・哈斯—范・阿耳芬效应的周期为

$$\Delta\left(\frac{1}{B}\right)=\frac{2\pi e}{\hbar S},$$

其中 S 是 $k_z=0$ 的平面在费密球上所截出的面积.

20. 从 $E=E_0$ 到 $E=E_F$ 能带都为

$$E=E_0+\frac{\hbar^2}{2}\left(\frac{k_x^2}{m_x}+\frac{k_y^2}{m_y}+\frac{k_z^2}{m_z}\right),$$

其中 m_x、m_y 和 m_z 都是大于零的常数. 求电子的能态密度

$$N(E)=\frac{3V_cn}{2(E_F-E_0)},$$

其中 n 为单位体积内的电子数.

21. 证明　$$\frac{1}{N\Omega}\int_{N\Omega}\mathrm{e}^{i(\boldsymbol{K}_n-\boldsymbol{K}_m)\cdot\boldsymbol{r}}\mathrm{d}\boldsymbol{r}=\delta_{\boldsymbol{K}_n,\boldsymbol{K}_m}.$$

22. 证明　$$\frac{1}{N}\sum_{\boldsymbol{k}}\mathrm{e}^{i\boldsymbol{k}\cdot(\boldsymbol{R}_{n'}-\boldsymbol{R}_n)}=\delta_{\boldsymbol{R}_{n'},\boldsymbol{R}_n}.$$

23. 证明　$$\frac{1}{N}\sum_{n}\mathrm{e}^{i(\boldsymbol{k}'-\boldsymbol{k})\cdot\boldsymbol{R}_n}=\delta_{\boldsymbol{k}',\boldsymbol{k}+\boldsymbol{K}_m}.$$

自由电子论和电子的输运性质

电子气遵从费密统计,价电子对金属热容量贡献小的原因就在于费密统计的约束. 利用费密统计和能带理论,人们对金属的电导、热导等电子输运特性进行了系统的分析,从理论上解释了纯金属电阻率的实验规律:高温时与温度 T 成正比,低温时与 T^5 成正比;从理论上得出的电导与热导的关系得到了实验验证.

§6.1 电子气的费密能和热容量

一、费密能量

金属中价电子的运动决定了金属的输运特性. 索末菲(Sommerfeld)把这些电子看作自由电子,每个电子各自独立地在一个平均势场中运动,一般把平均势取作能量零点. 电子服从泡利不相容原理,它们遵从费密—狄拉克统计分布. 在温度 T 时,分布在能级 E 上的电子数目

$$n=\frac{g}{e^{(E-E_F)/k_BT}+1},$$

式中 E_F 为费密能,又称化学势;g 为简并度,即对应能级 E 的量子态数目. 由上式可知,在温度 T 时,能级 E 的一个量子态上平均分布的电子数为 n/g. 我们称此值

$$f(E)=\frac{1}{e^{(E-E_F)/k_BT}+1} \tag{6.1}$$

为电子的费密分布函数. 因为一个量子态最多由一个电子所占据,所以 $f(E)$ 的物理含义是:能量为 E 的每一个量子态被电子所占据的平均几率. 当 $T\neq 0$ 时,

$$f(E_F)=\frac{1}{2}.$$

此式表明,在费密能级上,有一半量子态上有电子. 或者说,对于费密能级的一个量子态,被电子占据的几率是 1/2. 也就是说,对应费密能级,任一个量子态,被

电子填充的几率和不被填充的几率是相等的. 图 6.1 示出了分布函数在不同温度下的变化. 在 0K 时,费密能级 E_F^0 以上能级的量子态全部是空的,而 E_F^0 以下所有能级的量子态全被电子所占据. 当 $T \neq 0\text{K}$ 时,高于 E_F 的能级上有电子占据,低于 E_F 的能级上也有空状态,分布函数的变化区域主要在 E_F 附近 $\pm k_B T$ 范围内.

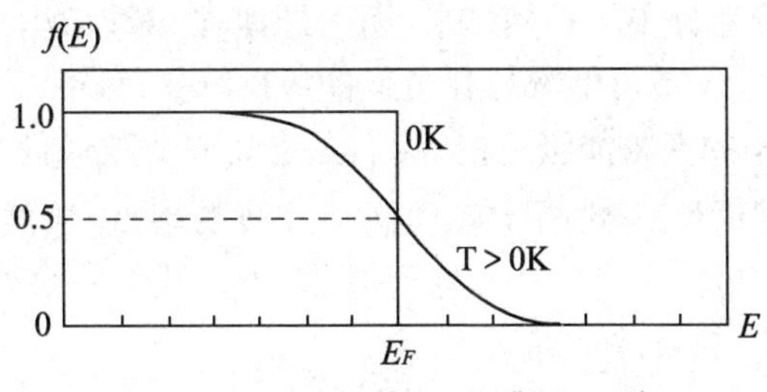

图 6.1　不同温度下的费密分布

下面,我们讨论一下自由电子模型的费密能级.

由第五章已知,在能量 E 到 $E+\mathrm{d}E$ 范围内的量子态数目

$$\mathrm{d}Z = C\sqrt{E}\mathrm{d}E,$$

此能量区间的自由电子数目

$$\mathrm{d}N = C\sqrt{E}f(E)\mathrm{d}E,$$

在以上两式中

$$C = \frac{V_c}{2\pi^2}\left(\frac{2m}{\hbar^2}\right)^{3/2}.$$

在绝对零度时,

$$E < E_F^0, f(E) = 1;$$

$$E > E_F^0, f(E) = 0.$$

由以上条件可求得金属中自由电子总数

$$N = C\int_0^{E_F^0}\sqrt{E}\mathrm{d}E = \frac{2}{3}C(E_F^0)^{3/2}. \tag{6.2}$$

若引入电子浓度 $n = N/V_c$,可得到

$$E_F^0 = \frac{\hbar^2}{2m}(3n\pi^2)^{2/3}. \tag{6.3}$$

将上式与自由电子能量 $E = \hbar^2 k^2/2m$ 比较可知,$(3n\pi^2)^{1/3}$ 是绝对零度时电子的最大波矢,称为费密半径. 这是因为,自由电子在波矢空间里的费密面是一个球面,0K 时球的半径

$$k_F^0 = (3n\pi^2)^{1/3}. \tag{6.4}$$

球内的所有量子态都被电子占据,球外的所有量子态都是空的. 取 $n \sim 10^{28}$/米^3, k_F^0 大约为 $6 \sim 7 \times 10^9$/米,E_F^0的数量是几个电子伏特. 容易求出绝对零度时电子的平均动能

$$\overline{E} = \frac{1}{N}\int E\mathrm{d}N = \frac{C}{N}\int_0^{E_F^0} E^{3/2}\mathrm{d}E = \frac{3}{5}E_F^0. \tag{6.5}$$

上式是电子服从费密分布的必然结果,因为即使在 0K 时,由于电子遵从泡利不相容原理,所有的电子不可能都处在最低能级$E=0$上.

在讨论 $T\neq 0$K 的费密能级之前,我们先定义一个费密温度:$T_F^0 = E_F^0/k_B$. 此温度大约为 $10^4 \sim 10^5$K,一般高于或远高于金属的熔点. 显然,我们讨论 $T\neq 0$K 时费密能级的前提应为 $T \ll T_F^0$,或 $k_BT \ll E_F^0$. 下边我们将会看到 $E_F \approx E_F^0$,所以 $T\neq 0$K 时,$k_BT \ll E_F$ 的条件是成立的.

若不存在电子发射,价电子总和不变

$$N = \int_0^\infty Cf(E)E^{1/2}\mathrm{d}E = \frac{2}{3}Cf(E)E^{3/2}\Big|_0^\infty - \frac{2}{3}C\int_0^\infty E^{3/2}\frac{\partial f}{\partial E}\mathrm{d}E,$$

当 $E\to\infty$ 时,$f(E)\to 0$,上式右端第一项等于零,于是

$$N = \frac{2}{3}C\int_0^\infty E^{3/2}\left(-\frac{\partial f}{\partial E}\right)\mathrm{d}E. \tag{6.6}$$

上式的积分函数是一个复杂函数,积分难以精确求解,一般只能求其近似值. 为了求出这个积分的近似值,我们应首先弄清楚偏微商$\left(-\frac{\partial f}{\partial E}\right)$的性质. 图 6.2 示出了$\left(-\frac{\partial f}{\partial E}\right)$的曲线,可以看出,这个偏微商函数在 $E=E_F$ 处取极大值,偏离 E_F,其值迅速减小. $\left(-\frac{\partial f}{\partial E}\right)$的这一特征表明它与 $\delta(E-E_F)$ 函数的性质相类似.

弄清楚了(6.6)式的积分值主要取决于 $E=E_F$ 附近的积分,对我们寻求近似解是有帮助的.

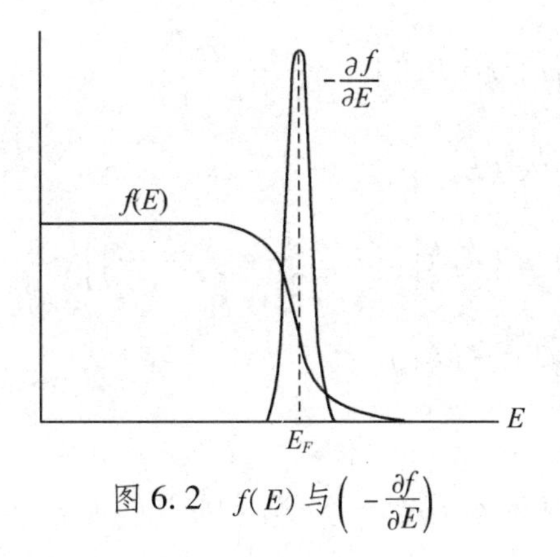

图 6.2 $f(E)$ 与 $\left(-\frac{\partial f}{\partial E}\right)$

为了下边讨论的方便,我们先求出以下的积分

$$I = \int_0^\infty g(E)\left(-\frac{\partial f}{\partial E}\right)\mathrm{d}E. \tag{6.7}$$

考虑到 $-\partial f/\partial E$ 仅在 $E = E_F$ 附近有值,将上式积分下限改成 $-\infty$,并不影响积分结果,即

$$I = \int_{-\infty}^\infty g(E)\left(-\frac{\partial f}{\partial E}\right)\mathrm{d}E. \tag{6.8}$$

将 $g(E)$ 在 $E = E_F$ 处展成泰勒级数

$$g(E) = g(E_F) + g'(E_F)(E - E_F) + \frac{1}{2}g''(E_F)(E - E_F)^2 + \cdots,$$

则(6.8)式化成

$$I = I_0 + I_1 + I_2 + \cdots, \tag{6.9}$$

其中

$$I_0 = g(E_F)\int_{-\infty}^\infty \left(-\frac{\partial f}{\partial E}\right)\mathrm{d}E,$$

$$I_1 = g'(E_F)\int_{-\infty}^\infty (E - E_F)\left(-\frac{\partial f}{\partial E}\right)\mathrm{d}E,$$

$$I_2 = \frac{1}{2}g''(E_F)\int_{-\infty}^\infty (E - E_F)^2\left(-\frac{\partial f}{\partial E}\right)\mathrm{d}E.$$

容易求得 I_0 的值

$$I_0 = g(E_F)[f(-\infty) - f(\infty)] = g(E_F)(1 - 0) = g(E_F).$$

若令 $(E - E_F)/k_BT = x$,I_1 化成

$$I_1 = k_BTg'(E_F)\int_{-\infty}^\infty x\left(-\frac{\partial f}{\partial x}\right)\mathrm{d}x.$$

因为 $-\partial f/\partial x$ 是以 $x=0$ 为对称的偶函数,I_1 的积分必定为零. 而积分

$$
\begin{aligned}
I_2 &= \frac{1}{2}(k_BT)^2 g''(E_F)\int_{-\infty}^{\infty}\frac{e^{-x}x^2\mathrm{d}x}{(1+e^{-x})^2}\\
&= (k_BT)^2 g''(E_F)\int_0^{\infty}x^2(e^{-x}-2e^{-2x}+3e^{-3x}-\cdots)\mathrm{d}x\\
&= (k_BT)^2 g''(E_F)\left[2\left(1-\frac{1}{2^2}+\frac{1}{3^2}-\cdots\right)\right]\\
&= \frac{\pi^2}{6}(k_BT)^2 g''(E_F).
\end{aligned}
$$

于是我们得到

$$
I = g(E_F) + \frac{\pi^2}{6}(k_BT)^2 g''(E_F) + \cdots. \tag{6.10}
$$

令

$$
g(E) = \frac{2}{3}CE^{3/2},
$$

得到(6.6)式的近似积分

$$
N = \frac{2}{3}CE_F{}^{3/2}\left[1+\frac{\pi^2}{8}\left(\frac{k_BT}{E_F}\right)^2\right].
$$

将

$$
N = \frac{2}{3}C(E_F^0)^{3/2}
$$

代入上式,并利用 $k_BT \ll E_F$ 的条件,得到

$$
E_F = E_F^0\left[1-\frac{\pi^2}{12}\left(\frac{T}{T_F^0}\right)^2\right]. \tag{6.11}
$$

由上式可知,温度升高,费密能降低.在金属熔点以下,特别是在室温附近,$T \ll T_F^0$,E_F 与 E_F^0 差别不大.因此,为讨论方便起见,有时不特意区分 E_F 与 E_F^0.

二、金属中电子气的热容量

若把金属中的价电子看作经典自由粒子,按经典的能量均分定理,N 个价电子对热容量的贡献应为 $3Nk_B/2$.但由实验测得,价电子对热容量的贡献比 $3Nk_B/2$ 低两个数量级.可见,在讨论金属中的价电子对热容量的贡献时,把价电子视为经典粒子是不符合事实的.电子与经典粒子的本质区别是,电子是费密子,它遵从费密-狄拉克分布,受泡利不相容原理的约束.因此,在讨论电子的热容量时,必须考虑电子的费密-狄拉克分布.

设金属中有 N 个价电子,每个电子的平均能量

$$
\overline{E} = \frac{1}{N}\int E\mathrm{d}N = \frac{C}{N}\int_0^{\infty} f(E)E^{3/2}\mathrm{d}E.
$$

利用分部积分,得到

$$\overline{E} = \frac{2}{5}\frac{C}{N}\int_0^\infty E^{5/2}\left(-\frac{\partial f}{\partial E}\right)\mathrm{d}E.$$

利用(6.7)和(6.10)两式,得到

$$\overline{E} = \frac{3}{5}E_F^0\left[1+\frac{5}{12}\pi^2\left(\frac{T}{T_F^0}\right)^2\right]. \tag{6.12}$$

平均一个电子对热容量的贡献为

$$C_V = \left(\frac{\partial \overline{E}}{\partial T}\right)_V = \frac{\pi^2}{2}\left(\frac{T}{T_F^0}\right)k_B. \tag{6.13}$$

在常温下,$T/T_F^0 \sim 10^{-2}$,这说明价电子对热容量的贡献大约是经典自由粒子对热容贡献的百分之几,这一推算与实验事实是相符的. 现在的问题是,为什么价电子对热容量的贡献如此之小呢? 在常温下,费密球内部离费密面远的状态全被电子占据,这些电子从晶格振动获取的能量不足以使其跃迁到费密面附近或以外的空状态上;能够发生能态跃迁的仅是费密面附近的少数电子. 也就是说,绝大多数的电子,其能量不随温度变化,其能量随温度变化的只是少数电子. 这就势必导致出现电子平均能量的温度变化率很小的情形. 这就是在常温下电子热容量很小的原因.

由第三章已知,晶格振动的热容量在低温时与 T^3 成正比. 当温度很低时,晶格热容迅速减小,此时电子的热容达到不可忽略的程度,金属的热容量应计及价电子与晶格振动两部分的贡献

$$C_V = C_V^e + C_V^a = \gamma T + bT^3. \tag{6.14}$$

对于摩尔热容量

$$b = \frac{12}{5}\frac{R\pi^4}{\Theta_D^4},$$

式中 R 为气体普适常数. 由实验可具体将低温下晶格和电子对热容的贡献分离开来. 将(6.14)式改写成

$$\frac{C_V}{T} = \gamma + bT^2,$$

由实验作出 $C_V/T \sim T^2$ 的关系曲线. 如图 6.3 所示,C_V/T 与 T^2 是线性关系,直线的斜率为 b,在纵轴上的截距为 γ.

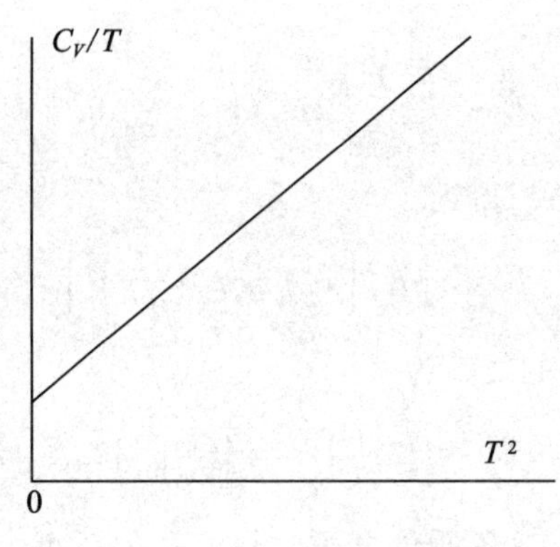

图 6.3　低温下 $C_V/T \sim T^2$ 关系

§6.2　接触电势差　热电子发射

一、接触电势差

不同金属接触后产生电势差的现象,是意大利科学家伏特在 1793 年发现的.

当金属不带电时,对于自由电子模型,忽略绝对零度与常温下费密能的差别,价电子总的能量

$$U = \int_0^{E_F} N(E) E \mathrm{d}E. \tag{6.15}$$

将自由电子能态密度

$$N(E) = \frac{V_c}{2\pi^2}\left(\frac{2m}{\hbar^2}\right)^{3/2} E^{1/2}$$

代入(6.15)式,得到

$$U = \frac{3}{5} N E_F, \tag{5.16}$$

其中 N 为价电子总数,而费密能

$$E_F = \frac{\hbar^2}{2m}(3n\pi^2)^{2/3}.$$

当金属带电后,价电子除了动能外,还有静电势能. 设金属的电势为 V,则价电子总的能量为

$$U = \frac{3}{5} N E_F - NeV. \tag{6.17}$$

设金属 1 和金属 2 体积分别为 V_{c1} 和 V_{c2},未接触前,价电子的费密能分别为 E_{F1}

和 E_{F2}，价电子数分别为 N_1 和 N_2. 二者接触达到平衡后，费密能分别为 E_{F1}' 和 E_{F2}'，价电子数分别为 N_1' 和 N_2'，电势分别为 V_1 和 V_2，如图 6.4 所示. 价电子系统的总能量则为

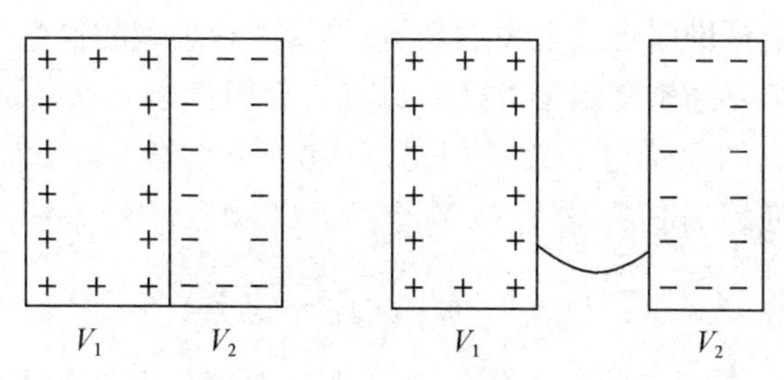

图 6.4　金属接触电势差

$$U=\frac{3}{5}N_1'E_{F1}'-N_1'eV_1+\frac{3}{5}N_2'E_{F2}'-N_2'eV_2, \tag{6.18}$$

其中

$$E_{F1}'=\frac{\hbar^2}{2m}\left(3\frac{N_1'}{V_{c1}}\pi^2\right)^{2/3}, \tag{6.19}$$

$$E_{F2}'=\frac{\hbar^2}{2m}\left(3\frac{N_2'}{V_{c2}}\pi^2\right)^{2/3}, \tag{6.20}$$

$$N_1'+N_2'=N_1+N_2. \tag{6.21}$$

将(6.19)、(6.20)和(6.21)代入(6.18)式得到

$$\begin{aligned}U=&\frac{3}{5}\frac{\hbar^2}{2m}\left(\frac{3\pi^2}{V_{c1}}\right)^{2/3}(N_1')^{5/3}+\frac{3}{5}\frac{\hbar^2}{2m}\left(\frac{3\pi^2}{V_{c2}}\right)^{2/3}(N_1+N_2-N_1')^{5/3}\\&-N_1'e(V_1-V_2)-(N_1+N_2)eV_2\ .\end{aligned} \tag{6.22}$$

当材料一定，温度一定，两金属电势差是一常数. 由平衡时价电子系统的能量取极小值的条件 $\mathrm{d}U/\mathrm{d}N_1'=0$，得到

$$V_1-V_2=\frac{1}{e}(E_{F1}'-E_{F2}'). \tag{6.23}$$

若 $V_1>0$，$V_2<0$，由(6.23)、(6.19)和(6.20)三式可知

$$\frac{N_1'}{V_{c1}}>\frac{N_2'}{V_{c2}}, \tag{6.24}$$

即接触平衡后，金属 1 中电子浓度大于金属 2 中电子浓度. $V_1>0$ 和 $V_2<0$ 意味着金属 1 失去电子带正电，金属 2 得到电子带负电. 这说明，未接触时，两金属的电子浓度差还要大. 原来电子浓度不同，接触平衡后电子浓度仍不会相等的现象是容易理解的. 当两金属接触后，电子浓度高的金属中的电子要向电子浓度低的金属中扩散. 如果不产生电势差，扩散将会继续下去，直到两金属中电子浓度相

等.但是,扩散一发生,两金属就产生电势差,该电势差对扩散起到抵抗作用,电势差越大,抵抗作用越大.平衡时,电势差达到最大值,从统计角度看,原来电子浓度高的将不再失去电子,电子浓度维持在一个高于另一金属电子浓度的水平上.实验事实也能帮助对上述现象的理解.尽管两种金属的价电子总数可能相差很大,但接触电势差通常却很小.这结果说明,金属接触平衡后,金属失去(或得到)的电子数与它的原价电子总数相比,只是一个小量.因此,原来电子浓度高的仍然高,原来低的仍旧低.若忽略 N_1 与 N_2',N_2 与 N_2'的差别,(6.23)式变成

$$V_1 - V_2 = \frac{1}{e}(E_{F1} - E_{F2}). \tag{6.25}$$

(6.25)式说明,两不同金属的接触电势差由两金属价电子的费密能来决定.两金属接触平衡后,价电子由费密能高的金属流向费密能低的金属,费密能差别大,接触电势差就大.

将(6.25)式改写一下,得

$$E_{F1} - eV_1 = E_{F2} - eV_2. \tag{6.26}$$

上式说明,两金属接触平衡后,两金属费密面上电子的能量相等.图 6.5 给出了电子能级分布示意图.

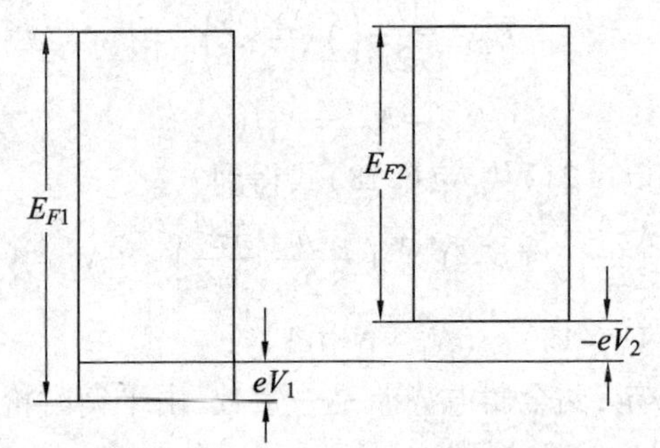

图 6.5　两金属接触平衡后价电子能级分布

二、热电子发射

当无外加电场、温度不够高时,金属中的价电子在正离子的吸引下,是不能逃离金属的.用一个简单模型来描述这一现象,电子就好象处在有一定深度的势阱中.如图6.6所示,能量 E_0 为势阱深度.从图可以看出,要使最低能级上的电子逃离金属,必须至少使之获得 E_0 的能量.而使费密面上的电子逃离金属,电子至少需要从外界获得能量

$$\phi = E_0 - E_F.$$

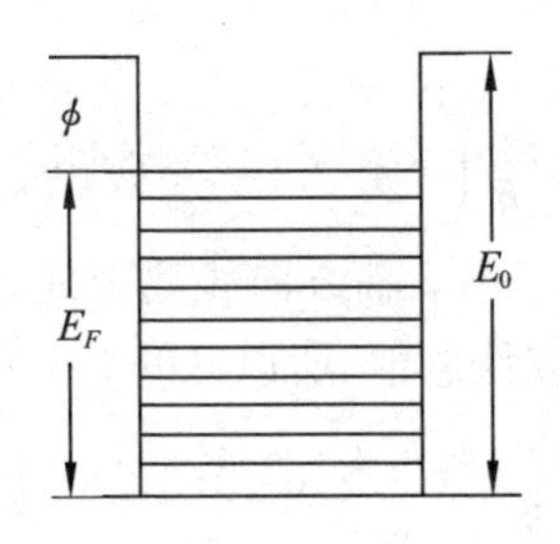

图 6.6 金属中电子的势阱

ϕ 称为脱出功,又称功函数. 将金属加热到足够高的温度,费密面附近的电子从振动剧烈的晶格那里获得足够的能量,即可逃离金属. 如果持续加热,逃离的电子可形成有实际应用价值的电子流,即所谓的热电子发射电流. 真空电子管的灯丝通电加热后,即产生热电子发射. 可以预见,当温度一定时,脱出功越小,电子逃离金属越容易,热电子电流就越大;而温度越高,电子从晶格获得的能量越多,热电子电流也就越大. 下边我们具体求一求热电子电流密度与温度 T 和脱出功的关系.

我们仍将价电子视为自由电子,电子的能量 E、动量 $\boldsymbol{p}$ 与速度 $\boldsymbol{v}$ 和波矢 $\boldsymbol{k}$ 的关系为

$$E = \frac{p^2}{2m} = \frac{1}{2}mv^2 = \frac{\hbar^2 k^2}{2m}, \tag{6.27}$$

$$\boldsymbol{p} = m\boldsymbol{v} = \hbar\boldsymbol{k}. \tag{6.28}$$

$\boldsymbol{k}$ 空间 $\mathrm{d}\boldsymbol{k}$ 范围内的量子状态数目为

$$\frac{V_c}{4\pi^3}\mathrm{d}\boldsymbol{k}.$$

利用(6.28)式,将体积元 $\mathrm{d}\boldsymbol{k}$ 化成体积元 $\mathrm{d}\boldsymbol{v}$,可得到速度空间内 $\mathrm{d}\boldsymbol{v} = \mathrm{d}v_x\mathrm{d}v_y\mathrm{d}v_z$ 范围的量子状态数目为

$$2\left(\frac{m}{h}\right)^3 \mathrm{d}v_x\mathrm{d}v_y\mathrm{d}v_z. \tag{6.29}$$

为了方便电流密度的计算,在(6.29)中已将金属 V_c 取为单位体积. 于是,速度空间内 $\mathrm{d}\boldsymbol{v}$ 区间的电子数目

$$\mathrm{d}n = 2\left(\frac{m}{h}\right)^3 \frac{\mathrm{d}v_x\mathrm{d}v_y\mathrm{d}v_z}{\mathrm{e}^{(E-E_F)/k_BT}+1}. \tag{6.30}$$

对于能逃离金属的电子,其能量 $E = mv^2/2$ 满足关系式 $(E - E_F) > \phi$;而脱出功 $\phi \gg k_BT$,所以

$$\mathrm{e}^{(E-E_F)/k_BT} \gg 1 .$$

因此(6.30)式简化成

$$dn = 2\left(\frac{m}{h}\right)^3 e^{E_F/k_BT} e^{-mv^2/2k_BT} dv_x dv_y dv_z. \tag{6.31}$$

设金属表面垂直于 z 轴,电子沿 z 轴方向脱离金属,脱离金属的条件为$(mv_z^2/2) \geqslant E_0$,而速度分量 v_x、v_y 可取任意值,所以区间 $v_z - v_z + dv_z$ 内的电子数目为

$$dn(v_z) = 2\left(\frac{m}{h}\right)^3 e^{E_F/k_BT} e^{-mv_z^2/2k_BT} dv_z \int_{-\infty}^{\infty} e^{-mv_x^2/2k_BT} dv_x \cdot \int_{-\infty}^{\infty} e^{-mv_y^2/2k_BT} dv_y.$$

利用公式

$$\int_{-\infty}^{\infty} e^{-ax^2} dx = \sqrt{\frac{\pi}{a}},$$

可得到

$$dn(v_z) = \frac{4\pi m^2}{h^3} k_B T e^{E_F/k_BT} e^{-mv_z^2/2k_BT} dv_z. \tag{6.32}$$

对于 $E \geqslant E_0$ 的电子,在 dt 时间内,只有金属表面附近 $v_z dt$ 体积内的电子才能逃离金属,逃出的电子数目

$$dN = dn(v_z) v_z dt$$

这些电子携带的电荷

$$dq = e dN = e dn(v_z) v_z dt.$$

这些电子形成的电流密度

$$\frac{dq}{dt} = e dn(v_z) v_z.$$

总的热电子发射电流密度为

$$j = \int \frac{dq}{dt} = \frac{4\pi e m^2}{h^3} k_B T e^{E_F/k_BT} \int_{(2E_0/m)^{1/2}}^{\infty} v_z e^{-mv_z^2/2k_BT} dv_z$$

$$= \frac{4\pi e m}{h^3}(k_B T)^2 e^{-(E_0 - E_F)/k_BT} = AT^2 e^{-\phi/k_BT}. \tag{6.33}$$

(6.33)式称为里查逊—杜师曼(Richardson - Dushman)公式. 由(6.33)式可知,温度越高,脱出功越小,发射电流越大. 这与开始所预料的是一致的.

§6.3 玻耳兹曼方程

由本章的第一节我们已知,对比热有贡献的电子只是费密面附近的电子. 在第六节中我们会看到,对导电有贡献的电子仍然是费密面附近的电子. 导电问题

与比热问题的显著不同之处是,导电状态时,电子处在一个宏观电场作用下,电子分布已不再是平衡状态下的费密—狄拉克分布. 在平衡状态下,电子分布函数只是电子能量 E 的函数,即

$$f_0 = \frac{1}{e^{(E-E_F)/k_BT+1}}.$$

那么,在外场作用下,电子的分布函数又是什么形式呢? 为了回答这一问题,我们必须弄清楚有外场时电子分布函数的特点及满足的条件.

我们已经知道,当有外电场 $\boldsymbol{\varepsilon}$ 时,电子波矢的时间变化率

$$\frac{\mathrm{d}\boldsymbol{k}}{\mathrm{d}t} = -\frac{e\boldsymbol{\varepsilon}}{\hbar}.$$

上式说明,不论电子的波矢取何值,所有价电子的波矢变化率,也就是电子在波矢空间的漂移速度都是相同的. 如果没有电场时的分布是一个费密球分布,当有了电场后,费密球将沿电场相反的方向在波矢空间发生刚性漂移.

当金属中各处温度不相同时,电子会由高温区域向低温区域扩散. 若金属中的温度梯度是均匀的,电子将以一个恒定的平均速度在真实空间(金属中)定向漂移(扩散).

若没有一个内部机制阻滞上述两种漂移,电子将无休止地漂移下去,永远达不到一个稳定分布. 帮助电子实现一个稳定分布的内部机制,我们形象地称之为碰撞作用. 杂质、缺陷、晶格振动引起电子的散射,都称之为电子遭到了碰撞.

根据上述,更普遍意义的电子分布函数,不仅是电子波矢 $\boldsymbol{k}$ 的函数,也是空间坐标 $\boldsymbol{r}$ 及时间 t 的函数 $f(\boldsymbol{k},\boldsymbol{r},t)$. 分布函数随时间的变化率

$$\frac{\mathrm{d}f}{\mathrm{d}t} = \left.\frac{\partial f}{\partial t}\right|_d + \left.\frac{\partial f}{\partial t}\right|_c + \frac{\partial f}{\partial t}, \tag{6.34}$$

其中$(\partial f/\partial t)|_d$ 代表只考虑漂移作用时,漂移作用引起的分布函数的变化率,$(\partial f/\partial t)|_c$ 代表只考虑碰撞作用时,碰撞作用引起的分布函数的变化率. 如果电子系统处于稳定状态,则 $\mathrm{d}f/\mathrm{d}t=0$,又由于稳定状态时,$f$ 不显含 t,$\partial f/\partial t=0$,所以(6.34)式变成

$$\left.\frac{\partial f}{\partial t}\right|_d + \left.\frac{\partial f}{\partial t}\right|_c = 0. \tag{6.35}$$

首先讨论漂移项. 为了便于理解,我们以理想流体为例来说明. 如图 6.7 所示,设流体在水平放置的玻璃管中无摩擦地作稳定流动,流速为 v,压强为 P. t 时刻坐标为 $x=x_B$ 点附近的流体是$t-\mathrm{d}t$时刻在坐标为 $x=x_A=x_B-v\mathrm{d}t$ 点附近的流体漂移过来的. 显然,t 时刻 B 点的压强就等于 $t-\mathrm{d}t$ 时刻 A 点的压强,即

$$P(x_B)|_t = P(x_A)|_{t-\mathrm{d}t} = P(x_B - v\mathrm{d}t)|_{t-\mathrm{d}t}.$$

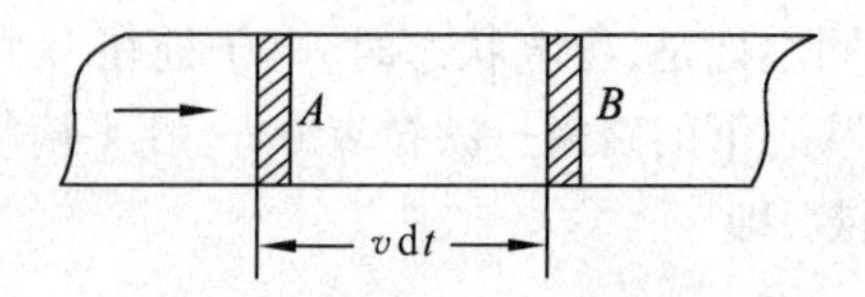

图 6.7　理想流体的漂移

与上述理想流体相类同，当不考虑碰撞，t 时刻在相空间$(\boldsymbol{k},\boldsymbol{r})$附近的电子是 $t-\mathrm{d}t$ 时刻在$(\boldsymbol{k}-\dot{\boldsymbol{k}}\mathrm{d}t,\boldsymbol{r}-\boldsymbol{v}\,\mathrm{d}t)$处的电子漂移来的，即

$$f(\boldsymbol{k},\boldsymbol{r})\big|_t=f(\boldsymbol{k}-\dot{\boldsymbol{k}}\mathrm{d}t,\boldsymbol{r}-\boldsymbol{v}\,\mathrm{d}t)\big|_{t-\mathrm{d}t}.$$

于是

$$\left.\frac{\partial f}{\partial t}\right|_d=\lim_{\mathrm{d}t\to 0}\frac{f(\boldsymbol{k},\boldsymbol{r})\big|_t-f(\boldsymbol{k},\boldsymbol{r})\big|_{t-\mathrm{d}t}}{\mathrm{d}t}$$

$$=\lim_{\mathrm{d}t\to 0}\frac{f(\boldsymbol{k}-\dot{\boldsymbol{k}}\mathrm{d}t,\boldsymbol{r}-\boldsymbol{v}\,\mathrm{d}t)\big|_{t-\mathrm{d}t}-f(\boldsymbol{k},\boldsymbol{r})\big|_{t-\mathrm{d}t}}{\mathrm{d}t}.$$

由多元函数的微商定义，上式又化成

$$\left.\frac{\partial f}{\partial t}\right|_d=\lim_{\mathrm{d}t\to 0}\frac{f(\boldsymbol{k}-\dot{\boldsymbol{k}}\mathrm{d}t,\boldsymbol{r})\big|_{t-\mathrm{d}t}-f(\boldsymbol{k},\boldsymbol{r})\big|_{t-\mathrm{d}t}}{\mathrm{d}t}$$

$$+\lim_{\mathrm{d}t\to 0}\frac{f(\boldsymbol{k},\boldsymbol{r}-\boldsymbol{v}\,\mathrm{d}t\big|_{t-\mathrm{d}t}-f(\boldsymbol{k},\boldsymbol{r})\big|_{t-\mathrm{d}t}}{\mathrm{d}t}$$

$$=-\dot{\boldsymbol{k}}\cdot\nabla_k f-\boldsymbol{v}\cdot\nabla f,\tag{6.36}$$

在上式的运算中利用了等式

$$\frac{f(\boldsymbol{u}+\mathrm{d}\boldsymbol{u})-f(\boldsymbol{u})}{\mathrm{d}t}=\nabla_u f\cdot\frac{\mathrm{d}\boldsymbol{u}}{\mathrm{d}t}.$$

再分析碰撞项. $f/(2\pi)^3$ 是单位体积内一种自旋的电子数，而

$$\left.\frac{1}{(2\pi)^3}\frac{\partial f}{\partial t}\right|_c$$

代表由于碰撞作用单位体积内一种自旋的电子在单位时间内的增量. 若设 $a>0$, $b>0$，并记

$$\left.\frac{\partial f}{\partial t}\right|_c=b-a,\tag{6.37}$$

则 $b/(2\pi)^3$ 代表因碰撞作用在单位时间内一种自旋的电子进入$(\boldsymbol{k},\boldsymbol{r})$处单位体积的电子数，而 $a/(2\pi)^3$ 代表因碰撞作用在单位时间内同种自旋的电子离开$(\boldsymbol{k},\boldsymbol{r})$处单位体积的电子数. 若设$\Theta(\boldsymbol{k}',\boldsymbol{k})$代表一个电子在单位时间内因碰撞由

$\boldsymbol{k}'$态跃迁成自旋相同的 $\boldsymbol{k}$ 态的几率,并考虑到泡利不相容原理,则在单位时间内因碰撞由 $\boldsymbol{k}'$态变成 $\boldsymbol{k}$ 态的电子数,正比于同种自旋 $\boldsymbol{k}'$态的电子数目 $f(\boldsymbol{k}',\boldsymbol{r})/(2\pi)^3$,正比于 $\boldsymbol{k}$ 态未被占据的份额$[1-f(\boldsymbol{k},\boldsymbol{r})]$,正比于电子由 $\boldsymbol{k}'$向 $\boldsymbol{k}$ 的跃迁几率 $\Theta(\boldsymbol{k}',\boldsymbol{k})$. $\Theta(\boldsymbol{k}',\boldsymbol{k})$通常与温度有关. 于是,我们得到

$$\frac{b}{(2\pi)^3}=\sum_{\boldsymbol{k}'}\Theta(\boldsymbol{k}',\boldsymbol{k})\frac{1}{(2\pi)^3}f(\boldsymbol{k}',\boldsymbol{r})[1-f(\boldsymbol{k},\boldsymbol{r})]. \tag{6.38}$$

同样可得

$$\frac{a}{(2\pi)^3}=\sum_{\boldsymbol{k}'}\Theta(\boldsymbol{k},\boldsymbol{k}')\frac{1}{(2\pi)^3}f(\boldsymbol{k},\boldsymbol{r})[1-f(\boldsymbol{k}',\boldsymbol{r})]. \tag{6.39}$$

考虑到在波矢空间内 $\boldsymbol{k}$ 态的分布是准连续的,上述求和可用积分代替,

$$b=\frac{1}{(2\pi)^3}\int\Theta(\boldsymbol{k}',\boldsymbol{k})f(\boldsymbol{k}',\boldsymbol{r})[1-f(\boldsymbol{k},\boldsymbol{r})]\mathrm{d}\boldsymbol{k}', \tag{6.40}$$

$$a=\frac{1}{(2\pi)^3}\int\Theta(\boldsymbol{k},\boldsymbol{k}')f(\boldsymbol{k},\boldsymbol{r})[1-f(\boldsymbol{k}',\boldsymbol{r})]\mathrm{d}\boldsymbol{k}'. \tag{6.41}$$

将(6.36)和(6.37)两式代入(6.35)式得到

$$\boldsymbol{v}\cdot\nabla f+\dot{\boldsymbol{k}}\cdot\nabla_k f=b-a. \tag{6.42}$$

称此式为玻耳兹曼输运方程,它是一个微分—积分方程. 由于难以求出此方程的精确解,所以求解时,一般采用近似方法. 最常用的近似方法称为弛豫时间近似方法.

假定在漂移和碰撞的共同作用下,电子分布函数由原来的平衡态 f_0 变到稳定态 f. 若令 $t'=t$ 时撤去外场,之后漂移作用消失,只有碰撞作用. 电子分布函数将依靠碰撞作用,最终恢复到平衡态 f_0,或者说偏差$(f'-f_0)$将由 $t'=t$ 时的$(f-f_0)$,最终变为零. 这一偏差是以什么方式最终变成零的呢? 按照自然规律,这偏差应以指数形式作衰减的,即

$$f'-f_0=(f-f_0)\mathrm{e}^{-\frac{t'-t}{\tau}}. \tag{6.43}$$

图6.8 示出了这一衰减曲线. 时间 τ 大致度量了电子分布由 f 态恢复到平衡态 f_0 所需要的时间,称之为弛豫时间. (6.43)式中 f' 是无外场,即无漂移作用时的分布函数,因此由(6.43)式对时间求微商,得到

$$\left.\frac{\partial f'}{\partial t'}\right|_c=-\frac{f'-f_0}{\tau}. \tag{6.44}$$

对(6.44)式两边取极限,得

$$\lim_{t'\to t}\left.\frac{\partial f'}{\partial t'}\right|_c=\left.\frac{\partial f}{\partial t}\right|_c=b-a=-\frac{f-f_0}{\tau}. \tag{6.45}$$

于是(6.42)式化成

$$\boldsymbol{v}\cdot\nabla f+\dot{\boldsymbol{k}}\cdot\nabla_k f=-\frac{f-f_0}{\tau}. \tag{6.46}$$

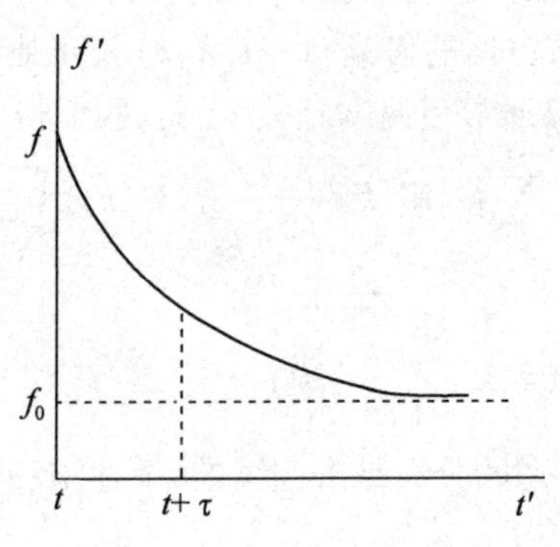

图 6.8　电子分布函数的恢复

将

$$\nabla f=\frac{\partial f}{\partial T}\nabla T$$

及

$$\dot{\boldsymbol{k}}=-\frac{e}{\hbar}(\boldsymbol{\varepsilon}+\boldsymbol{v}\times\boldsymbol{B})$$

一并化入(6.46)式,得到

$$(\boldsymbol{v}\cdot\nabla T)\frac{\partial f}{\partial T}-\frac{e}{\hbar}(\boldsymbol{\varepsilon}+\boldsymbol{v}\times\boldsymbol{B})\cdot\nabla_k f=-\frac{f-f_0}{\tau}. \tag{6.47}$$

§6.4　弛豫时间的统计理论

由(6.37)、(6.38)和(6.39)三式得到

$$\left.\frac{\partial f}{\partial t}\right|_c=b-a=\sum_{\boldsymbol{k}'}\{\Theta(\boldsymbol{k}',\boldsymbol{k})f(\boldsymbol{k}')[1-f(\boldsymbol{k})]-\Theta(\boldsymbol{k},\boldsymbol{k}')f(\boldsymbol{k})[1-f(\boldsymbol{k}')]\}. \tag{6.48}$$

式中求和是对 $\boldsymbol{k}$ 以外的其他波矢状态求和. 当系统处于无外场无温度梯度的热平衡状态,$f=f_0$,电子由 $\boldsymbol{k}'$态向 $\boldsymbol{k}$ 态的跃迁同由 $\boldsymbol{k}$ 态向 $\boldsymbol{k}'$态跃迁达到平衡,跃迁几率 $\Theta(\boldsymbol{k}',\boldsymbol{k})=\Theta(\boldsymbol{k},\boldsymbol{k}')$.

当有外场及温度梯度时,一般来讲,外场力及温差作用力与原子内部电场力相比小得多,f 偏离平衡态 f_0 不大,$\Theta(\boldsymbol{k}',\boldsymbol{k})$ 与$\Theta(\boldsymbol{k},\boldsymbol{k}')$ 也近似相等,(6.48)式简化为

$$\left.\frac{\partial f}{\partial t}\right|_c = \sum_{\boldsymbol{k}'} \Theta(\boldsymbol{k},\boldsymbol{k}')[f(\boldsymbol{k}') - f(\boldsymbol{k})]. \tag{6.49}$$

考虑到f偏离f_0不大,令

$$f(\boldsymbol{k}) = f_0(E) - \frac{\partial f_0}{\partial E}\varphi(\boldsymbol{k}), \tag{6.50}$$

$$f(\boldsymbol{k}') = f_0(E) - \frac{\partial f_0}{\partial E}\varphi(\boldsymbol{k}'), \tag{6.51}$$

于是(6.49)式化成

$$\left.\frac{\partial f}{\partial t}\right|_c = \frac{\partial f_0}{\partial E}\varphi(\boldsymbol{k}) \sum_{\boldsymbol{k}'} \Theta(\boldsymbol{k},\boldsymbol{k}')\left[1 - \frac{\varphi(\boldsymbol{k}')}{\varphi(\boldsymbol{k})}\right]. \tag{6.52}$$

又因为

$$\left.\frac{\partial f}{\partial t}\right|_c = -\frac{f - f_0}{\tau} = \frac{\frac{\partial f_0}{\partial E}\varphi(\boldsymbol{k})}{\tau},$$

所以τ的统计表达式为

$$\frac{1}{\tau} = \sum_{\boldsymbol{k}'} \Theta(\boldsymbol{k},\boldsymbol{k}')\left[1 - \frac{\varphi(\boldsymbol{k}')}{\varphi(\boldsymbol{k})}\right]. \tag{6.53}$$

设金属处于恒定温度下,只施加外电场$\boldsymbol{\varepsilon}$,玻耳兹曼方程化为

$$f - f_0 = \frac{e\tau}{\hbar}\boldsymbol{\varepsilon} \cdot \nabla_k f. \tag{6.54}$$

因为f与f_0偏差不大,上式右端是个小量,所以可取近似

$$\nabla_k f = \nabla_k f_0 = \frac{\partial f_0}{\partial E}\nabla_k E = \hbar\frac{\partial f_0}{\partial E}\boldsymbol{v}(\boldsymbol{k}) = \frac{\hbar^2}{m^*}\frac{\partial f_0}{\partial E}\boldsymbol{k},$$

(6.54)式便化为

$$f = f_0 - \frac{\partial f_0}{\partial E}\left(-\frac{\hbar e\tau}{m^*}\boldsymbol{\varepsilon} \cdot \boldsymbol{k}\right). \tag{6.55}$$

将(6.55)与(6.50)、(6.51)比较得

$$\varphi(\boldsymbol{k}) = -\frac{\hbar e\tau}{m^*}\boldsymbol{\varepsilon} \cdot \boldsymbol{k}, \tag{6.56}$$

$$\varphi(\boldsymbol{k}') = -\frac{\hbar e\tau}{m^*}\boldsymbol{\varepsilon} \cdot \boldsymbol{k}'. \tag{6.57}$$

若取$\boldsymbol{\varepsilon}$沿x轴方向,由(6.56)、(6.57)和(6.53)式得到

$$\frac{1}{\tau} = \sum_{\boldsymbol{k}'} \Theta(\boldsymbol{k},\boldsymbol{k}')\left[1 - \frac{k_x'}{k_x}\right]. \tag{6.58}$$

对于自由电子弹性散射近似,如图6.9所示,所有可能的由$\boldsymbol{k}$态向$\boldsymbol{k}'$态的散射,

波矢分布在一个球面上. 为了进一步化简(6.58)式,我们先求如下的求和

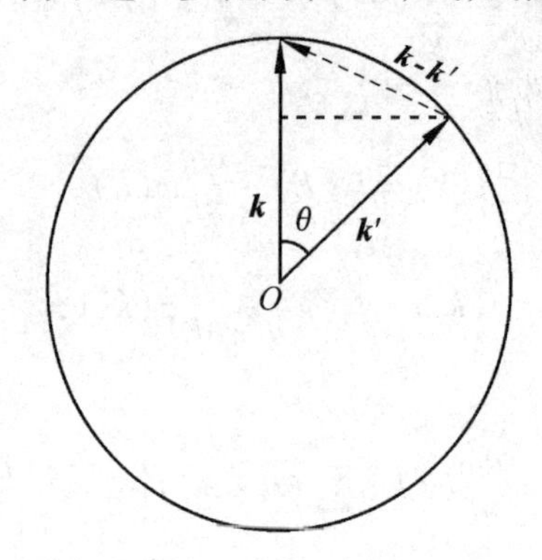

图 6.9　电子的弹性散射

$$\sum_{\boldsymbol{k}'} \Theta(\boldsymbol{k},\boldsymbol{k}')(\boldsymbol{k}-\boldsymbol{k}'). \tag{6.59}$$

如图 6.9 所示,取极轴与 $\boldsymbol{k}$ 重合,将矢量$(\boldsymbol{k}-\boldsymbol{k}')$分成两个矢量分量,一个分量平行于 $\boldsymbol{k}$ 的分量为 $\boldsymbol{k}(1-\cos\theta)$,一个垂直于 $\boldsymbol{k}$ 的分量$(\boldsymbol{k}-\boldsymbol{k}')_{\perp}$. 于是(6.59)式化成两个求和

$$\sum_{\boldsymbol{k}'} \Theta(\boldsymbol{k},\boldsymbol{k}')(\boldsymbol{k}-\boldsymbol{k}') = \sum_{\boldsymbol{k}'} \Theta(\boldsymbol{k},\boldsymbol{k}')(\boldsymbol{k}-\boldsymbol{k}')_{\perp} + \sum_{\boldsymbol{k}'} \Theta(\boldsymbol{k},\boldsymbol{k}')\boldsymbol{k}(1-\cos\theta). \tag{6.60}$$

如果散射几率 $\Theta(\boldsymbol{k},\boldsymbol{k}')$与散射方向无关,则 $\Theta(\boldsymbol{k},\boldsymbol{k}')$最多是波矢的模和散射角的函数,即 $\Theta(\boldsymbol{k},\boldsymbol{k}')=\Theta(k,k',\theta)$. 保持 θ 角不变,先环绕极轴对 $\Theta(\boldsymbol{k},\boldsymbol{k}')(\boldsymbol{k}-\boldsymbol{k}')_{\perp}$求和. 由于 $\Theta(\boldsymbol{k},\boldsymbol{k}')=\Theta(k,k',\theta)$不变,而$(\boldsymbol{k}-\boldsymbol{k}')_{\perp}$以极轴为对称轴,所以 $\Theta(\boldsymbol{k},\boldsymbol{k}')(\boldsymbol{k}-\boldsymbol{k}')_{\perp}$的求和为零. θ 再从 0 到 π 对 $\Theta(\boldsymbol{k},\boldsymbol{k}')(\boldsymbol{k}-\boldsymbol{k}')_{\perp}$求和,其和也必然为零. 所以(6.60)式化成

$$\sum_{\boldsymbol{k}'} \Theta(\boldsymbol{k},\boldsymbol{k}')(\boldsymbol{k}-\boldsymbol{k}') = \sum_{\boldsymbol{k}'} \Theta(\boldsymbol{k},\boldsymbol{k}')\boldsymbol{k}(1-\cos\theta). \tag{6.61}$$

取上式的 $\boldsymbol{x}$ 方向的分量,得

$$k_x \sum_{\boldsymbol{k}'} \Theta(\boldsymbol{k},\boldsymbol{k}')\left(1-\frac{k_x{}'}{k_x}\right) = k_x \sum_{\boldsymbol{k}'} \Theta(\boldsymbol{k},\boldsymbol{k}')(1-\cos\theta). \tag{6.62}$$

由上式和(6.58)式得到

$$\frac{1}{\tau} = \sum_{\boldsymbol{k}'} \Theta(\boldsymbol{k},\boldsymbol{k}')(1-\cos\theta). \tag{6.63}$$

上式便是只有外电场情况下,弛豫时间的统计表达式.

§6.5　电子与声子的相互作用

对于纯金属,如果原子实处在严格的周期排列的位置不作振动,则价电子处在布洛赫函数所描述的稳定态,电子具有确定的能量和确定的波矢. 但是,原子实无时无刻不在其平衡位置附近作振动,从微观上看,严格的周期性是不存在的. 这说明,电子实际上是在一个不严格的周期势场中运动,随时会遭到偏离平衡位置的原子实的散射作用. 原子实的振动形成格波,电子的散射可理解为电子与格波的相互作用. 格波的能量子称为声子,电子与格波的相互作用又可视为电子与声子的相互作用.

设格点 $\boldsymbol{R}_n$ 处的原子实在其平衡位置时,其原子势场为

$$V(\boldsymbol{r}-\boldsymbol{R}_n),$$

时刻 t 时,$\boldsymbol{R}_n$ 处原子的位移为 $\boldsymbol{\mu}_n$. 若把原子势场随原子的位移视作刚性位移,则势场变成

$$V(\boldsymbol{r}-\boldsymbol{R}_n-\boldsymbol{\mu}_n),$$

原子偏离平衡位置所引起的势场变化

$$\triangle V_n=V(\boldsymbol{r}-\boldsymbol{R}_n-\boldsymbol{\mu}_n)-V(\boldsymbol{r}-\boldsymbol{R}_n)=-\boldsymbol{\mu}_n\cdot\nabla V(\boldsymbol{r}-\boldsymbol{R}_n). \tag{6.64}$$

设

$$\boldsymbol{\mu}_n=\boldsymbol{u}_nA\cos(\boldsymbol{q}\cdot\boldsymbol{R}_n-\omega t), \tag{6.65}$$

则哈密顿量的变化为

$$\begin{aligned}\triangle H=\sum_n\triangle V_n=&-\frac{A}{2}\mathrm{e}^{-i\omega t}\sum_n\mathrm{e}^{i\boldsymbol{q}\cdot\boldsymbol{R}_n}\boldsymbol{u}_n\cdot\nabla V(\boldsymbol{r}-\boldsymbol{R}_n)\\&-\frac{A}{2}\mathrm{e}^{i\omega t}\sum_n\mathrm{e}^{-i\boldsymbol{q}\cdot\boldsymbol{R}_n}\boldsymbol{u}_n\cdot\nabla V(\boldsymbol{r}-\boldsymbol{R}_n),\end{aligned} \tag{6.66}$$

在以上两式中,A 是原子振幅,$\boldsymbol{u}_n$ 是原子位移方向上的单位矢量,$\boldsymbol{q}$ 是格波波矢.

由微扰理论可知,跃迁矩阵元

$$M_{\boldsymbol{k},\boldsymbol{k}'}=\int\psi_k^*(\boldsymbol{r})\triangle H\psi_{k'}(\boldsymbol{r})\mathrm{d}\boldsymbol{r} \tag{6.67}$$

跃迁几率

$$\Theta(\boldsymbol{k},\boldsymbol{k}')=\frac{4|M_{\boldsymbol{k},\boldsymbol{k}'}|^2\sin^2\frac{1}{2}\left(\frac{E(\boldsymbol{k})-E(\boldsymbol{k}')}{\hbar}\pm\omega\right)t}{E(\boldsymbol{k})-E(\boldsymbol{k}')\pm\hbar\omega}. \tag{6.68}$$

由(6.68)式可知,跃迁几率最大时的条件为

$$E(\boldsymbol{k}')=E(\boldsymbol{k})+\hbar\omega, \tag{6.69}$$

或者

$$E(\boldsymbol{k}')=E(\boldsymbol{k})-\hbar\omega. \tag{6.70}$$

(6.69)式对应电子吸收一个声子的散射，而(6.70)式对应电子发射一个声子的散射. 若取自由电子近似，

$$\psi_k(\boldsymbol{r})=\frac{1}{\sqrt{N\Omega}}\mathrm{e}^{i\boldsymbol{k}\cdot\boldsymbol{r}},\psi_{k'}(\boldsymbol{r})=\frac{1}{\sqrt{N\Omega}}\mathrm{e}^{i\boldsymbol{k}'\cdot\boldsymbol{r}}$$

则跃迁矩阵元

$$\begin{aligned}
M_{\boldsymbol{k},\boldsymbol{k}'}=&-\frac{A}{2}\mathrm{e}^{-i\omega t}\frac{1}{N\Omega}\int\mathrm{e}^{-i(\boldsymbol{k}-\boldsymbol{k}')\cdot\boldsymbol{r}}\sum_n\mathrm{e}^{i\boldsymbol{q}\cdot\boldsymbol{R}_n}\boldsymbol{u}_n\cdot\nabla V(\boldsymbol{r}-\boldsymbol{R}_n)\mathrm{d}\boldsymbol{r}\\
&-\frac{A}{2}\mathrm{e}^{i\omega t}\frac{1}{N\Omega}\int\mathrm{e}^{-i((\boldsymbol{k}-\boldsymbol{k}')\cdot\boldsymbol{r}}\sum_n\mathrm{e}^{-i\boldsymbol{q}\cdot\boldsymbol{R}_n}\boldsymbol{u}_n\cdot\nabla V(\boldsymbol{r}-\boldsymbol{R}_n)\mathrm{d}\boldsymbol{r}\\
=&-\frac{A}{2N\Omega}\mathrm{e}^{-i\omega t}\sum_n\int\mathrm{e}^{-i(\boldsymbol{k}-\boldsymbol{k}')\cdot(\boldsymbol{r}-\boldsymbol{R}_n)}\mathrm{e}^{-i(\boldsymbol{k}-\boldsymbol{k}'-\boldsymbol{q})\cdot\boldsymbol{R}_n}\boldsymbol{u}_n\\
&\cdot\nabla V(\boldsymbol{r}-\boldsymbol{R}_n)\mathrm{d}\boldsymbol{r}\\
&-\frac{A}{2N\Omega}\mathrm{e}^{i\omega t}\sum_n\int\mathrm{e}^{-i(\boldsymbol{k}-\boldsymbol{k}')\cdot(\boldsymbol{r}-\boldsymbol{R}_n)}\mathrm{e}^{-i(\boldsymbol{k}-\boldsymbol{k}'+\boldsymbol{q})\cdot\boldsymbol{R}_n}\boldsymbol{u}_n\\
&\cdot\nabla V(\boldsymbol{r}-\boldsymbol{R}_n)\mathrm{d}\boldsymbol{r}.
\end{aligned}\tag{6.71}$$

严格讲，不同格点处的原子位移方向矢量 $\boldsymbol{u}_n$ 及势场梯度 $\nabla V(r-R_n)$ 是不尽相同的. 但是，为了简化分析，我们假定积分

$$\boldsymbol{I}=\frac{1}{\Omega}\int_\Omega\mathrm{e}^{-i(\boldsymbol{k}-\boldsymbol{k}')\cdot(\boldsymbol{r}-\boldsymbol{R}_n)}\boldsymbol{u}_n\cdot\nabla V(\boldsymbol{r}-\boldsymbol{R}_n)\mathrm{d}\boldsymbol{r}$$

与 $\boldsymbol{R}_n$ 无关. 于是，跃迁矩阵元化为

$$\begin{aligned}
M_{\boldsymbol{k},\boldsymbol{k}'}=&-\frac{A}{2N}\mathrm{e}^{-i\omega t}\boldsymbol{I}\sum_n\mathrm{e}^{-i(\boldsymbol{k}-\boldsymbol{k}'-\boldsymbol{q})\cdot\boldsymbol{R}_n}\\
&-\frac{A}{2N}\mathrm{e}^{i\omega t}\boldsymbol{I}\sum_n\mathrm{e}^{-i(\boldsymbol{k}-\boldsymbol{k}'+\boldsymbol{q})\cdot\boldsymbol{R}_n}.
\end{aligned}\tag{6.72}$$

利用关系式

$$\begin{aligned}
\sum_n\mathrm{e}^{i(\boldsymbol{k}'-\boldsymbol{k}\pm\boldsymbol{q})\cdot\boldsymbol{R}_n}&=N\delta_{\boldsymbol{k}'-\boldsymbol{k}\pm\boldsymbol{q},\boldsymbol{K}_m}\\
&=N\delta_{\boldsymbol{k}'-\boldsymbol{k},\boldsymbol{K}_m\mp\boldsymbol{q}},
\end{aligned}$$

又将(6.72)式化成

$$\begin{aligned}
M_{\boldsymbol{k},\boldsymbol{k}'}=&-\frac{A}{2}\mathrm{e}^{-i\omega t}\boldsymbol{I}\delta_{\boldsymbol{k}'-\boldsymbol{k},\boldsymbol{K}_m-\boldsymbol{q}}\\
&-\frac{A}{2}\mathrm{e}^{i\omega t}\boldsymbol{I}\delta_{\boldsymbol{k}'-\boldsymbol{k},\boldsymbol{K}_m+\boldsymbol{q}},
\end{aligned}\tag{6.73}$$

其中 $\boldsymbol{K}_m$ 为倒格矢，跃迁矩阵元不为零的条件是

$$\boldsymbol{k}'-\boldsymbol{k}=\boldsymbol{K}_m-\boldsymbol{q}. \tag{6.74}$$

或

$$\boldsymbol{k}'-\boldsymbol{k}=\boldsymbol{K}_m+\boldsymbol{q}, \tag{6.75}$$

(6.74)式对应电子发射声子的散射,(6.75)式对应电子吸收声子的散射. 当 $\boldsymbol{K}_m=0$ 时,称为正常散射过程,(6.74)和(6.75)两式分别化为

$$\hbar\boldsymbol{k}'=\hbar\boldsymbol{k}-\hbar\boldsymbol{q}, \tag{6.76}$$

$$\hbar\boldsymbol{k}'=\hbar\boldsymbol{k}+\hbar\boldsymbol{q}. \tag{6.77}$$

(6.69)和(6.70)两式表示散射过程的能量守恒,而(6.76)和(6.77)两式表示散射过程的准动量守恒.

$\boldsymbol{K}_m\neq0$ 的散射,称为倒逆过程或 U 过程. 倒逆过程对应 $\boldsymbol{k},\boldsymbol{k}'$本身大,散射角 θ 也大的情况,图 6.10 给出了倒逆过程的示意图.

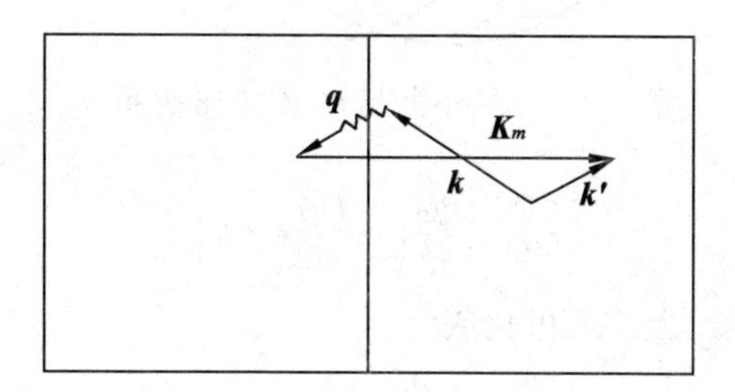

图 6.10　电子的倒逆过程

§6.6　金属的电导率

当金属处于恒定温度下施加一电场时,由(6.54)式已知,电子分布函数化为

$$f=f_0+\frac{e\tau}{\hbar}\boldsymbol{\varepsilon}\cdot\nabla_k f.$$

我们曾提到,由于 f 与 f_0 偏差不大,上式右端第二项是个小量,$\nabla_k f$ 可用 $\nabla_k f_0$ 取代. 所以上式化成

$$f=f_0+\nabla_k f_0\cdot\left(\frac{e\tau}{\hbar}\boldsymbol{\varepsilon}\right),$$

将上式与关系式

$$f(\boldsymbol{u}+\mathrm{d}\boldsymbol{u})=f(\boldsymbol{u})+\nabla_u f\cdot\mathrm{d}\boldsymbol{u}$$

比较得到

$$f(\boldsymbol{k})=f_0\left(\boldsymbol{k}+\frac{e\tau}{\hbar}\boldsymbol{\varepsilon}\right). \tag{6.78}$$

上式说明,当施加电场后,波矢空间内稳定态的电子分布函数,是平衡态分布函数$f_0(\boldsymbol{k})$发生刚性平移产生的.如果平衡态$f_0(\boldsymbol{k})$对应一个费密球分布,则稳定态分布$f(\boldsymbol{k})$也对应一个费密球分布,球心在$-e\tau\boldsymbol{\varepsilon}/\hbar$处,如图6.11所示.由(6.55)式已知,电子分布函数还可化成

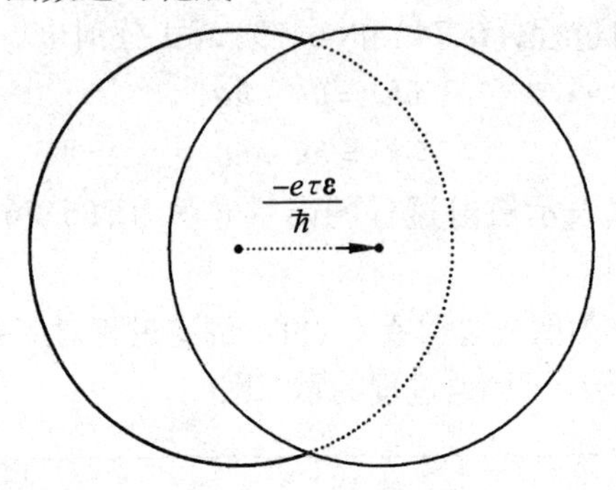

图6.11 在外电场中费密球的平移

$$f = f_0 - \frac{\partial f_0}{\partial E}\left(-\frac{\hbar e\tau}{m^*}\boldsymbol{\varepsilon}\cdot\boldsymbol{k}\right).$$

利用关系式$\hbar\boldsymbol{k} = m^*\boldsymbol{v}$,上式又可化成

$$f = f_0 + \frac{\partial f_0}{\partial E}e\tau(\boldsymbol{v}\cdot\boldsymbol{\varepsilon}). \tag{6.79}$$

将上式与

$$f(x + \mathrm{d}x) = f(x) + \frac{\mathrm{d}f}{\mathrm{d}x}\mathrm{d}x$$

比较,又可得到能量坐标中电子的分布函数

$$f(E) = f_0[E - (-e\tau\boldsymbol{v}\cdot\boldsymbol{\varepsilon})].$$

上式表明,当有电场后,稳定态的电子分布函数$f(E)$,是无外场时电子分布函数$f_0(E)$发生刚性平移产生的,平移量为$-e\tau\boldsymbol{v}\cdot\boldsymbol{\varepsilon}$.

下边我们利用(6.79)式具体计算一下加电场后金属中的电流密度.为了方便计算,设所考虑的金属的体积为单位体积.电流密度

$$\boldsymbol{j} = -\frac{2}{(2\pi)^3}\int e\boldsymbol{v}f\mathrm{d}\boldsymbol{k} = -\frac{e}{4\pi^3}\int\boldsymbol{v}\left(f_0 + e\tau\frac{\partial f_0}{\partial E}\boldsymbol{v}\cdot\boldsymbol{\varepsilon}\right)\mathrm{d}\boldsymbol{k}.$$

在上式中,已考虑到同一个波矢$\boldsymbol{k}$对应自旋相反的两个电子,它们对电流密度的贡献是相同的.由于f_0是波矢$\boldsymbol{k}$的偶函数,$\boldsymbol{v}$是$\boldsymbol{k}$的奇函数,所以上式积分中的第一部分为零,只有第二部分的积分才对电流密度有贡献,

$$\boldsymbol{j} = -\frac{e^2}{4\pi^3}\int\tau\frac{\partial f_0}{\partial E}\boldsymbol{v}(\boldsymbol{v}\cdot\boldsymbol{\varepsilon})\mathrm{d}\boldsymbol{k}. \tag{6.80}$$

取图 5.13 中的体积元

$$\mathrm{d}\boldsymbol{k} = \frac{\mathrm{d}S\mathrm{d}E}{|\nabla_k E|}, \tag{6.81}$$

则电流密度化成

$$\boldsymbol{j} = -\frac{e^2}{4\pi^3}\int \tau \frac{\partial f_0}{\partial E}\boldsymbol{v}(\boldsymbol{v}\cdot\boldsymbol{\varepsilon})\frac{\mathrm{d}S\mathrm{d}E}{|\nabla_k E|}. \tag{6.82}$$

由本章的第一节可知

$$-\frac{\partial f_0}{\partial E} \approx \delta(E - E_F),$$

于是(6.82) 式又简化为

$$\boldsymbol{j} = \frac{e^2}{4\pi^3}\int_{S_F} \tau \boldsymbol{v}(\boldsymbol{v}\cdot\boldsymbol{\varepsilon})\frac{\mathrm{d}S}{|\nabla_k E|}. \tag{6.83}$$

如果外加电场沿 x 轴方向,则(6.83) 式变成

$$j_x = \frac{e^2}{4\pi^3}\int_{S_F} \tau v_x^2 \frac{\mathrm{d}S}{|\nabla_k E|}\varepsilon_x. \tag{6.84}$$

将上式与立方晶系金属中电流与电场的关系式

$$\begin{bmatrix} j_x \\ j_y \\ j_z \end{bmatrix} = \begin{bmatrix} \sigma & 0 & 0 \\ 0 & \sigma & 0 \\ 0 & 0 & \sigma \end{bmatrix}\begin{bmatrix} \varepsilon_x \\ \varepsilon_y \\ \varepsilon_z \end{bmatrix}$$

比较,得到立方结构金属的电导率

$$\sigma = \frac{e^2}{4\pi^3}\int_{S_F} \tau v_x^2 \frac{\mathrm{d}S}{|\nabla_k E|}.$$

上式的积分仅限于费密面上的积分,这说明,对金属电导有贡献的只是费密面附近的电子,这一点也类同于电子对比热的贡献. 如果加电场后,电子的分布不变,仍是以原点为对称的费密球分布,则电流密度仍旧为零. 这说明,加电场后,电子状态不改变,是不会有电流产生的. 加电场后,能够与外场交换能量向附近的空状态上跃迁的只是费密面附近的电子. 而能量比费密能 E_F 低得多的电子,周围的状态全被占据,不能向周围的状态跃迁,从外场中又获取不到足够的能量,向费密面附近或以外跃迁. 这些电子对电流并无贡献.

假设费密面是个球面,则电导率

$$\sigma = \frac{e^2}{4\pi^3}\frac{\tau_F v_{Fx}^2 4\pi k_F^2}{\hbar v_F}.$$

将关系式

$$v_{Fx}^2 = \frac{1}{3}v_F^2, m^* v_F = \hbar k_F, k_F = (3n\pi^2)^{1/3}$$

代入电导率式子,得到

$$\sigma=\frac{ne^2\tau_F}{m^*}. \tag{6.85}$$

立方晶系金属的电阻率则为

$$\rho=\frac{m^*}{ne^2\tau_F}. \tag{6.86}$$

§6.7 纯金属电阻率的统计模型

许多纯金属的电阻率具有这样的实验规律:在高温时,电阻率与温度 T 成正比,在低温时,与 T^5 成正比. 后者被称为 Bloch - Grüneisen 定律. 虽然已有人对纯金属电阻率与温度的依赖关系进行过分析,但处理方法、数学积分及结果表达式都是相当繁杂的.

由(6.86)式可知,e,m^* 与温度无关,若忽略热膨胀,n 也与温度无关. 因此,电阻率与温度的依赖关系完全取决于 $1/\tau_F$ 与温度的依赖关系. 纯金属中缺陷、杂质可忽略不计,电阻率的根源主要是来自晶格振动对电子的散射作用. 在本章的第五节中,我们已经看到,电子与晶格的相互作用,可看成是电子与声子的相互作用. 声子引起电子的散射,可以看成电子气体与声子气体间的相互碰撞. 认真计算这种相互作用是极其困难的,难以得到解析表达式. 但是,考虑到电阻率是一个宏观物理量,是电子与声子相互作用的统计平均效应. 若采用一个声子的统计平均模型,可能会使纯金属电阻率问题得到简化. 为此,我们假定:声子系统是由所谓的平均声子所构成,在这个系统中,每个声子的动量等于原声子系统中声子的平均动量. 在本章的第六节,我们已弄清楚,金属中被散射的电子仅仅是费密面附近的电子. 由以上所述,电子被声子所散射的模型是:费密面附近的电子被平均声子所散射. 按照这一简化模型,(6.63)式化为

$$\frac{1}{\tau_F}=Z\Theta(k,k',\bar{\theta})(1-\cos\bar{\theta}), \tag{6.87}$$

式中 Z 是一常数,是除 $\boldsymbol{k}$ 态外,费密面上其他电子态的总和,$\bar{\theta}$ 是电子遭受到一个平均声子散射作用所产生的散射角.

$\Theta(k,k',\bar{\theta})$ 是波矢为 $\boldsymbol{k}$ 的电子在单位时间内与一个平均声子的碰撞几率,也即波矢为 $\boldsymbol{k}$ 的电子在单位时间内与平均声子的碰撞次数. 按照经典统计理论,单位时间内某 A 气体分子与 B 气体分子的碰撞次数,正比于 A 和 B 分子的平均相对速度

$$\bar{v}_r=\left(\bar{v}_A^2+\bar{v}_B^2\right)^{1/2}$$

及 B 分子的浓度. 费密面附近电子的速度为 $\hbar k_F/m^*$，为常数；若采用德拜近似，声子的速度为金属中的声速，也是常数. 所以，电子与声子的平均相对速度是一常数. 由此可知，$\Theta(k,k',\bar{\theta})$ 正比于声子浓度 n_p.

限于目前的理论水平，还不能把倒逆过程对电阻率的贡献定量地估计出来. 本文仍按传统的作法，只讨论电子的正常散射过程. 图 6.12 是正常散射过程示意图，由图可知

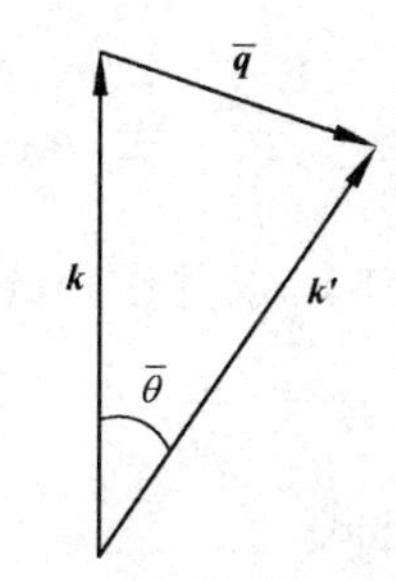

图6.12　电子正常散射

$$\sin\frac{\bar{\theta}}{2}=\frac{\bar{q}}{2k}=\frac{\bar{q}}{2k_F}=\frac{\hbar\bar{q}}{2\hbar k_F}.$$

于是求得

$$(1-\cos\bar{\theta})=2\sin^2\frac{\bar{\theta}}{2}=\frac{(\hbar\bar{q})^2}{2(\hbar k_F)^2}.$$

由于 $\hbar\bar{q}$ 是声子的平均动量，由此可见(6.87)式中的因子 $(1-\cos\bar{\theta})$ 正比于声子的平均动量的平方，于是(6.87)式又化成

$$\frac{1}{\tau_F}=\mu n_p(\hbar\bar{q})^2. \tag{6.88}$$

由(6.86)与(6.88)两式可得出纯金属电阻率的统计理论：纯金属电阻率与声子浓度及声子平均动量的平方成正比.

由德拜近似可知，声子的色散关系为

$$\omega=qv.$$

而频率为 ω 的声子数

$$n(\omega)=\frac{1}{e^{\hbar\omega/k_BT}-1},$$

所以声子浓度

$$n_p=\frac{1}{V_c}\int_0^{\omega_D}n(\omega)D(\omega)\,d\omega=\frac{3}{2\pi^2v_p^3}\int_0^{\omega_D}\frac{\omega^2 d\omega}{e^{\hbar\omega/k_BT}-1}, \tag{6.89}$$

式中的模式密度 $D(\omega)$ 由(3.127)式给出. 声子的平均波矢

$$\bar{q}=\frac{1}{n_pV_c}\int_0^{\omega_D}\left[\frac{\omega}{v_L}\frac{1}{\mathrm{e}^{\hbar\omega/k_BT}-1}\frac{V_c\omega^2}{2\pi^2v_L^3}+2\frac{\omega}{v_T}\frac{1}{\mathrm{e}^{\hbar\omega/k_BT}-1}\frac{V_c\omega^2}{2\pi^2v_T^3}\right]\mathrm{d}\omega$$

$$=\frac{v_p^3\int_0^{\omega_D}\frac{\omega^3\mathrm{d}\omega}{\mathrm{e}^{\hbar\omega/k_BT}-1}}{v_s^4\int_0^{\omega_D}\frac{\omega^2\mathrm{d}\omega}{\mathrm{e}^{\hbar\omega/k_BT}-1}},\tag{6.90}$$

其中利用了

$$\frac{3}{v_s^4}=\frac{1}{v_L^4}+\frac{2}{v_T^4}.$$

将(6.89)和(6.90)两式代入(6.88)式,并作变量代换

$$x=\frac{\hbar\omega}{k_BT},$$

最后得到纯金属电阻率的解析表达式

$$\rho=AT^5\frac{\left[\int_0^{\Theta_D/T}\frac{x^3\mathrm{d}x}{\mathrm{e}^x-1}\right]^2}{\int_0^{\Theta_D/T}\frac{x^2\mathrm{d}x}{\mathrm{e}^x-1}},\tag{6.91}$$

其中 Θ_D 是金属的德拜温度,A 是一个常数

$$A=\frac{3\mu m^* v_p^3k_B^5}{2\pi^2ne^2v_s^8\hbar^3}.$$

高温时,$e^x\approx1+x$,由(6.91)式得到

$$\rho=\frac{2}{9}A\Theta_D^4T.\tag{6.92}$$

低温时,$\Theta_D/T\to\infty$,由(6.91)式求得

$$\rho=17.6AT^5.\tag{6.93}$$

(6.92)和(6.93)两式表明,统计理论和实验相一致,即在高温时,纯金属电阻率与温度 T 成正比,低温时与 T^5 成正比.

固体在甚低温下,其热容与温度 T^3 成正比,这是固体的 Debye 定律. 纯金属在甚低温下,其电阻率与 T^5 成正比,这是 Bloch-Grüneisen 定律. Debye 定律是固体的一个热学规律,Bloch-Grüneisen 定律是固体的一个电学问题,二者似乎不存在什么必然联系. 然而,固体的 Debye 定律和 Bloch-Grüneisen 定律都源自晶格振动,二者必定存在一定关联. 现在的问题是,二者的本质联系是什么? 二者存在 T^2 差的根源又是什么?

按照德拜模型,晶体中的声子总数

$$n_p V_c = \int_0^{\omega_D} n(\omega) D(\omega)\,\mathrm{d}\omega = 9N\left(\frac{T}{\Theta_D}\right)^3 \int_0^{\Theta_D/T} \frac{x^2}{\mathrm{e}^x - 1}\mathrm{d}x,$$

式中 ω_D 是德拜截止频率,其中做了变量变换

$$x = \frac{\hbar\omega}{k_B T}$$

由(3.132)式可得固体的热容

$$C_V = 9Nk_B\left(\frac{T}{\Theta_D}\right)^3 \int_0^{\Theta_D/T} \frac{x^4 \mathrm{e}^x}{(\mathrm{e}^x - 1)^2}\mathrm{d}x,$$

平均一个声子对热容的贡献

$$C_{mpV} = \frac{C_V}{n_p V_c} = k_B \frac{\int_0^{\Theta_D/T} \frac{x^4 \mathrm{e}^x}{(\mathrm{e}^x - 1)^2}\mathrm{d}x}{\int_0^{\Theta_D/T} \frac{x^2}{\mathrm{e}^x - 1}\mathrm{d}x}.$$

在甚低温下

$$C_{mpV} = k_B \frac{\int_0^{\infty} \frac{x^4 \mathrm{e}^x}{(\mathrm{e}^x - 1)^2}\mathrm{d}x}{\int_0^{\infty} \frac{x^2}{\mathrm{e}^x - 1}\mathrm{d}x} = A,$$

即在甚低温下平均一个声子对热容的贡献是一常量. 由$C_V = AV_c n_p$得出，在甚低温下,固体的热容与声子浓度成正比. 由此方知，与声子浓度成正比是 Debye 定律与 Bloch-Grüneisen 定律的本质联系. 在甚低温下,声子浓度与温度 T^3成正比. 声子的平均动量与温度 T 成正比. Debye 定律与声子平均动量无关，而声子平均动量的平方对 Bloch-Grüneisen 定律特有的贡献是导致二定律存在 T^2差的根源.

§6.8　弱磁场下玻耳兹曼方程的解*

当有外加电场和磁场情况下,金属中的价电子除了作定向运动外,还作回旋运动. 运动方向的改变会对电流密度有所影响,这一影响可用等效的磁致电阻来描述.

在电场 $\boldsymbol{\varepsilon}$ 和磁场 $\boldsymbol{B}$ 同时存在时,(6.47)式化为

$$\frac{e}{\hbar}(\boldsymbol{\varepsilon} + \boldsymbol{v} \times \boldsymbol{B}) \cdot \nabla_k f = \frac{f - f_0}{\tau},$$

即

$$f = f_0 + \frac{e\tau}{\hbar}(\boldsymbol{\varepsilon} + \boldsymbol{v} \times \boldsymbol{B}) \cdot \nabla_k f. \tag{6.94}$$

在一般电场和弱磁场情况下,非平衡态电子分布函数与平衡态电子分布函数的偏差不大. 设

$$f=f_0+\frac{\partial f_0}{\partial E}\varphi, \tag{6.95}$$

则 φ 是个小量. 将上式代入(6.94)式,得到

$$\frac{\partial f_0}{\partial E}\varphi=\frac{e\tau}{\hbar}(\boldsymbol{\varepsilon}+\boldsymbol{v}\times\boldsymbol{B})\cdot\nabla_k f. \tag{6.96}$$

若取

$$\nabla_k f=\nabla_k f_0=\frac{\partial f_0}{\partial E}\nabla_k E=\frac{\partial f_0}{\partial E}\hbar\boldsymbol{v}=\frac{\partial f_0}{\partial E}\frac{\hbar^2\boldsymbol{k}}{m^*}, \tag{6.97}$$

可得 φ 的零级近似

$$\varphi^0=e\tau\boldsymbol{\varepsilon}\cdot\boldsymbol{v}=\frac{\hbar e\tau}{m^*}\boldsymbol{\varepsilon}\cdot\boldsymbol{k}. \tag{6.98}$$

从上式可以看出,在零级近似下,磁场对分布函数的影响没有体现出来. 为了将磁场的影响求出来,必须求 φ 的更高级近似,对(6.95)式两端求梯度,得

$$\begin{aligned}\nabla_k f&=\nabla_k f_0+\varphi\nabla_k\left(\frac{\partial f_0}{\partial E}\right)+\frac{\partial f_0}{\partial E}\nabla_k\varphi\\&=\frac{\partial f_0}{\partial E}\hbar\boldsymbol{v}+\varphi\nabla_k\left(\frac{\partial f_0}{\partial E}\right)+\frac{\partial f_0}{\partial E}\nabla_k\varphi.\end{aligned}$$

忽略上式含有 φ 因子的一项小量,并代入(6.96)式,得到

$$\varphi=e\tau\boldsymbol{\varepsilon}\cdot\boldsymbol{v}+\frac{e\tau}{\hbar}(\boldsymbol{\varepsilon}+\boldsymbol{v}\times\boldsymbol{B})\cdot\nabla_k\varphi. \tag{6.99}$$

将上式中的 $\nabla_k\varphi$ 取作 $\nabla_k\varphi^0$,得 φ 的一级近似

$$\varphi=\frac{\hbar e\tau}{m^*}\boldsymbol{\varepsilon}\cdot\boldsymbol{k}+\frac{e^2\tau^2\hbar}{m^{*2}}(\boldsymbol{B}\times\boldsymbol{\varepsilon})\cdot\boldsymbol{k}, \tag{6.100}$$

在上式求解中忽略了含有 ε^2 项的小量. 对上式求梯度,又得

$$\nabla_k\varphi=\frac{\hbar e\tau}{m^*}\boldsymbol{\varepsilon}+\frac{\hbar e^2\tau^2}{m^{*2}}(\boldsymbol{B}\times\boldsymbol{\varepsilon}).$$

将上式代入(6.99)式,得到 φ 的更高级近似

$$\varphi=\frac{\hbar e\tau}{m^*}\boldsymbol{\varepsilon}\cdot\boldsymbol{k}+\frac{\hbar e^2\tau^2}{m^{*2}}(\boldsymbol{B}\times\boldsymbol{\varepsilon})\cdot\boldsymbol{k}+\frac{\hbar e^3\tau^3}{m^{*3}}[\boldsymbol{B}\times(\boldsymbol{B}\times\boldsymbol{\varepsilon})]\cdot\boldsymbol{k}. \tag{6.101}$$

将上式代入(6.95)式,得到在电场磁场同时存在情况下电子的分布函数.

$$f=f_0+\frac{\partial f_0}{\partial E}\left\{\frac{\hbar e\tau}{m^*}\boldsymbol{\varepsilon}\cdot\boldsymbol{k}+\frac{\hbar e^2\tau^2}{m^{*2}}(\boldsymbol{B}\times\boldsymbol{\varepsilon})\cdot\boldsymbol{k}+\frac{\hbar e^3\tau^3}{m^{*3}}[\boldsymbol{B}\times(\boldsymbol{B}\times\boldsymbol{\varepsilon})]\cdot\boldsymbol{k}\right\}. \tag{6.102}$$

由电子分布函数即可求出电流密度

$$\boldsymbol{j} = \frac{2}{(2\pi)^3}\int(-e\boldsymbol{v})f\mathrm{d}\boldsymbol{k} = \frac{e}{4\pi^3}\int\boldsymbol{v}\left(-\frac{\partial f_0}{\partial E}\right)\varphi\mathrm{d}\boldsymbol{k}. \tag{6.103}$$

利用关系式

$$-\frac{\partial f_0}{\partial E}=\delta(E-E_F), \quad \boldsymbol{B}\times(\boldsymbol{B}\times\boldsymbol{\varepsilon})=(\boldsymbol{B}\cdot\boldsymbol{\varepsilon})\boldsymbol{B}-B^2\boldsymbol{\varepsilon}, \quad \mathrm{d}\boldsymbol{k}=\frac{\mathrm{d}S\mathrm{d}E}{|\nabla_k E|},$$

得到立方晶系金属的电流密度

$$\boldsymbol{j}=\sigma_0\boldsymbol{\varepsilon}+\alpha\boldsymbol{B}\times\boldsymbol{\varepsilon}+\beta[(\boldsymbol{B}\cdot\boldsymbol{\varepsilon})\boldsymbol{B}-B^2\boldsymbol{\varepsilon}], \tag{6.104}$$

其中

$$\sigma_0=\frac{ne^2\tau_F}{m^*}, \quad \alpha=\frac{e\tau_F}{m^*}\sigma_0, \quad \beta=\frac{e^2\tau_F^2}{m^{*2}}\sigma_0.$$

对于弱磁场，B^2 项可以忽略，(6.104)式化为

$$\boldsymbol{j}=\sigma_0\boldsymbol{\varepsilon}-\alpha\boldsymbol{\varepsilon}\times\boldsymbol{B}. \tag{6.105}$$

如果磁场沿 z 轴方向，电流沿 x 轴方向，则有

$$j_x=\sigma_0\varepsilon_x-\alpha\varepsilon_y B, \tag{6.106}$$

$$j_y=\sigma_0\varepsilon_y+\alpha\varepsilon_x B. \tag{6.107}$$

因为 $j_y=0$，由(6.107)式得

$$\varepsilon_x=-\frac{\sigma_0\varepsilon_y}{\alpha B}.$$

将上式代入(6.106)，得到

$$j_x=-\frac{\sigma_0^2+\alpha^2B^2}{\alpha B}\varepsilon_y. \tag{6.108}$$

以上诸式中，ε_y 称为霍耳电场，是电子在磁场中作回旋运动产生的. (6.108)式进一步说明，电流密度还与电子的回旋运动有关. 由(6.108)式，可求出霍耳系数

$$R=\frac{\varepsilon_y}{j_xB}=-\frac{-\alpha}{\sigma_0^2+\alpha^2B^2}\approx-\frac{\alpha}{\sigma_o^2}=-\frac{1}{ne}. \tag{6.109}$$

霍耳系数为负值，是典型的电子导电的机制.

将(6.104)式化成 $\boldsymbol{j}=\sigma\boldsymbol{\varepsilon}$ 的形式，可得出等效电导率

$$[\sigma]=\begin{bmatrix}\sigma_0 & -\alpha B_z & \alpha B_y\\ \alpha B_z & \sigma_0 & -\alpha B_x\\ -\alpha B_y & \alpha B_x & \sigma_0\end{bmatrix}. \tag{6.110}$$

求解中已将 B^2 项忽略掉，上式表明，当电场磁场都存在时，等效电导率是一个反对称张量. 当 $j=j_x$，$B=B_z$，即电流与磁场垂直时，

$$[\sigma]=\begin{bmatrix}\sigma_0 & -\alpha B & 0\\ \alpha B & \sigma_0 & 0\\ 0 & 0 & \sigma_0\end{bmatrix}. \tag{6.111}$$

而电阻率

$$[\rho]=\begin{bmatrix}\rho_0 & -\rho_0^2\alpha B & 0\\ \rho_0^2\alpha B & \rho_0 & 0\\ 0 & 0 & \rho_0\end{bmatrix}, \tag{6.112}$$

其中$\rho_0=1/\sigma_0$,为无磁场时金属的电阻率. 当$j=j_x$,$B=B_x$,即电流与磁场平行时

$$[\rho]=\begin{bmatrix}\rho_0 & 0 & 0\\ 0 & \rho_0 & -\rho_0^2\alpha B\\ 0 & \rho_0^2\alpha B & \rho_0\end{bmatrix}. \tag{6.113}$$

由以上两式可以看出:

1)有磁场后,立方晶系金属的电阻率有明显的各向异性.

2)磁致电阻分量可以是负值.

3)由$\boldsymbol{\varepsilon}=\rho\boldsymbol{j}$的分量可知,当有磁场后,金属中将产生与磁场和电流皆垂直的霍耳电场.

§6.9 金属的热传导

当金属中存在温度梯度时,导电电子由温度高的区域向温度低的区域扩散. 温度高的区域电子数目减少,呈现正电性,温度低的区域电子数目增加,呈现负电性,即金属中出现温差电场. 此电场的方向与扩散电子流的方向相同. 导电电子在电场力的作用下又产生一个与电场方向相反的漂移电子流,即此电场对电子的扩散起到一个阻滞作用. 在开路情况下,当扩散电子流与漂移电子流的和为零时,导电电子达到一个稳定分布. 在此情况下,(6.47)式变成

$$(\boldsymbol{v}\cdot\nabla T)\frac{\partial f}{\partial T}-\frac{e}{\hbar}\boldsymbol{\varepsilon}\cdot\nabla_k f=-\frac{f-f_0}{\boldsymbol{\tau}}. \tag{6.114}$$

由于温度梯度不可能很大. 所以温差电场也不可能很大. 在此情况下,稳定态分布函数f与平衡态分布函数f_0的偏差不大,(6.114)式的左端是个小量,等式左端的f可用f_0取代. 即(6.114)式可化为

$$f=f_0-\boldsymbol{\tau}(\boldsymbol{v}\cdot\nabla T)\frac{\partial f_0}{\partial T}+\frac{e\tau}{\hbar}\boldsymbol{\varepsilon}\cdot\nabla_k f_0. \tag{6.115}$$

将以下二式

$$\frac{\partial f_0}{\partial T} = -\left[T\frac{\partial}{\partial T}\left(\frac{E_F}{T}\right) + \frac{E}{T}\right]\frac{\partial f_0}{\partial E},$$

$$\nabla_k f_0 = \frac{\partial f_0}{\partial E}\nabla_k E = \frac{\partial f_0}{\partial E}\hbar\boldsymbol{v},$$

代入(6.115)式,又得到

$$f = f_0 + \tau\boldsymbol{v}\cdot\left\{\left[T\frac{\partial}{\partial T}\left(\frac{E_F}{T}\right) + \frac{E}{T}\right]\nabla T + e\boldsymbol{\varepsilon}\right\}\frac{\partial f_0}{\partial E}. \tag{6.116}$$

对于仅在 x 方向存在温度梯度的情况,上式化成

$$f = f_0 + \tau v_x\left\{\left[T\frac{\partial}{\partial T}\left(\frac{E_F}{T}\right) + \frac{E}{T}\right]\frac{\mathrm{d}T}{\mathrm{d}x} + e\varepsilon_x\right\}\frac{\partial f_0}{\partial E}. \tag{6.117}$$

电流密度

$$\begin{aligned} j_x &= -\frac{2e}{(2\pi)^3}\int \tau v_x^2\left\{\left[T\frac{\partial}{\partial T}\left(\frac{E_F}{T}\right) + \frac{E}{T}\right]\frac{\mathrm{d}T}{\mathrm{d}x} + e\varepsilon_x\right\}\frac{\partial f_0}{\partial E}\mathrm{d}\boldsymbol{k} \\ &= -\frac{e}{4\pi^3}\int \tau v_x^2\left\{\left[T\frac{\partial}{\partial T}\left(\frac{E_F}{T}\right) + \frac{E}{T}\right]\frac{\mathrm{d}T}{\mathrm{d}x} + e\varepsilon_x\right\}\frac{\partial f_0}{\partial E}\cdot\frac{\mathrm{d}E\mathrm{d}S}{|\nabla_k E|} \\ &= -e\left[P_1 T\frac{\partial}{\partial T}\left(\frac{E_F}{T}\right) + \frac{P_2}{T}\right]\frac{\mathrm{d}T}{\mathrm{d}x} - e^2 P_1\varepsilon_x, \end{aligned} \tag{6.118}$$

其中

$$P_1 = \frac{1}{4\pi^3}\int \tau {v_x}^2\,\frac{\partial f_0}{\partial E}\frac{\mathrm{d}E\mathrm{d}S}{|\nabla_k E|}, \tag{6.119}$$

$$P_2 = \frac{1}{4\pi^3}\int \tau v_x^2\,\frac{\partial f_0}{\partial E}E\,\frac{\mathrm{d}E\mathrm{d}S}{|\nabla_k E|}. \tag{6.120}$$

(6.118)式最后等号的右端的第一项是温度梯度引起的扩散电流;第二项是温差电场引起的漂移电流.这二支电流的方向分别与温度梯度和温差电场的方向相同.对于温度梯度均匀的情况,温度梯度 ∇T 和温差电场的方向如图 6.13 所示,其中我们假定金属的温度由左向右逐渐增高.

∇T →

$\boldsymbol{\varepsilon}$ ←

6.13　∇T 和 ε 的方向

达到稳定态时,单位时间内正向穿过单位面积的电子数目等于反向穿过单位面积的电子数目,也即是电流密度 $j_x = 0$(测量金属热导率时,金属通常处于开

路状态). 于是,由(6.118)式得到

$$\left[P_1 T\frac{\partial}{\partial T}\left(\frac{E_F}{T}\right)+\frac{P_2}{T}\right]\frac{\mathrm{d}T}{\mathrm{d}x}=-eP_1\varepsilon_x\ . \tag{6.121}$$

尽管此时由高温度区流向低温度区的电子数目等于由低温度区流向高温度区的电子数目,但二者携带的能量不同,高温端与低温端之间将有一热能流密度 q_x. 此热能流密度可以由电子分布函数 f 求得

$$\begin{aligned}q_x &= \frac{2}{(2\pi)^3}\int v_x\frac{m^* v^2}{2}\tau v_x\left\{\left[T\frac{\partial}{\partial T}\left(\frac{E_F}{T}\right)+\frac{E}{T}\right]\frac{\mathrm{d}T}{\mathrm{d}x}+e\varepsilon_x\right\}\cdot\frac{\partial f_0}{\partial E}\mathrm{d}\boldsymbol{k}\\ &=\frac{1}{4\pi^3}\int\frac{m^* v^2}{2}\tau v_x^2\left\{\left[T\frac{\partial}{\partial T}\left(\frac{E_F}{T}\right)+\frac{E}{T}\right]\frac{\mathrm{d}T}{\mathrm{d}x}+e\varepsilon_x\right\}\cdot\frac{\partial f_0}{\partial E}\frac{\mathrm{d}E\mathrm{d}S}{|\nabla_k E|}\\ &=P_2\left[T\frac{\partial}{\partial T}\left(\frac{E_F}{T}\right)\frac{\mathrm{d}T}{\mathrm{d}x}+e\varepsilon_x\right]+P_3\frac{1}{T}\frac{\mathrm{d}T}{\mathrm{d}x},\end{aligned} \tag{6.122}$$

其中

$$P_3=\frac{1}{4\pi^3}\int\tau v_x^2\frac{\partial f_0}{\partial E}E^2\frac{\mathrm{d}E\mathrm{d}S}{|\nabla_k E|}\ . \tag{6.123}$$

将(6.121)式代入(6.122)式,得到

$$q_x=-\frac{P_2^2-P_1P_3}{P_1 T}\frac{\mathrm{d}T}{\mathrm{d}x}\ . \tag{6.124}$$

将上式与热传导方程

$$q_x=-k\frac{\mathrm{d}T}{\mathrm{d}x}$$

比较,得到金属的电子热导率

$$k=\frac{{P_2}^2-P_1P_3}{P_1 T}\ . \tag{6.125}$$

对于等能面为球面的情况,再利用(6.7)和(6.10)两式,得到

$$k=\frac{k_B^2\pi^2 n\tau_F T}{3m^*}\ . \tag{6.126}$$

将电导率

$$\sigma=\frac{ne^2\tau_F}{m^*}$$

代入(6.126)式,得到立方晶系金属的热导与电导的关系式

$$\frac{k}{\sigma T}=\frac{\pi^2}{3}\left(\frac{k_B}{e}\right)^2, \tag{6.127}$$

$$\frac{k}{\sigma}=\frac{\pi^2}{3}\left(\frac{k_B}{e}\right)^2 T\ . \tag{6.128}$$

通常称 $k/\sigma T$ 为洛伦兹(Lorenz)比,称 k/σ 为魏德曼—佛兰兹(Wiedemann - Franz)比. 实验表明,导电性能好的金、银和铜,在温度较高时,实验与理论符合较好. 这说明,在温度较高时,金银和铜中的导电电子是可以按自由电子模型来处理的.

由 6.7 节已知,对于有些纯金属,高温时 τ_F 反比于温度 T. 因此,由(6.126)式可知,高温时这些纯金属的电子热导率是一常数. 由 3.7 节已知,高温时晶格的热导率反比于温度 T. 因此,在高温时,纯金属的热导率可写成

$$k = a + \frac{b}{T}, \tag{6.129}$$

其中 a 是电子对热导率的贡献,b/T 是晶格对热导率的贡献.

思　考　题

1. 如何理解电子分布函数 $f(E)$ 的物理意义是:能量为 E 的一个量子态被电子所占据的平均几率?

2. 绝对零度时,价电子与晶格是否还交换能量?

3. 你是如何理解绝对零度时和常温下电子的平均能量十分相近这一点的?

4. 体积膨胀时,费密能级如何变化?

5. 为什么温度升高,费密能反而降低?

6. 为什么价电子的浓度越大,价电子的平均动能就越大?

7. 对比热和电导有贡献的仅是费密面附近的电子,二者有何本质上的联系?

8. 在常温下,两金属接触后,从一种金属跑到另一种金属的电子,其能量一定要达到或超过费密能与脱出功之和吗?

9. 两块同种金属,温度不同,接触后,温度未达到相等前,是否存在电势差?为什么?

10. 如果不存在碰撞机制,在外电场下,金属中电子的分布函数如何变化?

11. 为什么价电子的浓度越高,电导率越高?

12. 电子散射几率与声子浓度有何关系? 电子的平均散射角与声子的平均动量有何关系?

13. 低温下,固体比热与 T^3 成正比,电阻率与 T^5 成正比,T^2 之差是何种原因?

14. 霍耳电场与洛伦兹力有何关系?

15. 如何通过实验来测定载流子是电子还是空穴?

16. 磁场与电场,哪一种场对电子分布函数的影响大? 为什么?

17. 为什么在开路情况下,传导电子能传输热流?

18. 电导大的金属热导系数也大,其本质联系是什么?

习　题

1. 一金属体积为 V,价电子总数为 N,以自由电子气模型

(1)在绝热条件下导出电子气的压强为

$$P=\frac{2U_0}{3V}.$$

其中

$$U_0=\frac{3}{5}NE_F^0.$$

(2)证明电子体的体积弹性模量

$$K=\frac{5}{3}P=\frac{10U_0}{9V}$$

2. 二维电子气的能态密度

$$N(E)=\frac{m}{\pi\hbar^2},$$

证明费密能

$$E_F=k_BT\ln[e^{n\pi\hbar^2/mk_BT}-1],$$

其中 n 为单位面积的电子数.

3. 金属热膨胀时,价带顶能级 E_C 发生移动

$$\triangle E_C=-E_1\frac{\triangle V}{V},$$

证明

$$E_1=\frac{2}{3}E_F.$$

4. 由同种金属制做的两金属块,一个施加 30 个大气压,另一个承受一个大气压,设体积弹性模量为 $10^{11}\,\mathrm{N/m^2}$,电子浓度为$5\times10^{28}/\mathrm{m}^3$,计算两金属块间的接触电势差.

5. 若磁场强度 $\boldsymbol{B}$ 沿 z 轴,电流密度沿 x 轴,金属中电子受到的碰撞阻力为 $-\boldsymbol{p}/\tau$,$\boldsymbol{p}$ 是电子的动量,试从运动方程出发,求金属的霍耳系数.

6. 试证金属的热导率

$$k=\frac{nl\pi^2k_B^2T}{3(2mE_F^0)^{1/2}},$$

其中 l 是费密面上电子的平均自由程.

7. 设沿 xy 平面施加一电场,沿 z 轴施加一磁场,试证,在一级近似下,磁场

不改变电子的分布函数,并用经典力学解释这一现象.

8. f_0 是平衡态电子分布函数,证明

$$\frac{\partial f_0}{\partial T}=-\left[T\frac{\partial}{\partial T}\left(\frac{E_F}{T}\right)+\frac{E}{T}\right]\frac{\partial f_0}{\partial E}.$$

9. 立方晶系的金属,电流密度 $\boldsymbol{j}$ 与电场 $\boldsymbol{\varepsilon}$ 和磁场 $\boldsymbol{B}$ 的关系是

$$\boldsymbol{j}=\sigma_0\boldsymbol{\varepsilon}+\alpha\boldsymbol{B}\times\boldsymbol{\varepsilon}+\beta[(\boldsymbol{B}\cdot\boldsymbol{\varepsilon})\boldsymbol{B}-B^2\boldsymbol{\varepsilon}],$$

试把此关系改写成

$$\boldsymbol{\varepsilon}=\rho_0\{\boldsymbol{j}+a(\boldsymbol{B}\times\boldsymbol{j})+b[(\boldsymbol{B}\cdot\boldsymbol{j})\boldsymbol{B}-B^2\boldsymbol{j}]\}.$$

10. 有两种金属,价电子的能带分别为

$$E=Ak^2\qquad 和\ E=Bk^2,$$

其中 $A>B$,并已测得它们的费密能相等.

(1)它们的费密速度哪个大?

(2)在费密面上的电子的弛豫时间相等情况下,哪种金属的电导率大?

11. 求出一维金属中自由电子的能态密度、费密能级、电子的平均动能及一个电子对比热的贡献.

12. 对于二维金属,重复上述问题.

13. 证明热发射电子垂直于金属表面的平均动能为 k_BT,平行于表面的平均动能也是 k_BT.

14. 证明,当 $k_BT\ll E_F^0$时,电子数目每增加一个,则费密能变化

$$\triangle E_F=\frac{1}{N(E_F^0)},$$

其中 $N(E_F^0)$ 为费密能级处的能态密度.

15. 设每个原子占据的体积为 a^3,绝对零度时价电子的费密半径为

$$k_F^0=\frac{(6\pi^2)^{1/3}}{a},$$

计算每个原子的价电子数目.

16. 求出绝对零度时费密能 E_F^0、电子浓度 n、能态密度 $N(E_F^0)$ 及电子比热 C_V^e 与费密半径 k_F^0 的关系式.

17. 经典理论认为,所有价电子都参与导电,电流密度 j 与所有电子的漂移速度 v_d 的关系是

$$j=nev_d.$$

已知铜的电子浓度 $n=10^{29}/\mathrm{m}^3$,$j=5\times10^4\,\mathrm{A/m^2}$,试比较费密速度 v_F 和漂移速度 v_d.

18. 电子漂移速度 $\boldsymbol{v}_d$ 满足方程

$$m\left(\frac{\mathrm{d}\boldsymbol{v}_d}{\mathrm{d}t}+\frac{\boldsymbol{v}_d}{\tau}\right)=-e\boldsymbol{\varepsilon},$$

试求稳定态时交变电场下的电导率

$$\sigma(\omega)=\sigma(0)\left[\frac{1+i\omega\tau}{1+(\omega\tau)^2}\right].$$

19. 求出立方晶系金属的积分 P_1、P_2 和 P_3.

20. 利用上题结果,求出热导系数

$$k=\frac{\pi^2 k_B{}^2 n\tau_F}{3m^*}.$$

21. 证明

$$P_1 T\frac{\partial}{\partial T}\left(\frac{E_F}{T}\right)+\frac{P_2}{T}<0\ .$$

22. 当金属中存在温度梯度时,电子分布函数 $f(\boldsymbol{k})$ 可看成是平衡分布函数 f_0 的刚性平移,证明平移量为

$$-\frac{\tau}{\hbar}\left\{\left[T\frac{\partial}{\partial T}\left(\frac{E_F}{T}\right)+\frac{E}{T}\right]\nabla T+e\boldsymbol{\varepsilon}\right\}.$$

参考书目

1. Jin-Feng Wang, Cheng-Ju Zhang, and Ji-Fan Hu, Correlativity and the origin of the T^2 difference between the Bloch-Grüneisen law and the Debye law, Can. J. Phys. Vol. 82, 2004.
2. 王矜奉,晶格旋转对称性的单转轴证明,大学物理,Vol. 15, No. 7, (1996).
3. 王矜奉,立方晶系两套晶列、晶面指数的转换,物理,Vol. 18, No. 7, (1989).
4. 王矜奉,采用双 Evjen(埃夫琴)晶胞计算离子晶体的马德隆常数,四川师范大学学报,Vol. 24, No. 5, (2001).
5. 王矜奉,一道固体物理问题的讨论,大学物理,Vol. 8, No. 8(1989).
6. 王矜奉,长声学波即弹性波的论证,大学物理,Vol. 14, No. 9, (1995).
7. 王矜奉,紧束缚近似下 Wannier 函数等于孤立原子波函数的证明,电子科技大学学报,Vol. 29(2001 固体物理年会论文集).
8. 王矜奉,费米面在布里渊区边界上必定与界面垂直截交的证明,大学物理,Vol. 11, No. 7, (1992).
9. 王矜奉,迪·哈斯—范·阿耳芬效应中磁化率以磁场倒数作振荡的理论论证,电子科技大学学报,Vol. 29(2001 固体物理年会论文集).
10. 王矜奉,金属接触电势差的最小能量解法,大学物理,Vol. 15, No. 8, (1996).
11. 王矜奉,纯金属电阻率的统计模型,大学物理,Vol. 14, No. 12, (1995).
12. 王矜奉,纯金属电阻率的简化模型,山东大学学报,Vol. 30, No. 1, (1995).
13. 王矜奉,在弱磁场作用下立方晶系金属的电阻率,山东大学学报,Vol. 25, No. 4, (1990).
14. 黄昆,固体物理学,人民教育出版社,(1979).
15. 黄昆、韩汝琦,固体物理学,高等教育出版社,(1988).
16. 苟清泉,固体物理学简明教程,人民教育出版社,(1978).
17. 方俊鑫、陆栋,固体物理学,上海科学技术出版社,(1980).
18. 李正中,固体理论,高等教育出版社,(1985).
19. 陈金富,固体物理学,高等教育出版社,(1986).
20. 刘友之,聂向富,蒋生蕊,固体物理学习题指导,高等教育出版社,(1988).
21. 周世勋,量子力学教程,人民教育出版社,(1979).
22. N. W. Ashcroft, N. D. Mermin, Solid State Physics, Holt, Rinehart and Winston, New York, (1976).
23. C. Kittel, Introduction to Solid StatePhysics, 5ed., John Wiley & Sons, (1976).

24. C. Kittel, Introduction to Solid State Physics, 6ed., John Wiley & Sons, (1986).
25. J. M. Ziman, Principle of the Theory of Solids, 2nd ed., Cambridge University press, (1972).
26. J. Callaway, Quantum Theory of the Solid State, Academic Press, New York, (1974).
27. H. E. Hall, Solid State physics, The Manchester Physics Series, (1973).
28. O. Madelung, Introduction to Solid State Theory, Springer – Verlag, Berlin, (1978).
29. G. Busch, H. Schade, Lectures on Solid State Physics, Pergmon Press, Oxford, (1976)
30. C. A. Wert, R. M. Thomson, Physics of Solids, 2nd ed. McGraw – Hill, New York, (1970).
31. J. S. Blakemore, Solid State Physics, 2nd ed. W. B. Sauders Co., Philadelphia, (1973).
32. H. M. Rosenberg, The Solid State, An Introduction to the Physics of Crystals for Sdutents of Physics, Material Science and Engineering, Oxford University Press, Oxford, (1975).
33. R. J. Elliott, A. F. Gibson, An Introduction to Solid State Physics and its Applications, Barnes and Noble, New york, (1974).
34. W. A. Harrison, Solid State Theory, McGraw – Hill Book Company, (1970).
35. M. A. Omar, Elementary Solid State Physics, Principle and Applications, Addison – Wesley Publishing Company, (1975).
36. B. A. Auld, Acoustic Fields and Waves in Solids, J. Wiley & Sons, (1973).
37. L. D. Landau and E. M. Lifshitz, Theory of Elasticity, Pergamon, New York, (1970).
38. J. F. Nye, Physical Properties of Crystals, Oxford, England, (1964).
39. J. William and H. M. Norman, Theoretical Solid State Physics, Vol. 1, J. Wiley & Sons, (1973).
40. P. W. Anderson, Concepts in Solids, W. A. Benjamin Inc. (1963).
41. S. Bhagavantam, Crystal Symmetries and Physical Properties, Academic Press, New York, (1966).
42. A. V. Chadwick and M. Terenzi, Defects in Solids, Plenum Press, New York, (1985).
43. H. Ehrenreich and D. Turnbull, Solid State Physics, Academic Press, Inc. New York, (1989).
44. C. M. Kachhava, Solid State Physics, Tada McGraw – Hill Publishing Company Limited, New York, (1990).
45. D. L. Weaire and C. G. Windsor, Solid State Science, IOP Publishing Limited, Bristol, USA, (1987).
46. H. P. Myers, Introductory Solid State Physics, Taylor & Francis Inc. Bristol, USA, (1990).

词汇汉英对照

一画

二画

三画

四画

五画

六画

七画

八画

九画

十画

十一画

十二画

十三画

十四画

十五至十七画

常用物理常数

物理量	符号	数值
真空中的光速	c	2.998×10^{8} m/s
电子电荷	e	1.602×10^{-19} C
电子静止质量	m	9.110×10^{-31} kg
真空介电常数	ε_0	8.854×10^{-12} F/m
真空导磁率	μ_0	$4\pi \times 10^{-7}$ H/m
普朗克常数	h	6.626×10^{-34} J. s
	$\hbar$	1.055×10^{-34} J. s
玻耳兹曼常数	k_B	1.381×10^{-23} J/K
普适气体常数	R	8.314J/mol. K
玻尔半径	a_0	5.292×10^{-11} m
阿伏加德罗常数	N_0	6.022×10^{23} /mol
原子质量单位	amu	1.661×10^{-27} kg
质子静止质量	m_p	1.673×10^{-27} kg
中子静止质量	m_n	1.675×10^{-27} kg
一电子伏特	leV	1.602×10^{-19} J
埃	Å	10^{-10} m
纳米	nm	10^{-9} m

图书在版编目(CIP)数据

固体物理教程/王矜奉编著.—8版.—济南：
山东大学出版社，2013.6(2024.7重印)
ISBN 978-7-5607-1665-7

Ⅰ.①固… Ⅱ.①王… Ⅲ.①固体物理学—教材
Ⅳ.①O48-43

中国版本图书馆 CIP 数据核字(1999)第65585号

责任编辑 陈 岩
封面设计 张 荔

出版发行 山东大学出版社
社 址 山东省济南市山大南路20号
邮政编码 250100
发行热线 (0531)88363008
经 销 新华书店
印 刷 济南巨丰印刷有限公司
规 格 720毫米×1000毫米 1/16
16.75印张 312千字
版 次 2013年6月第8版
印 次 2024年7月第33次印刷
定 价 38.00元